普通高等教育"十二五"规划教材

示范院校重点建设专业系列教材

电机运行与维护

主　编　杨星跃

副主编　宋　杰

主　审　朱焕林

中国水利水电出版社

www.waterpub.com.cn

内 容 提 要

本书是针对电气类专业编写的一本教材,既为电气类专业后续专业课程教学提供相关的专业基础知识,又兼顾电机设备自身运行及维护的实用技术。本书主要介绍各种交流电机(变压器、同步发电机、异步电动机)的工作原理、基本运行规律分析、运行操作要求、基本维护内容和电机在应用过程中的基础测试项目。通过相关知识的介绍,让读者明确如何正确使用电机,如何对电机的运行进行分析判断,明确电机设备的操作和故障处理原则,明确电机设备基本的测试和维护项目。

本书可作为高职高专教育相关专业的教材,也可作为从事相关技术专业的工作人员的参考读本。

图书在版编目(CIP)数据

电机运行与维护 / 杨星跃主编. -- 北京 : 中国水利水电出版社, 2014.8
普通高等教育"十二五"规划教材. 示范院校重点建设专业系列教材
ISBN 978-7-5170-2537-5

Ⅰ. ①电… Ⅱ. ①杨… Ⅲ. ①电机-运行-高等学校-教材②电机-维修-高等学校-教材 Ⅳ. ①TM30

中国版本图书馆CIP数据核字(2014)第218868号

书 名	普通高等教育"十二五"规划教材 示范院校重点建设专业系列教材 **电机运行与维护**
作 者	主编 杨星跃 副主编 宋杰 主审 朱焕林
出版发行	中国水利水电出版社 (北京市海淀区玉渊潭南路1号D座 100038) 网址:www.waterpub.com.cn E-mail:sales@waterpub.com.cn 电话:(010)68367658(发行部)
经 售	北京科水图书销售中心(零售) 电话:(010)88383994、63202643、68545874 全国各地新华书店和相关出版物销售网点
排 版	中国水利水电出版社微机排版中心
印 刷	北京瑞斯通印务发展有限公司
规 格	184mm×260mm 16开本 17.25印张 409千字
版 次	2014年8月第1版 2014年8第1次印刷
印 数	0001—3000册
定 价	**38.00元**

四川水利职业技术学院电力工程系
"示范院校建设"教材编委会名单

冯黎兵　杨星跃　蒋云怒　杨泽江　袁兴惠　周宏伟

韦志平　郑　静　郑　国　刘一均　陈　荣　刘　凯

易天福　李奎荣　李荣久　黄德建　尹自渊　郑嘉龙

李艳君　罗余庆　谭兴杰

杨中瑞（四川省双合教学科研电厂）

仲应贵（四川省送变电建设有限责任公司）

舒　胜（四川省外江管理处三合堰电站）

何朝伟（四川兴网电力设计有限公司）

唐昆明（重庆新世纪电气有限责任公司）

江建明（国电科学技术研究院）

刘运平（宜宾富源发电设备有限公司）

肖　明（岷江水利电力股份有限公司）

前言
PREFACE

　　本书主要是针对电气类专业编写的，既为电气类专业后续专业课程教学提供相关的专业基础知识，又兼顾电机设备自身运行及维护的实用技术。

　　本着高职高专类学校培养高层次技术型、应用型专门人才的要求，着力于以职业能力培养为本位，本书以在理论上"适度、够用"，在能力上"实际、实用"为原则，淡化学科的系统性和完整性，着重物理概念的阐述，并与实际的生产和应用紧密结合，偏重于知识的应用，增强了电机运行和常见故障分析及处理的内容，力求做到内容精炼、重点突出、通俗实用。

　　本书分为变压器、同步发电机、异步电动机、电机的基本测试、变压器检修、三相异步电动机的检修等几个部分。本书从基本概念和物理现象出发，对主要型式电机的工作原理、基本结构、电磁关系、运行特性、常见故障处理、维护管理、电机的基本测试及维修等内容进行了阐述。

　　本书由四川水利职业技术学院杨星跃担任主编，宋杰担任副主编，杨星跃老师负责绪论、电力变压器、异步电动机等部分的编写，宋杰老师负责电机的基本测试、变压器检修、三相异步电动机检修等部分的编写，东风电机有限公司朱焕林高级工程师参与了本书编写内容的研讨、完稿后的审核并提出了宝贵的修改意见。全书由杨星跃统稿，由四川水利职业技术学院电力工程系示范院校教材建设编委会审核。

　　由于编者的水平有限，错误和不足之处在所难免，欢迎指正。

编者

2014 年 5 月

目 录
CONTENTS

前言

绪论 ………………………………………………………………………………… 1

项目一　电力变压器 ………………………………………………………………… 7
任务一　认识电力变压器 ……………………………………………………………… 7
任务二　电力变压器的运行特性 …………………………………………………… 15
任务三　电力变压器的运行维护 …………………………………………………… 42
任务四　其他类型的电力变压器 …………………………………………………… 59

项目二　同步发电机 ……………………………………………………………… 67
任务一　认识同步发电机 …………………………………………………………… 67
任务二　同步发电机的运行特性 …………………………………………………… 80
任务三　同步发电机的运行维护 ………………………………………………… 116

项目三　异步电动机 ……………………………………………………………… 152
任务一　认识三相异步电动机 …………………………………………………… 152
任务二　三相异步电动机的运行分析 …………………………………………… 160
任务三　三相异步电动机的使用维护 …………………………………………… 196
任务四　单相异步电动机 ………………………………………………………… 208

项目四　电机的基本测试 ………………………………………………………… 213
任务一　变压器的空载及短路试验 ……………………………………………… 213
任务二　三相变压器的极性组别测定 …………………………………………… 216
任务三　电机绝缘电阻测定 ……………………………………………………… 221
任务四　电机绕组直流电阻测定 ………………………………………………… 224
任务五　三相异步电动机定子交流绕组首尾端测定 …………………………… 226

项目五　变压器检修 ……………………………………………………………… 229
任务一　变压器检修的基本知识 ………………………………………………… 229
任务二　变压器各部件的检修 …………………………………………………… 233
任务三　变压器大修后的试运行 ………………………………………………… 244

项目六　三相异步电动机的检修 ………………………………………………… 246
任务一　三相异步电动机的拆卸 ………………………………………………… 246
任务二　三相交流绕组展开图绘制 ……………………………………………… 249
任务三　三相异步电动机绕组绕制 ……………………………………………… 250
任务四　三相异步电动机的装配 ………………………………………………… 263
任务五　三相异步电动机的通电试验 …………………………………………… 265

参考文献 ………………………………………………………………………… 268

绪　　论

一、课程的性质与作用

电机运行与维护既是一门电气类专业基础课，又是一门电机设备的实用技术课，本课程主要介绍各种交流电机（变压器、同步发电机、异步电动机）的工作原理和基本运行规律、电机设备在应用过程中的基本维护内容和基础测试项目。通过这门课程的学习，能够正确使用电机，能够对电机的运行状态进行分析判断，能够对电机进行基本的测试和维护。

二、课程的主要内容及培养目标

本课程的主要内容包括：变压器、同步发电机及异步电动机的工作原理、运行分析、正确使用及电机的基本测试、基本维护方法。

培养目标：掌握电机的基本工作原理，掌握电机的基本性能，具备一定的对电机运行过程及运行状态进行分析和对常见故障进行判断的能力，具备一定的维护、处理电机常见问题的能力。

三、课程的教学方法

充分需要利用教学资源，通过课堂理论教学、利用多媒体教学、现场实物教学、实际动手操作、实用项目专项练习等方式进行教学，并要逐渐探索出项目导向、任务驱动的教学方式，在项目进行过程中，不论是理论教学，还是动手操作，按照知识点的要求，逐点进行内容的完成和成绩的评定。考核及成绩评定按照任务分解完成情况逐项评定形成最终课程成绩。

四、项目简介

电机运行与维护是一门理论和技能要求都较高的课程，对各理论知识和应用技能要点，按照项目和任务进行分解，形成项目导向、任务驱动的教学模式。

五、标准及重要性

按照课程标准的要求，讲授和学习各任务的知识内容，课程标准的确立参照专业培养目标所规定的内容，以国家相关行业工种标准为依据，确立教学内容及考核要求。本课程既是一门专业基础课，又是一门自成一体的专业课，它不仅为强电类专业奠定专业基础，也为电机设备的理论分析、实际应用提供相关理论依据和方法。

六、课程的预备知识

电机是一个电的、磁的和机械的综合体，学习本课程应具备电路、磁路的基本知识及机械结构的基本识图能力。在学习讨论各电机时应首先了解电机的基本结构，根据基本电磁理论，结合电机结构明确电机的工作原理，研究电机内部各电磁量的相互关系，从而找出电机运行的规律。分析电机的电磁量间关系时，利用电磁理论推出的基本方程式及对应的等效电路和相量图进行分析，分析过程中根据问题及要求，可进行定性或定量的分析。

在本课程的学习过程中，要注意理论联系实际，学会用学过的理论来分析电机运行中遇到的实际问题，还要重视作业练习、实验及实习，加强动手能力的培养。

(一) 电机类型及作用

电机是一种利用电磁感应原理进行能量转换的机器。在电力系统中，电机是生产、传输、分配及使用电能的重要设备。在现代社会中，电能是最主要的能源，因此电机的应用非常广泛，并在国民经济中起着重要的作用。

电机的种类很多，按其功能可分为：

电机　┤
　　发电机：通过电磁感应将机械能转换成电能
　　电动机：通过电磁感应将电能转换成机械能
　　变压器：通过电磁感应将一种电压等级的电能转换成另一种电压等级的电能
　　控制电机：作为控制系统的元件

按其工作原理可分为：

电机　┤
　　变压器（静止电机）
　　交流电机　┤
　　　　同步电机　┤同步发电机／同步电动机
　　　　异步电机　┤异步发电机／异步电动机
　　直流电机　┤直流发电机／直流电动机
　　控制电机

本课程只讲授变压器、同步发电机和异步电动机。

(二) 分析电机常用的基本知识

1. 磁场

磁场是由电流产生的。表征磁场的物理量有磁感应强度 B（也称为磁通密度）及磁通量 Φ 等。磁场在自然界中实实在在存在，但看不见，摸不着，用仪表可测试到。

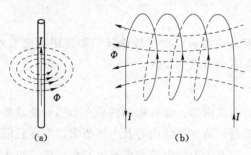

磁场形成后按一定的方式分布，磁场的分布与电流及周围介质的情况有关。直导线和螺线管（线圈）流过电流时在空气介质中磁场的分布如图 0-1 所示。电流与磁场的方向关系满足右手螺旋定则：①对直导线，用右手握住直导线，大拇指指向电流方向，余下四个手指的方向为磁场的方向；②对螺线管，用右手握住线圈，四个手指指向电流的方向，大拇指所指的方向为线圈内部磁场的方向。

图 0-1　导线中流过电流时磁场的分布
(a) 载流直导体中的磁通方向；(b) 螺旋线圈中的磁通方向

在磁场中，沿任一闭合路径磁场强度矢量的线积分，等于穿过该闭合路径的所有电流的代数和，这就是安培全电流定律（或安培环路定律）。即有如下关系：

$$\oint_l \vec{H} \mathrm{d}\vec{l} = \sum i$$

在电机中，一个 N 匝的线圈流过电流 I 时，这一定律可写成

$$\sum_{k=1}^{n} H_k l_k = \sum I = NI = F$$

式中：$F=NI$ 为磁动势，单位为安匝。磁路由 k 段组成。

磁通大小与磁动势的大小及磁通通过的路径有如下关系：

$$\Phi = \frac{F}{R_m}$$

其中

$$R_m = \frac{l}{\mu s}$$

式中：R_m 为磁路的磁阻；l 为磁路的长度；μ 为磁路的导磁率；s 为磁路的截面积。

直流电流产生恒定磁场，即大小和方向恒定的磁场；交流电流产生交变磁场，大小和方向与交流电流同步变化。

2. 铁磁物质

电机是利用电磁感应作用实现能量转换的，所以，在电机里有引导磁通的磁路和引导电流的电路。为了引导磁场，并在一定的励磁电流下产生较强的磁场，电机中使用了大量的铁磁材料。那么铁磁材料有什么特性呢？

(1) 铁磁材料的导磁性。

铁磁材料包括铁、钴、镍以及它们的合金。所有的非铁磁材料的导磁系数都接近于真空的导磁系数 $\mu_0=4\pi\times10^{-7}\,H/m$，而铁磁材料的导磁系数 μ_{Fe} 比真空的大几千倍。因此在同样大小的励磁电流（或磁动势）下，铁芯线圈的磁通比空心线圈的磁通大得多。

同时，铁芯也能起到引导磁场的作用，在电机中铁磁材料都制作成一定的形状，以使磁场按设计好的路径通过，并达到分布的要求。

即铁磁物质具有增强磁场和引导磁场的作用。

(2) 磁饱和现象及剩磁。

铁磁材料的磁状态见图 0-2 磁化曲线。铁磁材料之所以有高导磁性能，是由于铁磁材料内部存在着很多很小的强烈磁化的自发磁化区域。相当于一块块小磁铁，称为磁畴。磁化前，这些磁畴杂乱地排列着，磁场互相抵消，所以对外界不显示磁性。但在外界磁场的作用下，这些磁畴沿着外界磁场的方向作有规则的排列，顺着外磁场方向的磁畴扩大了，逆着外磁场方向的磁畴缩小了，结果磁畴间的磁场不能互相

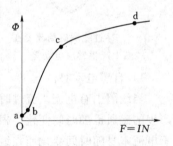

图 0-2　铁磁材料的磁化曲线

抵消，从而形成一个附加磁场叠加在外磁场上，使总磁场增强。随着外磁场的不断增强，有更多的磁畴顺着外磁场的方向排列，总磁场不断增强，见图 0-2 曲线 bc 段。当外磁场增强到一定的程度后，所有的磁畴都转到与外磁场一致的方向，这时它们所产生的附加磁场达最大值，再没有了更多的磁畴参与增强磁场，总磁场的增强极度减缓，这就出现了磁饱和现象，见图 0-2 曲线 cd 段。

由于磁畴间靠得非常紧，彼此间存在"摩擦"，由于这种"摩擦"的存在，当外界磁场消失后磁畴不能完全恢复到磁化前状态，磁畴与外磁场方向一致的排列被部分保留下来，这时的铁磁材料对外呈磁性，这就是剩磁现象，见图 0-2 曲线 a 点。

(3) 磁滞损耗和涡流损耗。

若作用在铁磁材料上的外界磁场为交变磁场，在交变磁场的作用下，磁畴不断偏转，因而磁畴之间不停地互相摩擦，消耗能量，因此引起损耗，这种损耗称为磁滞损耗。

当通过铁芯的磁通发生交变时，根据电磁感应定律，铁磁材料内将产生感应电动势和感应电流。这些电流在铁芯内部围绕磁通呈旋涡状流动，称之为涡流。涡流在铁芯中引起的损耗（$i^2 r$）称为涡流损耗。

可见，不论是磁滞损耗还是涡流损耗，产生的根源都是交变磁场，磁滞损耗及涡流损耗所消耗的能量都转换成了热量。在电机中，通过交变磁场部分的铁磁材料都是采用厚度为 $0.35 \sim 0.5$mm 厚的硅钢片叠装而成，硅钢片两面刷上绝缘漆，叠装后涡流被斩断，涡流所流经的路径变短，从而减小涡流，也就减小了涡流损耗。

磁滞损耗与涡流损耗合在一起，总称为铁损，铁损可用下式进行计算。

$$p_{Fe} = P_{1/50} \left(\frac{f}{50} \right)^{\beta} B_m^2 G$$

式中：$P_{1/50}$ 为频率为 50Hz、最大磁感应强度为 1T 时，每千克铁芯的铁损，W/kg；B_m 为磁感应强度的最大值，T；f 为磁通交变频率，Hz；G 为铁芯质量，kg。

系数 β 随硅钢片含硅量的增高而减小，其数值范围为 $1.2 \sim 1.6$。

3. 电磁感应定律

（1）感生电动势。

一个匝数为 N 匝的线圈，若与线圈交链的磁通 Φ 随时间发生变化，在线圈内会产生感应电动势，如图 0-3 所示。

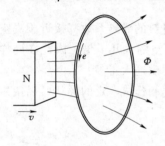

图 0-3 穿过线圈磁场改变在线圈中产生感应电动势

如果把感应电动势的正方向与磁通的正方向规定得符合右手螺旋关系，即右手的大拇指表示磁通的正方向，其余四个指头表示电动势的正方向，则感应电动势可表示为

$$e = -N \frac{d\Phi}{dt}$$

1）自感电动势。

当线圈中有电流 I 流过时，就会产生与线圈自己交链的磁通 Φ。若电流随时间变化，则产生的磁通也随时间变化。根据电磁感应定律，磁通的变化将在线圈内感应电动势，这种由于电流本身随时间变化而在线圈内感应的电动势称为自感电动势，可得：

$$e_L = -N \frac{d\Phi}{dt} = -\frac{d\Phi}{dt}$$

由于磁链 $\Phi = Li$，于是自感电动势：

$$e_L = -\frac{d\Phi}{dt} = -L \frac{di}{dt}$$

式中：L 为自感系数，H。

2）互感电动势。

如图 0-4 所示，紧邻线圈 1 放置了线圈 2，当线圈 1 内有电流 i_1 流过时，它产生的磁通也穿过线圈 2。这样，当 i_1 随时间变化时，它所产生的磁通也随时间变化，线圈 2 中也会感应电动势。这种电动势称为互感电动势，用 e_M 表示，有：

$$e_M = -N_2 \frac{d\Phi}{dt} = -\frac{d\Phi_2}{dt} = -M \frac{di_1}{dt}$$

式中：M 为线圈 1 和 2 之间的互感系数，简称互感，H。

若线圈 1 和 2 靠得非常近，它们的匝数分别为 N_1 和 N_2，且 $N_1 \neq N_2$。当线圈 1 施加交流电压 u_1，线圈 1 流过电流 i_1，产生磁通 Φ 同时穿过两个线圈，两线圈分别产生感应电动势

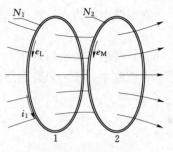

图 0-4　自感电动势及
互感电动势的产生

$$e_L = -N_1 \frac{\mathrm{d}\Phi}{\mathrm{d}t}$$

$$e_M = -N_2 \frac{\mathrm{d}\Phi}{\mathrm{d}t}$$

线圈 2 有交流电压 u_2 输出，由于 $N_1 \neq N_2$，两线圈感应电动势 e_L、e_M 的大小不相等，对应的电压 u_1、u_2 也不相等。变压器就是按此原理实现变压的。

（2）切割电动势。

导体与磁场有相对运动时，导体切割磁力线，在导体中会产生感应电动势。在均匀磁场中，若直导体的有效长度为 l、磁感应强度为 B、导体相对切割速度为 v，则其感应电动势为

$$e = Blv$$

切割电动势的方向可以用右手定则来确定，如图 0-5 所示，展开右手，使拇指与其余四指垂直，让磁力线穿过手心，大拇指指向导体切割磁场的方向，则四指所指的方向即为切割电动势的方向。发电机就是按此原理工作的。

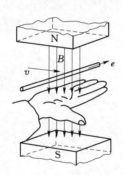
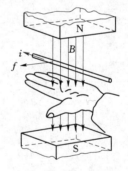

图 0-5　切割电动势的产生　　　　图 0-6　载流导体电磁力的产生

4. 电磁力定律

载流导体在磁场中会受到力的作用。由于这种力是磁场和电流相互作用产生的，所以称为电磁力。若磁场与载流导体互相垂直，导体的有效长度为 l、磁感应强度为 B、导体中的电流为 i，则作用在导体上的电磁力为

$$f = Bli$$

电磁力的方向可用左手定则来确定，如图 0-6 所示，把左手掌伸开，大拇指与其余四指垂直，用掌心迎着磁力线，四指指向电流的方向，则大拇指所指方向就是电磁力的方向。电动机就是按此原理工作的。

5. 基尔霍夫定律

（1）基尔霍夫电流定律。

在电路中，流入、流出任一节点的电流和等于零。其数学表达式为

$$\sum I = 0$$

（2）基尔霍夫电压定律。

在电路中，任一闭合回路的电位升等于电位降。其数学表达式为

$$\sum E = \sum U$$

或
$$\sum U = 0$$

习　题

1. 磁场是如何产生的？如何根据电流的情况判断磁场的分布？

2. 什么是铁磁材料？在电机中为什么要大量使用铁磁材料？什么是铁磁材料的磁滞损耗和涡流损耗？引起铁磁材料磁滞损耗和涡流损耗的原因是什么？铁损的大小与哪些因素有关？

3. 铁磁材料的磁饱和及剩磁是怎么回事？

4. 导线中可通过哪些方式产生感应电动势？电动势的大小如何计算？电动势的方向如何判断？

5. 什么是自感电动势？什么是互感电动势？

6. 什么是电磁力定律？电磁力的大小如何计算？电磁力的方向如何判断？

项目一 电力变压器

【项目分析】

电力变压器是电力系统中的重要设备，它对电能的传递起着至关重要的作用。

电力变压器是一种静止电器。它是利用电磁感应原理，将某一种电压等级的交流电能转换成同频率的另一种电压等级的交流电能。

变压器广泛地应用于电力、电信和自动控制系统中。本项目主要讨论变压器在电力系统中的应用。电力系统中变压器主要用作升高、降低电压，升压以适应远距离输电的需要，降压以满足用户用电的要求。用于电力系统中升高、降低电压的变压器叫做电力变压器。

本项目主要研究一般用途的电力变压器，内容包括变压器的作用、结构、原理、运行特性，及理解变压器的使用方法、运行规定、故障处理，以及其他常用特殊变压器（三绕组变压器、自耦变压器和互感器）的用途及特点。

【培养目标】

从变压器的基本原理着手，掌握变压器的基本构件构成及各部件的功能，掌握变压器额定参数及相关技术参数的含义，掌握变压器基本运行特性，明确变压器的运行维护要求，初步掌握变压器常见故障的判断及处理，明确电力系统中特殊变压器（三绕组变压器、自耦变压器、电流电压互感器）的作用及应用。

任务一 认识电力变压器

【任务描述】

对变压器的用途、在电力系统中的作用、工作原理、主要构成部件、运行参数的含义作一基本的了解。

【任务分析】

从变压器的用途着手，明确变压器的基本原理，了解变压器由哪些基本构件构成、各构成部件的作用，了解变压器额定参数的含义，从而对变压器有一个基本的认识。

【任务实施】

一、电力变压器在电力网中的作用

电力系统中变压器主要用作升高、降低电压，升高电压是为了远距离输电的需要，降低电压是为了满足用户用电电压的要求。用于电力系统中升高、降低电压的变压器叫做电力变压器。

在电力系统中，发电厂发出的电能通过输电线路以电流 I 的形式进行传输。由于输电线

路存在电阻 r 和电抗 x，电流流过输电线路时，会产生电能和电压两方面的损耗。电能损耗和电压损耗的大小都与电流的大小有关。

电能损耗：
$$\Delta p = I^2 r$$

电能损耗被转换成热量散发到空气中浪费掉了。

电压损耗：
$$\Delta U = I \sqrt{r^2 + x^2}$$

电压损耗使得电能传输到用户时用户端的电压降低，影响电能用户的正常工作。

不论是电能损耗，还是电压损耗，都对电力系统电能的传递带来不利的影响，通过上面两个损耗表达式可见，电能与电压的损耗除了与输电线路的结构参数有关外，还与传输电能过程中输送的电流大小有关，要想减小相应的损耗应从两个方面着手：①用导电性能好的材料作输电线路导体（减小电阻）；②减小输电时的传输电流。

用导电性能好的材料作输电线路导体是最基本的方法，但是这个方法不能完全解决问题，主要是受到自然资源及制作成本的限制，在实际应用中大量使用铝作为输电线路的材料。

目前解决问题的最根本方法主要是采用高压输电。在三相输电线路中，传输的电能可按下式计算：

$$S = \sqrt{3} U I$$

可见，在传输同样量的电能时，可用提高输电电压（这就是通常所说的"高压输电"）的方法，这就相应减小了传输电能时的电流值，输电电压越高则输电电流值就越小，从而减小了上述两类损耗。原则上传输的电能越多，输电距离越远，输电的电压就应越高。采用高压输电，则在输电线路的起始端，需要提升输电电压。

当电能以高压的方式传输到输电线路的末端时，又需要降低电压，以满足用户用电电压的要求。因此，在电力系统输电环节的首、末端需要装设升压、降压的专用设备——变压器。显而易见，没有变压器就不能进行电能的远距离传输。

二、电力变压器的工作原理及类型

（一）工作原理

变压器是利用电磁感应规律工作的。变压器的基本结构是将两个互相绝缘的绕组套在一个共同的环状铁芯上，这两个绕组具有不同的匝数，且互相绝缘，如图 1-1 所示。其中绕组 1 接于需要进行变压的交流电源上，这个绕组叫做一次绕组，或原绕组、一次侧；另一绕组 2 接为输出，接负载，这个绕组叫做二次绕组，或副绕组、二次侧。

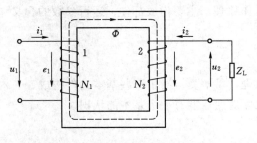

图 1-1 变压器工作原理图

当一次侧接上电压为 u_1 的交流电源时，一次绕组将流过交流电流 i_1，并在铁芯中产生交变磁通 Φ，这个磁通同时交链着一、二次绕组，根据电磁感应定律，交变磁通 Φ 将在一、二次绕组中产生的感应电动势分别为

$$e_1 = -N_1 \frac{\mathrm{d}\Phi}{\mathrm{d}t}$$

$$e_2 = -N_2 \frac{\mathrm{d}\Phi}{\mathrm{d}t}$$

式中：N_1，N_2分别是一、二次绕组的匝数。

可见一、二次侧绕组电动势的大小正比于各自绕组的匝数，而绕组的感应电动势又近似等于各自的电压，制造好的变压器$N_1 \neq N_2$，相应输入、输出的电压也就不相等，从而起到了变压的作用。

如果二次侧接上负载，则在二次侧输出电压的作用下产生输出电流，并输出功率，说明变压器起了传递电能的作用。

由上述可知，一、二次绕组的匝数不等是变压器变压的关键。其次，变压器的一、二侧之间没有电的直接联系，只有磁的耦合，而交链一、二次绕组的磁通，起着联系一、二次侧的桥梁作用。另外，变压器只能对交流电压进行变压，若一次侧施加直流电压，一次绕组将流过直流电流，在铁芯中产生恒定磁通，这个磁通穿过一、二次绕组不会在绕组中产生感应电动势，二次侧不会有电压输出。

在以后的讨论中，有关一、二次侧的各量，例如功率、电压、电流、绕组匝数等，分别在其代表符号的右下角注以下标1、2，如U_1、I_1、N_1、U_2、I_2、N_2等。

（二）分类

为了适应不同的使用目的和工作条件，变压器的类型很多，可以从不同的角度予以分类。

按其用途的不同，变压器可分为电力变压器（又可分为升压变压器、降压变压器、配电变压器等）、仪用变压器（电流、电压互感器等）、试验用变压器、整流变压器等。

按绕组数目可分为双绕组变压器、三绕组变压器、多绕组变压器（一般用于特种用途）及自耦变压器。

按相数可分为单相变压器、三相变压器、多相变压器。

按冷却方式的不同，可分为干式变压器、油浸自冷变压器、油浸风冷变压器、油浸水冷变压器、强迫油循环风冷变压器、强迫油循环水冷变压器等。

按线圈导线使用的材质的不同，分为铝线变压器、铜线变压器。

按调压方式可分为无励磁调压变压器、有载调压变压器。

三、电力变压器的构成部件及作用

现以常用的油浸自冷变压器为例介绍变压器的结构。

从变压器的功能来看，铁芯和绕组是变压的核心部件，铁芯和绕组称为变压器的器身。为保证器身的正常、安全运行，还必须有其他相关部件。下面以油浸式变压器为例对变压器的主要构成部件的功能、构造及原理进行说明。图1-2为油浸自冷式变压器的结构图。

（一）铁芯

变压器铁芯是变压器的磁路和安装骨架，其对变压器的性能有很大的影响。

铁芯的作用是导磁，以减小励磁电流。为了提高磁路的导磁性能和减小涡流及磁滞损耗，铁芯通常用两面涂有绝缘漆的0.35mm或0.5mm厚的硅钢片叠成。

变压器的铁芯是框形闭合结构。其中套线圈的部分称为芯柱，不套线圈只起闭合磁路作用的部分称为铁轭。

在迭装硅钢片时，常采用交错式装配方法。它是把剪成一定尺寸的硅钢片交错迭装而成，迭装时相邻层的接缝要错开。为减少装配工时，一般用两、三片作一层，如图1-3所示。

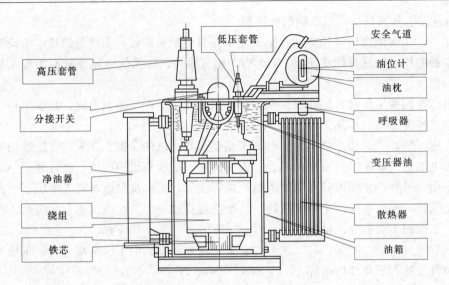

图1-2 油浸自冷式变压器结构

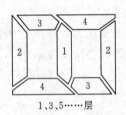 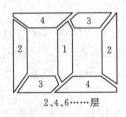 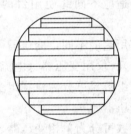

1、3、5……层   2、4、6……层

图1-3 三相迭片式铁芯迭装次序和迭装方法   图1-4 铁芯柱截面图

为了能充分利用圆形绕组内空间中的面积，节约绕组金属用量，铁芯柱的截面多制成内接多级阶梯形，如图1-4所示。大型变压器的铁芯还设有油道，以利变压器油循环，加强散热效果。磁轭截面有矩形、T形和阶梯形几种，如图1-5所示。

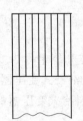 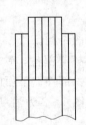 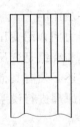 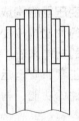

图1-5 磁轭的截面图

变压器在运行或试验时，为了防止由于静电感应在铁芯或其他金属构件上产生悬浮电位面造成对地放电，铁芯及其构件（除穿芯螺杆外）都要接地。

（二）绕组

绕组是变压器的电路部分，一般用绝缘材料包裹的铝线或铜线绕成。

按变压器高低压绕组的相互位置的不同，主要分为同心式绕组和交叠式绕组两类。同心式绕组就是高、低压绕组都做成圆筒形状，同心地装在铁芯柱上，为便于铁芯、线圈间的绝缘，及为方便高压侧绕组与分接开关的连接，低压绕组靠近铁芯柱，高压绕组套装在低压绕组的外面，绕组间留有油道以便于冷却和加强绝缘，如图1-6所示。

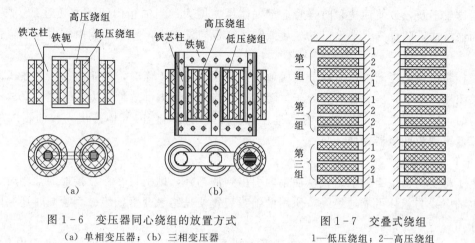

图1-6　变压器同心绕组的放置方式
（a）单相变压器；（b）三相变压器

图1-7　交叠式绕组
1—低压绕组；2—高压绕组

交叠式绕组都做成饼式，高、低压线圈交替放置套在铁芯柱上，如图1-7所示。

（三）油箱和变压器油

油箱是油浸式变压器的外壳，油箱用钢板焊成，变压器的器身置于油箱的内部，箱内注满变压器油。油箱分箱盖、箱壁、箱底三部分。

中小型号变压器多制成箱式，即将箱壁与箱底焊接成一个整体，器身置于箱中。检修时，需要将器身从油箱中吊出，如图1-8（a）所示。

大型变压器油箱皆制成钟罩式，即将箱盖和箱体制成一体，罩在铁芯和绕组上。这将为检修提供方便，检修时只需把钟罩吊起，器身则显露出来，这要比吊起沉重的铁芯方便得多，如图1-8（b）所示。

油箱中注满变压器油，其作用是为了冷却和加强绝缘。

（四）油枕

油枕又称储油柜，安装在变压器顶部，通过弯曲联管与油箱连通，如图1-2所示。油枕内油面高度随着变压器油的热胀冷缩而变动，保证变压器油箱内充满变压器油，并缩小变压器油与空气的接触表面，减少油受潮和氧化过程。

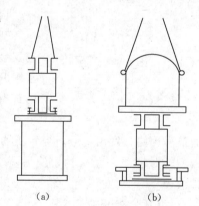

图1-8　变压器油箱
（a）吊器身；（b）吊上节油箱

（五）呼吸器

呼吸器又称吸湿器，油枕上部的空气通过呼吸器与外界空气相通，如图1-2所示。当变压器油热胀冷缩时，气体经过它进出油枕上部，以保证油箱内压力正常。呼吸器内部装有颗粒状硅胶，具有很强的吸潮能力，当空气经呼吸器进入油枕时，水分将被硅胶所吸收，同时滤掉空气中的杂质，延缓变压器油的老化。

（六）防爆管

防爆管又称为安全气道，如图1-2所示。防爆管是变压器的安全保护装置，800kVA

以上的变压器皆应设这种保护装置。防爆管的下端开口接于油箱盖与油箱相通，上端出口处盖以玻璃或酚醛纸板。当变压器内部发生严重故障时，变压器油会被分解，产生大量气体，呼吸器排放不及，致使油枕和防爆管上部气体压力增大；当油箱内部压力超过某一限度时，气体和油将冲破防爆管上端出口的玻璃或酚醛纸板向外喷出，降低油箱内压力，以防止油箱爆炸。

现在防爆管已逐渐被压力释放阀所取代。变压器正常工作时，油箱内部压力在压力释放阀的关闭压力以下，压力释放阀处于关闭状态；当变压器内部故障压力增高超过释放阀的开启压力时，压力释放阀能在 2ms 内迅速开启，将变压器箱体内气体排出，使油箱内的压力很快降低，避免变压器爆炸。

（七）绝缘套管

为了将变压器绕组的引出线从油箱内引出到油箱外，则引线在穿过接地的油箱时，必须将带电的引线与箱体可靠地绝缘，所用的绝缘装置便是绝缘套管，绝缘套管同时还起固定引线的作用。

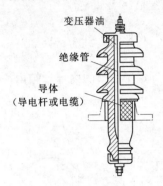

图 1-9　绝缘套管

绝缘套管一般是瓷质的，它的结构主要取决于电压等级。1kV 以下的采用实心瓷套管，10~35kV 采用空心充气式或充油式套管，如图 1-9 所示。电压 110kV 及以上时，采用电容式套管。为了增加表面放电距离，套管外形做成多级伞形，电压越高，级数越多。

（八）瓦斯继电器

瓦斯继电器又称为气体继电器，是变压器的主要保护装置，它安装在变压器的油箱和油枕之间的管道上，内部有一个带有水银开关的浮筒和一块能带动另一水银开关的挡板。当变压器内部有故障时，变压器油分解产生的气体聚集在瓦斯继电器的上部，使其内部油面降低，浮筒随油面下降，带动水银开关接通信号回路，发出信号。当变压器内部发生严重故障时，油流冲击瓦斯继电器内部挡板，挡板偏转时带动一套机构，使另一个水银开关接通变压器跳闸回路，切断电源，避免故障扩大。

（九）分接开关

电压是电能质量的指标之一，变压器在运行的过程中，会因为多方面的原因引起输出电压发生改变。变压器可利用改变高压绕组匝数的方法来进行调压。为了改变高压绕组匝数，常把高压绕组引出若干个抽头，这些抽头叫分接头，用以切换分接头的装置称为分接开关，分接开关可在 ±5% 范围内调整高压绕组的匝数。分接开关放置于变压器的顶盖上。分接开关又分为无励磁调压分接开关和有载调压分接开关。前者必须在变压器停电的情况下切换；后者可以在不切断负载电流的情况下切换。

（十）温度计

变压器在运行的过程中，有铁芯损耗、绕组铜损耗等，这些损耗都转变成热量，使变压器相关部分温度升高，变压器运行时不允许温度超过规定值，否则会加快变压器绝缘材料的老化速度，缩短变压器的寿命。

温度计是用来测量油箱上层油温的，通过对油温的监视，可判断变压器的运行是否正常。常用的是信号温度计。信号温度计表盘的指针带有电接点，它可以适时的指示变压器的上层油温，也能在温度超过规定值时发出信号，及时提醒运行人员。

四、电力变压器的技术参数及规定

每一台变压器都有一个铭牌，铭牌上标注着变压器的型号和各种额定参数值。它是设计和使用变压器的依据。变压器铭牌上标有以下内容。

（一）型号

变压器的型号包括说明其结构性能特点的基本代号、额定容量、额定电压等。例如：SL-1000/10 为三相油浸自冷式双线圈铝线 1000kVA，高压侧电压等级为 10kV 电力变压器。

（二）额定容量 S_N

额定容量指变压器传输电能过程中输出能力（视在功率）的保证值，单位用 kVA 表示。双绕组变压器一、二次侧的额定容量是相等的。

（三）额定电压 U_{1N}/U_{2N}

原绕组额定电压 U_{1N} 是指规定加到一次侧的电压；副绕组额定电压 U_{2N} 是指分接开关放在额定电压位置，一次侧加额定电压时二次侧的开路电压。对于三相变压器，额定电压指线电压。单位用 kV 表示。

（四）额定电流 I_{1N}/I_{2N}

额定电流指变压器在额定容量下，允许长期通过的电流。对三相变压器，额定电流均指线电流。单位用 A 或 kA 表示。

额定容量、额定电压、额定电流之间的关系是：

对单相变压器 $\qquad\qquad S_N = U_{1N} I_{1N} = U_{2N} I_{2N}$

对三相变压器 $\qquad\qquad S_N = \sqrt{3} U_{1N} I_{1N} = \sqrt{3} U_{1N} I_{1N}$

（五）额定频率 f_N

额定频率指规定的电源频率，额定频率的单位用 Hz 表示。我国的工业额定频率是 50Hz。

（六）额定温升

额定温升指变压器内绕组或上层油温与变压器周围大气温度之差的允许值。根据国家标准，周围大气的最高温度规定为 +40℃，绕组的额定温升为 65℃。

此外，铭牌上还标有接线图和连接组别、短路电压、变压器重量等。

变压器的额定参数表述了变压器的基本性能、使用条件，是判别变压器在运行过程中是否正常的依据，也是选用变压器的依据。

五、三相变压器的连接组别

变压器不但能改变电压的大小，变压器也会使高、低压侧的电压具有不同的相位关系。变压器的连接组别包括了连接和组别两个方面，连接就是讨论高、低压侧的连接方式，组别就是讨论高、低压侧电压（电动势）之间的相位关系。

（一）变压器三相绕组的连接方法

在三相变压器中，通常用大写字母 A、B、C 表示高压绕组的首端，用 X、Y、Z 表示其末端；用小写字母 a、b、c 表示低压绕组的首端，用 x、y、z 表示其末端，星形连接的中点用 N（高压侧）或 n（低压侧）表示。

在三相变压器中，不论是一次绕组或二次绕组，我国最常用的有星形和三角形两种连接方法。高压绕组的星形、三角形连接分别用 Y、D 表示；低压绕组的星形、三角形连接用 y、d 表示。把代表变压器绕组连接方法的符号按高压、低压的顺序写在一起，就是变压器的连接。例如：高压绕组为星形连接，低压绕组为星形连接并中点引出，则此变压器连接为 Y，yn；高压绕组为星形连接，低压绕组为三角形连接，则绕组连接为 YN，d。

星形接法：将三个绕组的末端 X、Y、Z 连接在一起，而把它们的三个首端 A、B、C 引出，便构成星形连接，如图 1-10（a）所示。

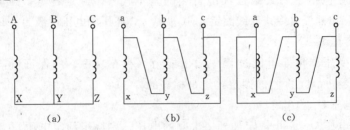

图 1-10　三相绕组连接方法

（a）星形连接；（b）逆序三角形连接；（c）顺序三角形连接

三角形连接：将一个绕组的末端与另一个绕组的首端连接在一起，顺次构成一个闭合回路，便是三角形连接。三角形连接可以按 a-xc-zb-ya 的顺序连接，称为逆序三角形连接，如图 1-10（b）所示；也可以按 a-xb-yc-za 的顺序连接，称为顺序三角形连接，如图 1-10（c）所示。

（二）单相绕组的极性

单相变压器的原、副绕组被同一主磁通 Φ 所交链，当 Φ 交变时，在原、副绕组中感应电动势有一定的极性关系，即在任一瞬间，高压绕组的某一端头的电位若为正时，低压绕组必有一个端头的电位也为正，这两个具有相同极性的端头，称为同名端。对同名端在端头用符号"·"表示。

如图 1-11（a）所示的单相绕组，高、低压绕组绕向相同，当（$d\Phi/dt$）<0 瞬间，根据楞次定律可判定两个绕组感应电动势的实际方向，均由绕组上端指向下端，在此瞬间，两个绕组的上端同为负电位，即为同名端，而两个绕组的下端同为正电位，也为同名端。同理，当（$d\Phi/dt$）>0 瞬间，同名端的关系仍然没有改变。将两绕组极性不相同的端子称为异名端。

用同样的方法分析，如果两绕组绕向不同，同名端的标记就要改变，如图 1-11（b）所示。可见，单相绕组的极性与绕组的绕向有关。

对于绕制好的变压器来说，绕组的绕向是一定的，因此同名端也就是确定了的。

（三）三相变压器的连接组别

通常用"连接组别"这一表示方法来表明高、低压绕组的连接法及其电动势（电压）的相位关系，相位关系采用"时钟法"进行表示，所谓"时钟法"是指：把变压器高压侧线电动势相量 $\dot{E}_{AB}$ 看成时钟的长针，并固定指向时钟的"12"点，把低压侧同名线电动势的相量 $\dot{E}_{ab}$ 看成时钟的短针，短针所指的时数就是变压器组别的标号。对于单相变压器，上述电动势指相电动势。用"时钟法"表示高、低压侧电动势的相位关系简捷、明了，如图 1-12

所示。

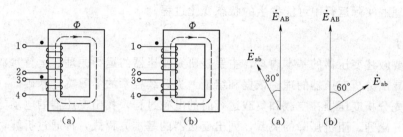

图 1-11 单相绕组的极性

(a) 绕向相同；(b) 绕向不同

图 1-12 变压器组别

(a) 11 组别；(b) 0 组别

我国规定电力变压器只用 0、11 两个组别，我国电力系统中所用变压器规定采用以下连接组别：Y，yn0；YN，d11；YN，y0；Y，y0 和 Y，d11。另外，目前大量的配电变压器采用 D，yn11 连接组别。

能力检测

1. 变压器的主要用途有哪些？它是如何实现变压的？

2. 变压器一次绕组接直流电源，二次绕组有电压输出吗？为什么？

3. 变压器有哪些主要部件？各部件的作用是什么？

4. 变压器铁芯为什么要用 0.35～0.5mm 厚、两面涂绝缘漆的硅钢片叠成？

5. 为什么变压器的低压绕组在里面，高压绕组在外面？

6. 变压器绝缘套管起什么作用？如何根据套管的大小和出线的粗细来判别哪一侧是高压侧？

7. 变压器有哪些主要的额定值？各额定值的含义是什么？

8. 有一台单相变压器，额定容量 $S_N = 250\text{kVA}$，额定电压 $U_{1N}/U_{2N} = 10/0.4\text{kV}$，试求一、二次侧的额定电流 I_{1N}、I_{2N}。

9. 有一台三相变压器，额定容量 $S_N = 500\text{kVA}$，额定电压 $U_{1N}/U_{2N} = 35/10.5\text{kV}$，Y，d 连接，试求一、二次侧的额定电流 I_{1N}、I_{2N}。

10. 什么是变压器绕组的同名端？如何表述？

11. 什么是变压器连接组别？Y，yn0 及 Y，d11 的含义是什么？

任务二 电力变压器的运行特性

【任务描述】

对变压器的各种运行过程进行分析，着重分析变压器在运行过程中，各运行参数的相互关系和特点，推导出分析变压器运行特点的依据和方法，包括方程式法、等效电路法、相量力法。

【任务分析】

教会学生利用推导出的变压器分析依据（方程式、等效电路、相量图），对变压器的各种运行状态进行分析，掌握分析方法，并用相关结论解决实际的运行问题。利用学到的理论知识，分析理解实际运行中可能发生的状态变化过程。

【任务实施】

本章主要叙述变压器的基本内容，主要是研究变压器的运行原理、运行参数间关系及运行性能，推导出分析变压器的理论依据和结论，为后续各章的学习奠定基础。

本章首先分析变压器在空载和负载运行时的电磁过程，找出变压器的电动势、电压、电流、磁动势、磁通、阻抗压降的关系，列出变压器的基本方程式，再通过折算，推导出变压器的等效电路和作出变压器的相量图，然后利用基本方程式、等效电路和相量图来对变压器的运行进行分析。

本章以变压器的最基本类型——单相双绕组变压器作为分析对象，其结论完全适用于三相变压器对称运行时每一相的情况。

一、电力变压器空载物理过程及特性

变压器一次绕组接入额定频率、额定电压的交流电源，二次绕组开路，变压器无电能输出，此时的运行状态称为空载运行。

关于空载运行，需要掌握变压器空载状态下的运行参数。

（一）空载运行的物理过程

图 1-13 为单相变压器空载运行时的示意图。

二次绕组 a、x 端开路，把一次绕组 A、X 端接入交流电压为 $\dot{U}_1$ 的电源上，一次绕组便

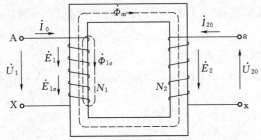

图 1-13　单相变压器空载运行时的示意图

有电流 $\dot{I}_0$ 流过，这个电流称为变压器的空载电流，这个电流在一次侧建立空载磁动势 $\dot{F}_0 = \dot{I}_0 N_1$，在这个磁动势的作用下变压器内部产生空载磁通。空载磁通在变压器内部分为两部分（图 1-13）：一部分磁通 $\dot{\Phi}_m$ 以闭合铁芯为通道，同时交链一、二次绕组，该磁通称为主磁通；另一部分磁通 $\dot{\Phi}_{1\sigma}$ 主要以非铁磁性材料（变压器油、油箱壁等）为通道，仅与一次绕组交链，该磁通称为漏磁通。

空载时，这两种磁通虽然都是由同一空载磁动势 $\dot{F}_0$ 产生的，但两者却有很大的差异。由于主磁通是以铁芯作为闭合路径，而漏磁通则主要以非铁磁性物质作为闭合路径，所以主磁通远远大于漏磁通，主磁通可占到全部磁通的 99% 以上。此外，主磁通的路径是铁芯，存在饱和现象，则主磁通 $\dot{\Phi}_m$ 与产生它的电流 $\dot{I}_0$ 之间呈非线性关系；而漏磁通的磁路主要是非铁磁性物质，磁路不饱和，相应的一次绕组的漏磁通 $\dot{\Phi}_{1\sigma}$ 与 $\dot{I}_0$ 之间具有简单的线性关系。从电磁关系上看，因交变的主磁通 $\dot{\Phi}_m$ 既与一次线圈交链，又与二次线圈交链，它分别在一、二次线圈中感应电动势 $\dot{E}_1$ 和 $\dot{E}_2$，由于 $\dot{E}_2$ 的存在，二次绕组有了电压 $\dot{U}_{20}$ 输出，二次侧如与负载相连接，则将向负载输出电功率，所以主磁通起传递能量的媒介作用；而一次侧漏磁通 $\dot{\Phi}_{1\sigma}$ 仅与一次线圈交链，它只在一次线圈中感应电动势 $\dot{E}_{1\sigma}$（一次漏感电动势），只

起电压降作用，不传递能量。

另外，空载电流还在原绕组电阻 r_1 上形成一个很小的电阻压降 $\dot{I}_0 r_1$。

归纳起来，变压器空载时，各物理量之间的关系可以表示为：

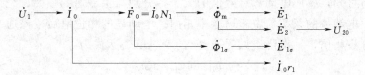

（二）各物理量正方向的规定

变压器中的电压、电流、电动势和磁通都是随时间变化的交变量，在讨论它们各量之间的相互关系时，必须先规定它们的正方向。各物理量正方向是可以任意规定的，但正方向规定的不同，同一电磁过程所列的方程式的正、负号也就不同，为了统一起见，一般按惯例规定它们的正方向。习惯上将变压器的一次绕组看作负载，各量正方向的规定遵循"电动机惯例"；将变压器二次绕组看作电源，各量正方向的规定遵循"发电机惯例"。各物理量的正方向如图 1-13 所示。对各量正方向的规定说明如下：

（1）电源电压 $\dot{U}_1$ 的正方向：规定从 A 指向 X。

（2）空载电流 $\dot{I}_0$ 的正方向与 $\dot{U}_1$ 一致，即 $\dot{I}_0$ 由 A 端流经一次绕组至 X 端。

（3）以 $\dot{I}_0$ 的正方向以及一次绕组的绕向，按"右手螺旋定则"，确定主磁通 $\dot{\Phi}_{\mathrm{m}}$ 及一次绕组漏磁通 $\dot{\Phi}_{1\sigma}$ 的正方向。

（4）以主磁通 $\dot{\Phi}_{\mathrm{m}}$、漏磁通 $\dot{\Phi}_{1\sigma}$ 的正方向以及一、二次绕组的绕向，按"右手螺旋定则"，确定一、二次绕组的电动势 $\dot{E}_1$、$\dot{E}_2$ 及一次绕组漏电动势 $\dot{E}_{1\sigma}$ 的正方向。

（5）当 a、x 端接上负载时，二次侧电流 $\dot{I}_2$ 的正方向应与 $\dot{E}_2$ 的正方向一致，即从 x 端流经负载至 a 端（由 a 端流经二次绕组至 x 端）。

（6）电压 $\dot{U}_{20}$ 的正方向与电流 $\dot{I}_2$ 的正方向一致，即从 x 端指向 a 端。

（三）线圈中的电动势

设主磁通按正弦规律变化，即

$$\Phi = \Phi_{\mathrm{m}} \sin \omega t \tag{1-1}$$

式中：Φ 为主磁通的瞬时值；Φ_{m} 为主磁通的最大值；ω 为电源电压的角频率，$\omega = 2\pi f$。

在所规定正方向的前提下，主磁通在一、二次绕组中产生的电动势的瞬时值为

$$\left.\begin{aligned}
e_1 &= -N_1 \frac{\mathrm{d}\Phi}{\mathrm{d}t} = -N_1 \omega \Phi_{\mathrm{m}} \cos \omega t = N_1 \omega \Phi_{\mathrm{m}} \sin(\omega t - 90°) \\
e_2 &= -N_2 \frac{\mathrm{d}\Phi}{\mathrm{d}t} = -N_2 \omega \Phi_{\mathrm{m}} \cos \omega t = N_2 \omega \Phi_{\mathrm{m}} \sin(\omega t - 90°)
\end{aligned}\right\} \tag{1-2}$$

感应电动势的有效值为

$$\left.\begin{aligned}
E_1 &= \frac{N_1 \omega \Phi_{\mathrm{m}}}{\sqrt{2}} = \frac{2\pi}{\sqrt{2}} f N_1 \Phi_{\mathrm{m}} = 4.14 f N_1 \Phi_{\mathrm{m}} \\
E_2 &= \frac{N_2 \omega \Phi_{\mathrm{m}}}{\sqrt{2}} = \frac{2\pi}{\sqrt{2}} f N_2 \Phi_{\mathrm{m}} = 4.44 f N_2 \Phi_{\mathrm{m}}
\end{aligned}\right\} \tag{1-3}$$

$\dot{E}_1$、$\dot{E}_2$ 与 $\dot{\Phi}_m$ 的关系用相量式表示为

$$\left.\begin{array}{l} \dot{E}_1 = -\mathrm{j}4.44fN_1\dot{\Phi}_m \\ \dot{E}_2 = -\mathrm{j}4.44fN_2\dot{\Phi}_m \end{array}\right\} \tag{1-4}$$

由以上分析可知，感应电动势有效值的大小，分别与主磁通的频率、绕组匝数及主磁通最大值成正比；电动势的频率与主磁通频率相同；电动势的相位滞后主磁通 $90°$。

同前面的分析相仿，一次绕组漏磁通 $\Phi_{1\sigma}$ 的瞬时值表达式为

$$\Phi_{1\sigma} = \Phi_{m1\sigma}\sin\omega t \tag{1-5}$$

$$e_{1\sigma} = -N_1\frac{\mathrm{d}\Phi_{1\sigma}}{\mathrm{d}t} = \omega N_1\Phi_{m1\sigma}\sin(\omega t - 90°) \tag{1-6}$$

漏感电动势的有效值为

$$E_{1\sigma} = \frac{N_1\omega\Phi_{m1\sigma}}{\sqrt{2}} = \frac{2\pi}{\sqrt{2}}fN_1\Phi_{m1\sigma} = 4.44fN_1\Phi_{m1\sigma} \tag{1-7}$$

$\dot{E}_{1\sigma}$ 和 $\dot{\Phi}_{m1\sigma}$ 的关系用相量式表示为

$$\dot{E}_{1\sigma} = -\mathrm{j}4.44fN_1\dot{\Phi}_{m1\sigma} \tag{1-8}$$

漏电动势的有效值也可以用电压降来表示，即

$$E_{1\sigma} = I_0\omega L_1 = I_0x_1 \tag{1-9}$$

式中：x_1 为一次绕组的漏电抗。根据电工基础中学过的电抗的推导，有 $x = \omega L$，而

$$\left.\begin{array}{l} L = \dfrac{\psi}{i} \\ \psi = N\Phi \\ \Phi = \dfrac{Ni}{R_{ci}} \end{array}\right\} \tag{1-10}$$

所以

$$x = \omega\frac{\psi}{i} = \omega\frac{N\Phi}{i} = \omega\frac{N^2}{R_{ci}} = 2\pi f\frac{N^2}{R_{ci}} \tag{1-11}$$

式中：R_{ci} 为磁通 Φ 所经磁路的磁阻。

由此可见，在频率、绕组匝数一定的情况下，电抗与磁路的磁阻成反比，磁阻越大，电抗就越小；反之亦然。

在漏磁路径中，磁通所通过的主要是非铁磁物质，在任何工作状态下磁路都不饱和，对应的磁阻 R_{ci} 是一个常数，相应的漏电抗也是一个常数。对一台已制成的变压器来说，漏电抗 x_1 是个定值，它不随变压器的端电压及负载而变。

（四）空载时电动势平衡方程式

变压器运行时，各运行参数之间的相互关系可通过电动势平衡方程式反映出来。

从一次绕组与电源构成的电路看，有外施电压 $\dot{U}_1$，一次绕组中有电动势 $\dot{E}_1$、$\dot{E}_{1\sigma}$ 和绕组电阻 r_1 上的电压降 $\dot{I}_0r_1$。由图 $1-13$，根据基尔霍夫第二定律，一次绕组回路电动势方程式为

$$\begin{aligned} \dot{U}_1 &= -\dot{E}_1 - \dot{E}_{1\sigma} + \dot{I}_0r_1 = -\dot{E}_1 + \mathrm{j}\dot{I}_0x_1 + \dot{I}_0r_1 \\ &= -\dot{E}_1 + \dot{I}_0(r_1 + \mathrm{j}x_1) = -\dot{E}_1 + \dot{I}_0z_1 \end{aligned} \tag{1-12}$$

式中：$z_1 = r_1 + \mathrm{j}x_1$ 是一次绕组的漏阻抗，为常数。

空载运行时，二次侧无电流，所以二次绕组空载电压 $\dot{U}_{20}$ 与二次绕组的感应电动势 $\dot{E}_2$ 相等，即

$$\dot{U}_{20} = \dot{E}_2 \tag{1-13}$$

一般情况下 $I_0 = (0.5 \sim 3)\% I_{1N}$，$I_0 z_1 < 0.5\% U_N$，由于 $I_0 z_1$ 很小，因此在分析问题时可以忽略不计，所以有

$$\dot{U}_1 \approx -\dot{E}_1 = -\mathrm{j}4.44 f N_1 \dot{\Phi}_{\mathrm{m}} \tag{1-14}$$

$$U_1 \approx E_1 = 4.44 f N_1 \Phi_{\mathrm{m}} \tag{1-15}$$

上式建立了变压器三个物理量在数值上的关系。由此可得到一个重要的结论：在 f、N_1 一定的情况下，主磁通 Φ_{m} 的大小取决于外施电源电压 U_1 的大小，而与变压器铁芯所用的材料和尺寸无关；当电源电压 U_1 为定值时，变压器在运行过程中不论负荷变化与否，铁芯内磁通 Φ_{m} 可认为是一常数。这一概念对分析变压器的运行非常重要。另外还可看出，感应电动势 E_1 和电源电压 U_1 大小近似相等，相位互差 180°。

（五）变压器的变比

变压器的变比用来衡量变压器一、二次侧电压变换的幅度。变比的定义是一、二次侧电动势之比，用 k 表示，即

$$k = \frac{E_1}{E_2} = \frac{4.44 f N_1 \Phi_{\mathrm{m}}}{4.44 f N_2 \Phi_{\mathrm{m}}} = \frac{N_1}{N_2} \tag{1-16}$$

上式表明，变压器的变比也等于一、二次绕组的匝数之比。

变压器空载运行时，$E_1 \approx U_1 = U_{1N}$，$E_2 = U_2 = U_{2N}$，则

$$k = \frac{E_1}{E_2} \approx \frac{U_1}{U_2} = \frac{U_{1N}}{U_{2N}} \tag{1-17}$$

即变压器的变比，又可近似看成变压器空载运行时原、副边电压之比，即变压器的额定电压之比。

对于三相变压器，其变比的定义为一、二次侧相电动势之比。由于三相变压器有不同的连接方法，同时三相变压器的额定电压指的是线电压，因此对三相变压器而言，变比和额定电压比就不是一回事了。

对 Y，y 连接（高压侧为星形连接，低压侧也为星形连接）的三相变压器有：

$$k = \frac{E_{1\Phi}}{E_{2\Phi}} = \frac{U_{1\Phi}}{U_{2\Phi}} = \frac{\sqrt{3} U_{1\Phi}}{\sqrt{3} U_{2\Phi}} = \frac{U_{1N}}{U_{2N}} \tag{1-18}$$

对 Y，d 连接（高压侧为星形连接，低压侧为三角形连接）的三相变压器有：

$$k = \frac{E_{1\Phi}}{E_{2\Phi}} = \frac{U_{1\Phi}}{U_{2\Phi}} = \frac{U_{1N}/\sqrt{3}}{U_{2N}} = \frac{U_{1N}}{\sqrt{3} U_{2N}} \tag{1-19}$$

式中：$E_{1\Phi}$、$E_{2\Phi}$、$U_{1\Phi}$、$U_{2\Phi}$ 分别为一、二次绕组的相电动势、相电压。

变压器的变比 k 是变压器的一个重要参数，在设计变压器或作等效电路时都用到它，在电力工程的计算中也常用到它。对于降压变压器，$U_1 > U_{20}$，变比 $k > 1$；对于升压变压器 $U_1 < U_{20}$，变比 $k < 1$。对任一变压器，习惯上取 $k > 1$ 的值，即在讨论变压器的变比时，都取变压器高压绕组的匝数比低压绕组的匝数。

（六）变压器的空载电流和空载损耗

1. 空载电流的大小、性质

从前面的分析可知，空载电流 I_0 流过绕组后，在铁芯中建立交变磁动势 $F_0 = I_0 N_1$，该磁动势在铁芯中建立起交变磁通，该交变磁通通过铁芯时也会产生损耗，因此空载电流包含两个分量：无功分量 I_{0w}，又称为励磁电流分量，起励磁产生磁场的作用；有功分量 I_{0y}，提供给空载时变压器的损耗。

空载电流常以它对额定电流的百分数来表示，即 $I_0\% = (I_0/I_N) \times 100\%$，一般的电力变压器，$I_0 = (0.5 \sim 3)\% I_N$，变压器的容量越大，空载电流的百分数越小。变压器空载电流中有功分量所占比例极小，仅为无功分量的 1/10 左右，所以，空载电流基本上是纯感性无功性质的。

影响空载电流大小的因素很多，可从外加电压及与之平衡的一次电动势进行分析。例如，一个制造好的变压器，当外加电压一定时，其空载电流的大小只与磁路的磁阻大小有关，而影响磁阻的大小与铁芯尺寸、铁芯材料及迭片工艺等多方面的因素有关。又如，一个制造好的变压器，当外加电压增大超过额定电压时，磁路饱和程度加大，铁芯的导磁能力下降，磁路磁阻增大，空载电流也会上升。

2. 空载损耗

变压器空载运行时没有功率输出，但它要从电源吸收一定的有功功率，这部分功率称为变压器的空载损耗，用 p_0 表示。

空载损耗包括两部分，一部分是空载电流 I_0 流经一次绕组时产生的铜损耗 $p_{Cu} = I_0^2 r_1$；另一部分是交变磁通在铁芯中产生的铁损耗。由于空载电流 I_0 和一次绕组电阻 r_1 很小，所以空载时的铜损 p_{Cu} 很小，如忽略铜损，则空载损耗 p_0 等于铁损 p_{Fe}（单位：W）。

变压器的铁损可采用以下经验公式进行计算，即

$$p_{Fe} = p_{1/50} \times B_m^2 \left(\frac{f}{50}\right)^{1.3} G \tag{1-20}$$

式中：$p_{1/50}$ 为频率为 50Hz，最大磁通密度为 1T 时，每公斤铁芯的铁耗，W/kg；B_m 为磁通密度的最大值，T；f 为磁通变化频率，Hz；G 为铁芯重量，kg。

对已制造好的变压器，可以用空载试验的方法来测量出空载损耗。

由式（1-20）可知 $p_{Fe} \propto B_m^2 \cdot f^{1.3}$。运行于额定频率下的变压器，其铁芯损耗有如下关系：$p_{Fe} \propto B_m^2 \propto \Phi_m^2 \propto E_1^2 \approx U_1^2$，即铁芯损耗近似与电源电压的平方成正比。可见，当电源电压 U_1 不变时，铁芯损耗的大小可认为是恒定的，因此铁芯损耗也称为不变损耗，即这部分损耗不随负载大小而变。

空载损耗约占额定容量的 $0.2\% \sim 1\%$，随着变压器容量的增大，空载损耗的百分值还要小些，这一数值并不大，但因为电力变压器在电力系统中的使用量很大，且常年接在电网上，所以减少空载损耗具有重要的经济意义。

（七）变压器空载运行时的等效电路

从前面对变压器电动势平衡方程式的推导，已有式（1-12）。式（1-12）中漏电动势 $\dot{E}_{1\sigma}$ 的作用，可看成是空载电流 $\dot{I}_0$ 流过漏电抗 x_1 时所引起的电压降。同样，对主磁通所感应的电动势 $\dot{E}_1$，也可以用阻抗压降来表示。但考虑到主磁通在铁芯中要引起铁损，故不能

单独地引入一个电抗，而应引入一个阻抗 z_m，把 $\dot{E}_1$ 和 $\dot{I}_0$ 联系起来，这时电动势 $\dot{E}_1$ 的作用可以看成是 $\dot{I}_0$ 流过 z_m 的阻抗压降，即

$$-\dot{E}_1 = \dot{I}_0 z_m = \dot{I}_0(r_m + jx_m) \tag{1-21}$$

式中：z_m 为变压器的励磁阻抗，它是表征变压器铁芯磁化性能和铁损的一个综合参数；r_m 为变压器的励磁电阻，它是反映铁芯损耗的等值电阻，即 $p_{Fe} = I_0^2 r_m$；x_m 为变压器的励磁电抗，它表示与主磁通相对应的电抗，是表征变压器铁芯磁化性能的一个重要参数。

将式（1-21）代入式（1-12），得

$$\dot{U}_1 = -\dot{E}_1 + \dot{I}_0 z_1 = \dot{I}_0 z_m + \dot{I}_0 z_1 = \dot{I}_0(z_m + z_1) \tag{1-22}$$

对应于式（1-22）可得图 1-14 所示的等效电路。

由图 1-14 可见，空载运行的变压器可以看成是两个阻抗串联的电路，其中一个是一次绕组的漏阻抗 $z_1 = r_1 + jx_1$，另一个是励磁阻抗 $z_m = r_m + jx_m$。

r_1 是一次绕组的电阻，为常数。x_1 是一次绕组漏磁通对应的漏电抗，漏磁路径是不饱和的，因此漏电抗 x_1 也是常数。但 r_m 和 x_m 是变量，随磁路饱和程度的增加而减小。因 x_m 是对应于主磁通的电抗，其数值随主磁通 Φ_m 的大小

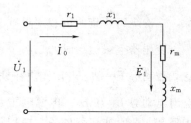

图 1-14　变压器空载时的等效电路

而变化，即随铁芯饱和程度而改变。变压器运行时，$U_1 \approx E_1 = 4.44fN_1\Phi_m$，当 $U_1 =$ 常数时，$\Phi_m =$ 常数，x_m 近似为一常数。若 U_1 增大，Φ_m 增大，磁路饱和程度增大，磁阻增大，x_m 减小。若 U_1 减小，Φ_m 减小，磁路饱和程度降低，磁阻减小，x_m 增大。通常，变压器在额定电压下运行，故对在正常运行情况下的变压器作定量计算时，可以认为 z_m 不变。

在数值上，z_m 远远大于 z_1：由于空载运行时铁损耗 p_{Fe} 远大于铜损耗 p_{Cu}，所以 $r_m \gg r_1$；由于主磁通 Φ_m 远大于一次绕组的漏磁通 $\Phi_{1\sigma}$，所以 $x_m \gg x_1$。例如，一台 750kVA 的三相变压器，$z_1 = 3.92\Omega$、$z_m = 2244\Omega$，z_m 比 z_1 大 560 倍左右。故在近似分析空载运行时可忽略 r_1 和 x_1。

从图 1-14 可以看出，变压器空载电流 I_0 的大小主要取决于励磁阻抗 z_m 的大小，z_m 越大，I_0 越小。从变压器运行的角度，希望 I_0 小些，以提高变压器的效率和电网的功率因数，所以变压器的铁芯均采用高导磁率的铁芯材料，铁芯所用材料导磁性能越好，则励磁阻抗越大，空载电流就越小。

综上所述，可以得出以下重要结论。

（1）变压器中主磁通 Φ_m 的大小主要取决于电源电压、电源频率和一次绕组的匝数，而与磁路所用材料性质和尺寸基本无关。

（2）铁芯所用材料的导磁性能越好，则励磁电抗 x_m 越大，空载电流 I_0 就越小。因此变压器（及其他电机）的铁芯都采用高导磁率的材料制成。

（3）铁芯的饱和程度越高，则导磁性能越差，励磁电抗也就越小，即励磁电流越大。因此变压在制造时合理地选择铁芯截面积，即合理地选取铁芯中的最大磁密 B_m，对变压器（及其他电机）的运行性能有重要影响。

（4）铁芯接缝气隙对空载电流 I_0 大小的影响很大，气隙越大，主磁通回路的磁阻 R_{ci} 就

越大，励磁电抗 x_m 就越小，空载电流 I_0 就越大。因而工艺上要严格控制铁芯迭片的接缝之间的气隙。

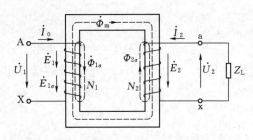

图 1-15　单相变压器负载运行时的示意图

（5）为控制变压器的铁芯损耗，应采用 $0.35\sim0.5mm$ 厚的含硅量较高的硅钢片及合理的迭片工艺，并选取合理的最大磁密 B_m。这对长年接在线路上的电力变压器尤其重要。

二、电力变压器负载物理过程及特性

（一）负载时的电磁过程

图 1-15 是单相变压器负载运行时的示意图。一次绕组接入额定频率、额定电压的交流电源，二次绕组所接的负载用阻抗 Z_L 表示，各物理量正方向如前所述。

变压器空载运行时，二次绕组中电流为零，一次侧只流过较小的空载电流 $\dot{I}_0$，它建立空载磁动势 $\dot{F}_0 = \dot{I}_0 N_1$，作用在铁芯磁路上产生主磁通 Φ_m，主磁通在一、二次绕组中分别感应出电动势 $\dot{E}_1$ 和 $\dot{E}_2$。电源电压 $\dot{U}_1$ 与一次绕组的反电动势 $\dot{E}_1$ 和一次绕组漏阻抗压降 $\dot{I}_0 z_1$ 相平衡，此时变压器处于空载运行时的电磁平衡状态。

当二次侧接上负载，二次绕组流过电流 $\dot{I}_1$，$\dot{I}_2$ 建立起副边磁动势 $\dot{F}_2 = \dot{I}_2 N_2$，这个磁动势也作用在铁芯的主磁路上，它会使主磁通 Φ_m 改变，电动势 $\dot{E}_1$ 也随之改变，从而打破了原来的平衡状态，使一次侧的电流也发生变化，一次绕组中的电流就由原来的 $\dot{I}_0$ 变为 $\dot{I}_1$，一次绕组的磁动势就从 $\dot{F}_0$ 变为 $\dot{F}_1 = \dot{I}_1 N_1$，这时一、二次绕组建立的这两个磁动势共同作用在铁芯上形成合成磁动势 $(\dot{F}_1 + \dot{F}_2)$，这个合成磁动势在铁芯中产生交链一、二次绕组的主磁通 $\dot{\Phi}_m$，如前所述，由于外加电源电压 $\dot{U}_1$ 不变，主磁通 $\dot{\Phi}_m$ 近似地保持不变，一次绕组中电流 $\dot{I}_1$ 的改变（也即磁动势 $\dot{F}_1$ 的改变）则维持了铁芯中主磁通 $\dot{\Phi}_m$ 不变，此时变压器处于负载运行时新的电磁平衡状态。

上述过程说明了二次侧电流的变化引起一次侧电流变化的原因。从功率的角度来看，当二次侧接上负载，变压器有功率输出，而变压器自身是不产生能量的，它所提供给负载的功率只能从电源获取，即变压器输出的功率增加，则输入的功率就相应增加，相应电流也就增加了。这也说明二次侧电流增加引起一次侧电流也随之增加的现象。

负载运行时，$\dot{F}_1$ 和 $\dot{F}_2$ 除了共同建立铁芯中的主磁通 $\dot{\Phi}_m$ 以外，还分别产生交链一、二次绕组的漏磁通 $\dot{\Phi}_{1\sigma}$ 和 $\dot{\Phi}_{2\sigma}$，并分别在一、二次绕组中感应出漏磁电动势 $\dot{E}_{1\sigma}$ 和 $\dot{E}_{2\sigma}$。同样可以用漏电抗压降的形式来表示一、二次绕组中的漏磁电动势，即 $\dot{E}_{1\sigma} = -j\dot{I}_1 x_1$，$\dot{E}_{2\sigma} = -j\dot{I}_2 x_2$，其中 x_2 称为二次绕组漏电抗，对应于二次绕组的漏磁通 $\dot{\Phi}_{2\sigma}$，也是常数。

此外，一、二次绕组中电流 $\dot{I}_1$、$\dot{I}_2$ 还分别在一、二次绕组上产生电阻压降 $\dot{I}_1 r_1$ 和 $\dot{I}_2 r_2$。

综上所述，变压器负载运行时各物理量之间的关系可以表示如下：

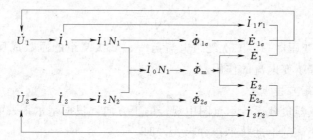

（二）磁动势平衡关系

变压器空载时，作用在变压器铁芯磁路上只有一次绕组的空载磁动势 $\dot{F}_0$。负载时，作用在变压器铁芯磁路上有一次绕组磁动势 $\dot{F}_1$ 和二次绕组磁动势 $\dot{F}_2$。由于空载运行与负载运行时电源电压不变，因此主磁通 $\dot{\Phi}_m$ 基本不变，那么，产生主磁通的空载磁动势 $\dot{F}_0$ 和负载运行时的合成磁动势 $\dot{F}_1 + \dot{F}_2$ 应相等，即

$$\dot{F}_1 + \dot{F}_2 = \dot{F}_0 \tag{1-23}$$

或

$$\dot{I}_1 N_1 + \dot{I}_2 N_2 = \dot{I}_0 N_1 \tag{1-24}$$

式（1-23）、式（1-24）称为变压器的磁动势平衡方程，它决定了变压器一、二次绕组间电流的关系，是一个极为重要的公式。

如果忽略 $\dot{I}_0$，则 $\dot{I}_1 N_1 = -\dot{I}_2 N_2$，二次侧磁动势与一次侧磁动势方向相反，即二次侧磁动势对一次侧磁动势起去磁作用。

若将式（1-24）中的 $\dot{I}_2 N_2$ 移到等式右边，得

$$\dot{I}_1 N_1 = \dot{I}_0 N_1 + (-\dot{I}_2 N_2) \tag{1-25}$$

从式（1-25）可知，负载时，一次侧磁动势 $\dot{F}_1 = \dot{I}_1 N_1$ 由两个分量组成，第一部分 $\dot{I}_0 N_1$ 为励磁分量，用来产生负载时的主磁通 $\dot{\Phi}_m$；第二部分 $-\dot{I}_2 N_2$ 称为负载分量磁动势，用来补偿二次侧磁动势的去磁作用，维持主磁通不变。

将式（1-25）磁动势平衡式两边同时除以 N_1，得

$$\dot{I}_1 = \dot{I}_0 + \left(-\dot{I}_2 \frac{N_2}{N_1}\right) = \dot{I}_0 + \left(-\frac{\dot{I}_2}{k}\right) = \dot{I}_0 + \dot{I}_{1L} \tag{1-26}$$

式中：$\dot{I}_{1L} = (-\dot{I}_2 / k)$ 为一次电流的负载分量。

式（1-26）表明，变压器负载运行时，原边电流由两个分量组成，其中 $\dot{I}_0$ 用来产生主磁通 $\dot{\Phi}_m$，称为励磁分量；另一部分 $\dot{I}_{1L} = (-\dot{I}_2 / k)$ 用来补偿二次侧电流的去磁作用，称为负载分量。通过式（1-25）也可以得出变压器中的能量传递过程：当变压器的二次侧电流改变时，必将引起一次侧电流的改变，用以平衡二次侧电流所产生的影响，即二次侧输出功率发生变化，必然同时引起一次侧从电网中吸取功率的变化。电能就是通过这样的方式由一次侧传送到二次侧的。

由式（1-25）可知，在忽略 $\dot{I}_0$ 的情况下，有 $\dot{I}_1 N_1 = -\dot{I}_2 N_2$，如果只考虑 $\dot{I}_1$ 和 $\dot{I}_2$ 的绝对值，则

$$\frac{I_1}{I_2}=\frac{N_2}{N_1}=\frac{1}{k} \tag{1-27}$$

式（1-27）表明，变压器一、二次绕组电流与一、二次绕组的匝数成反比。这说明变压器在变压的同时，也起了变电流的作用。

（三）电动势平衡方程

按图 1-15 变压器负载运行示意图中规定的正方向，根据基尔霍夫第二定律，可列出变压器负载时一、二次侧的电动势平衡方程式，即

$$\dot{U}_1=-\dot{E}_1-\dot{E}_{1\sigma}+\dot{I}_1r_1=-\dot{E}_1+\mathrm{j}\dot{I}_1x_1+\dot{I}_1r_1=-\dot{E}_1+\dot{I}_1z_1 \tag{1-28}$$

$$\dot{U}_2=\dot{E}_2+\dot{E}_{2\sigma}-\dot{I}_2r_2=\dot{E}_2-\mathrm{j}\dot{I}_2x_2-\dot{I}_2r_2=\dot{E}_2-\dot{I}_2z_2 \tag{1-29}$$

$$\dot{U}_2=\dot{I}_2z_\mathrm{L} \tag{1-30}$$

式中：z_2 为二次绕组漏阻抗，它也是常数，与负载的大小无关，$z_2=r_2+\mathrm{j}x_2$；z_L 为负载阻抗，$z_\mathrm{L}=r_\mathrm{L}+\mathrm{j}x_\mathrm{L}$。

综上所述，将变压器负载时的基本电磁关系归纳起来，可得以下基本方程组：

$$\left.\begin{aligned}
\dot{U}_1&=-\dot{E}_1+\dot{I}_1(r_1+\mathrm{j}x_1)\\
\dot{U}_2&=\dot{E}_2-\dot{I}_2(r_2+\mathrm{j}x_2)\\
\dot{I}_1&=\dot{I}_0+(-\dot{I}_2/k)\\
E_1/E_2&=k\\
\dot{E}_1&=-\dot{I}_0z_\mathrm{m}\\
\dot{U}_2&=\dot{I}_2z_\mathrm{L}
\end{aligned}\right\} \tag{1-31}$$

以上这六个方程式，反映了变压器负载运行时各电磁量的主要关系。利用这组联立方程式，便能对变压器进行定量的分析计算。例如，当已知电源电压 $\dot{U}_1$、变比 k 和参数 z_1、z_2、z_m 以及负载阻抗 z_L 时，就能从上述六个方程式求出六个未知量 $\dot{I}_1$、$\dot{I}_2$、$\dot{I}_0$、$\dot{E}_1$、$\dot{E}_2$ 和 $\dot{U}_2$。但是解联立复数方程组是非常复杂的，特别是画相量图更加困难。为了便于分析和简化计算，引入了折算法。

（四）折算

通过联立方程组（1-31）对变压器进行定量分析计算的难度很大，困难的关键在于变压器一、二次绕组的匝数不同。折算就是用一台一、二次绕组匝数相等（$N_2'=N_1$）的假想变压器来等效地代替一、二次绕组匝数不相等的实际变压器的计算方法。所谓等效，就是折算前后变压器内部的电磁效应不变，即折算前后磁动势平衡、功率传递、有功功率损耗和漏磁场储能等均保持不变。

在变压器中，常把二次绕组（低压侧）折算到一次侧（高压侧），即把二次绕组匝数变换成一次绕组的匝数，折算后的变压器一、二次绕组匝数相同，即折算后的变压器的变比为1。折算后，二次侧各物理量的数值，称为二次侧折算到一次侧的折算值。折算值用原来二次侧各物理量的符号在右上角加上一撇"′"来表示。例如二次绕组各物理量的折算值为 N_2'、U_2'、E_2'、I_2'、r_2'、x_2'、z_L' 等。

下面根据变压器折算的原则（$N_2'=N_1$），导出折算值。

1. 电动势的折算

根据折算前后二次侧磁动势不变的原则，则主磁通不变。因折算后变压器二次侧匝数与一次侧匝数相等，可得

$$\frac{E_2'}{E_1} = \frac{N_2'}{N_1} = \frac{N_1}{N_1} = 1$$

有

$$E_2' = kE_2 = E_1 \qquad (1-32)$$

同理

$$U_2' = kU_2 = U_1$$

2. 电流的折算

根据折算前后二次侧磁动势不变的原则，可得

$$N_2' I_2' = N_2 I_2$$

即

$$I_2' = \frac{N_2}{N_2'} I_2 = \frac{N_2}{N_1} I_2 = \frac{1}{k} I_2 \qquad (1-33)$$

3. 漏阻抗的折算

根据折算前后二次绕组电阻上所消耗的铜损不变的原则，可得

$$I_2'^2 r_2' = I_2^2 r_2$$

即

$$r_2' = \left(\frac{I_2}{I_2'}\right)^2 r_2 = k^2 r_2 \qquad (1-34)$$

根据折算前后二次绕组漏电抗上所消耗的无功功率不变的原则，可得

$$I_2'^2 x_2' = I_2^2 x_2$$

即

$$x_2' = k^2 x_2 \qquad (1-35)$$

4. 负载阻抗的折算

根据折算前后变压器输出的视在功率不变的原则，可得

$$I_2'^2 z_L' = I_2^2 z_L$$

同理有

$$z_L' = k^2 z_L \qquad (1-36)$$

综上所述，把二次侧各物理量折算到一次侧时，凡单位是伏特的物理量折算值等于原值乘以变比 $k(k>1)$，凡单位为安培的物理量折算值等于原值除以变比 k，凡单位为欧姆的物理量的折算值等于原值乘以 k^2。若已知折算值，可用逆运算的方法求得实际值。

折算后，式（1-31）的基本方程组将变为

$$\left.\begin{aligned}
\dot{U}_1 &= -\dot{E}_1 + \dot{I}_1 (r_1 + \mathrm{j}x_1) \\
\dot{U}_2' &= \dot{E}_2' - \dot{I}_2' (r_2' + \mathrm{j}x_2') \\
\dot{I}_1 &= \dot{I}_0 + (-\dot{I}_2') \\
\dot{E}_1 &= \dot{E}_2' = -\dot{I}_0 (r_m + \mathrm{j}x_m) \\
\dot{U}_2' &= \dot{I}_2' z_L'
\end{aligned}\right\} \qquad (1-37)$$

（五）负载时的等效电路

根据基本方程组（1-37），可推出负载运行时变压器的等效电路。

1. T 形等效电路

根据方程式 $\dot{U}_1 = -\dot{E}_1 + \dot{I}_1 r_1 + j\dot{I}_1 x_1$，可画出一次侧的等效电路；根据方程式 $\dot{U}_2' = \dot{E}_2'$ $-\dot{I}_2' r_2' - j\dot{I}_2' x_2'$ 和 $\dot{U}_2' = \dot{I}_2' z_L'$，可画出二次侧的等效电路，如图 1-16（a）所示。因为把一、二次绕组中的分布参数用了等效的集中参数 r_1、x_1、r_2'、x_2' 表示，并移到绕组外，则一、二次绕组成为了一个有 N_1 匝没有电阻和漏抗的"理想"绕组，如图 1-16（a）中的 bh、$b'h'$ 所示。在一、二次侧的理想绕组中，只有电动势 $\dot{E}_1$、$\dot{E}_2'$，且 $\dot{E}_1 = \dot{E}_2'$，若将一、二次绕组合并在一起（bb'、hh' 分别接在一起）成为一个绕组，就将磁耦合的变压器变成了直接电联系的等效电路。此时，一次绕组中的电流为 $\dot{I}_1 = \dot{I}_0 - \dot{I}_2'$，而根据 $-\dot{E}_1 = \dot{I}_0(r_m + jx_m)$，则 E_1 所在的回路可用 r_m 和 x_m 的串联电路来表示。最后得到如图 1-16（b）所示的变压器 T 形等效电路。

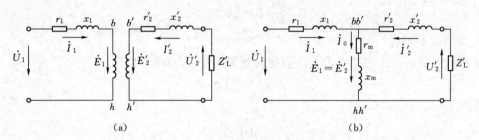

图 1-16 负载运行时变压器等效电路

(a) 一、二次侧等效电路；(b) 变压器 T 形等效电路

图 1-16（b）电路中各参数的意义，在前面都已分别作过介绍。这里再明确一下：二次侧的各量，都是已折算到一次侧的量，由 r_m、x_m 组成的回路称为变压器的励磁回路；由 z_2' 和 z_L' 所组成的回路称为负载回路。

2. 电路化简

变压器的空载电流很小，可将励磁回路前移，得到图 1-17（a）所示 Γ 形等效电路。也可以忽略不计励磁支路，从而得到一个更简单的串联电路，如图 1-17（b）所示，这个电路称为变压器的简化等效电路，由于这个电路很简单，用来进行定量计算和定性分析都非常方便。

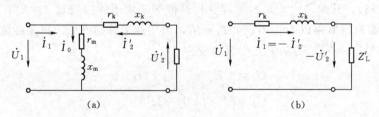

图 1-17 电路化简

(a) Γ 形等效电路；(b) 简化等效电路

图 1-17 中，$r_k = r_1 + r_2'$ 称为短路电阻；$x_k = x_1 + x_2'$ 称为短路电抗；$z_k = r_k + jx_k$ 称为短

路阻抗。

对应于简化等效电路，有

$$\dot{U}_1 = -\dot{U}_2' + \dot{I}_1 r_k + j\dot{I}_1 x_k \tag{1-38}$$

对应短路阻抗，称 $\varphi_k = \arctan(x_k/r_k)$ 为短路阻抗角。

从变压器一次侧所接的电网来看，变压器只不过是整个电力系统中的一个元件，有了等效电路，就很容易用一个等效阻抗接在电网上来代替整个变压器及其所带的负载，这给研究和计算电力系统的运行情况带来很大的方便，从这一点看，等效电路的作用尤其显著。

（六）负载时的相量图

前面已对基本方程式和等效电路作了介绍，下面就变压器在不同运行情况下的相量图的作法及相量图的应用进行介绍。

根据式（1-37）和图 1-16，假设变压器带一感性负载，并已知 $\dot{U}_2$、$\dot{I}_2$ 和 $\cos\varphi_2$ 及变压器的各个参数，作相量图的步骤如下：根据变比 k 求出 $\dot{U}_2'$、$\dot{I}_2'$、r_2'、x_2'，按比例画出 $\dot{U}_2'$ 和 $\dot{I}_2'$ 相量，它们的夹角是 φ_2。在 $\dot{U}_2'$ 末端加上一次漏阻抗压降 $\dot{I}_2' r_2'$ 和 $j\dot{I}_2' x_2'$，得到电动势 $\dot{E}_2'$，同时也得到了 $\dot{E}_1(\dot{E}_1 = \dot{E}_2')$。相应得出 $-\dot{E}_1$ 相量，主磁通 $\dot{\Phi}_m$ 领先 $\dot{E}_1$ 90°，$\dot{\Phi}_m$ 的大小根据 $E_1 = 4.44 f N_1 \Phi_m$ 算出。励磁电流 $I_0 = E_1/z_m$，相位落后于 $-\dot{E}_1$ 一个角度 $\varphi_0 = \arctan(x_m/r_m)$，有了 $\dot{I}_0$ 和 $\dot{I}_2'$ 后，根据 $\dot{I}_1 = \dot{I}_0 + (-\dot{I}_2')$ 便可求出 $\dot{I}_1$ 相量。再在 $-\dot{E}_1'$ 上加上一次漏阻抗 $\dot{I}_1 r_1$ 和 $j\dot{I}_1 x_1$，便可得出一次侧电压 $\dot{U}_1$。$\dot{U}_1$ 与 $\dot{I}_1$ 之间的夹角 φ_1 是一次侧输入功率的功率因数角。负载时相量图见图 1-18。

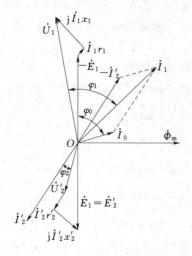

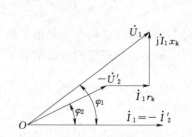

图 1-18　负载时变压器的相量图　　　　图 1-19　变压器的简化相量图

对应变压器的简化等效电路，有 $\dot{U}_1 = -\dot{U}_2' + \dot{I}_1 r_k + j\dot{I}_1 x_k$，$\dot{U}_2' = \dot{I}_2' z_L'$，$\dot{I}_1 = -\dot{I}_2'$，这三个关系式是作出简化相量图的依据。作图时，假设已知 $\dot{U}_2$、$\dot{I}_2$ 和 $\cos\varphi_2$ 及变压器的参数 r_k、x_k，以 $\dot{U}_2'$ 为参考相量，根据 φ_2 角绘出 $\dot{I}_2'$。再由 $\dot{U}_1 = -\dot{U}_2' + \dot{I}_1 r_k + j\dot{I}_1 x_k$ 得出 $\dot{U}_1$。变压器带感性负载时的简化相量图见图 1-19。

（七）标幺值

1. 定义

在电力工程计算中，为了简化计算，电压、电流、阻抗、功率及其他各量的数值，有时不用实际值进行计算，而是用标幺值来计算。所谓标幺值是指某物理量的实际值与选定的同单位的基值之比，即

$$标幺值 = \frac{实际值}{基值（与实际值同单位）}$$

标幺值是一种相对值，没有单位。为了区别某物理量的标幺值与实际值，在原来实际值符号的右上角加"*"号表示。

2. 基值的选择与标幺值的计算

在电机和电力工程计算中，对于"单个"的电气设备，通常选其额定值作为基值，变压器基值的具体选择方法如下。

（1）以一、二次侧额定电压 U_{1N}、U_{2N} 作为一、二次侧电压的基值，若是计算相电压的标幺值则以额定相电压 $U_{1N\varphi}$、$U_{2N\varphi}$ 为基值。

（2）以一、二次侧额定电流 I_{1N}、I_{2N} 作为一、二次侧电流的基值，若是计算相电流的标幺值则以定额相电流 $I_{1N\varphi}$、$I_{2N\varphi}$ 为基值。

（3）电阻、电抗、阻抗共用一个基值，它们是一相的值，阻抗基值 z_{1j}、z_{2j} 应是额定相电压 $U_{1N\varphi}$、$U_{2N\varphi}$ 与额定相电流 $I_{1N\varphi}$、$I_{2N\varphi}$ 之比，即

$$z_{1j} = \frac{U_{1N\varphi}}{I_{1N\varphi}}, \quad z_{2j} = \frac{U_{2N\varphi}}{I_{2N\varphi}}$$

（4）有功功率、无功功率、视在功率共用一个基值，以额定视在功率为基值；单相功率的基值为 $U_{N\varphi}I_{N\varphi}$，三相功率的基值为 $3U_{N\varphi}I_{N\varphi}$（或 $\sqrt{3}U_N I_N$）。

（5）变压器有高、低压侧之分，各物理量标幺值的基值应选择各自侧的额定值。

3. 特点

（1）额定电流、额定电压、额定视在功率的标幺值均为 1。

（2）变压器采用标幺值计算后，一、二次侧各量均无需再进行折算。例如：

$$U_2^* = \frac{U_2}{U_{2N}} = \frac{kU_2}{kU_{2N}} = \frac{U_2'}{U_{1N}} = U'^*_2$$

这一点对多个电压等级的系统网络分析尤为重要。

（3）某些不同单位物理量的标幺值具有相同数值，例如

$$z_k^* = \frac{z_k}{U_{1N}/I_{1N}} = \frac{I_{1N}z_k}{U_{1N}} = U_k^*$$

同理

$$r_k^* = U_{ky}^*, x_{kw}^* = U_{kw}^*$$

顺便指出，在变压器的分析与计算中，常用负载系数这一概念，用 β 表示，其定义为

$$\beta = \frac{I_1}{I_{1N}} = \frac{I_2}{I_{2N}} = \frac{S_1}{S_N} = \frac{S_2}{S_N}$$

可见，$\beta = I_1^* = I_2^* = S^*$。

（4）将标幺值乘以 100 可得到以同样基值表示的百分值，同理，百分值除以 100 也可得到对应的标幺值。例如，$u_k = 5.5\%$ 时，其标幺值为 $U_k^* = 0.055$。

标幺值也有缺点，由于没有单位，因而其物理概念不够明确。

【例 1-1】 一台单相变压器，$S_N = 100\text{kVA}$，$U_{1N}/U_{2N} = 3464\text{V}/230\text{V}$，$I_{1N}/I_{2N} = 28.9\text{A}/434.8\text{A}$，绕组用铜线绕制。在低压侧作空载试验时，测得 $I_0 = 15.2\text{A}$，$p_0 = 200\text{W}$；在高压侧作短路试验时，测得 $I_{kN} = 28.9\text{A}$，$U_{kN} = 183\text{V}$，$p_k = 640\text{W}$，试验时的室温 $t = 25℃$。试求：(1) 折算到高压侧 T 形等效电路各参数的欧姆值及标幺值；(2) 短路电压及各分量的百分值及标幺值。

解：(1) 折算到高压侧的等效电路参数。

变压器的变比

$$k = \frac{3464}{230} = 15$$

根据空载试验数据，折算到高压侧的励磁参数为

$$z'_m = k^2 \frac{U_{2N}}{I_0} = 15^2 \times \frac{230}{15.2} = 3405(\Omega)$$

$$r'_m = k^2 \frac{p_0}{I_0^2} = 15^2 \times \frac{200}{15.2^2} = 195(\Omega)$$

$$x'_m = \sqrt{z'^2_m - r'^2_m} = \sqrt{3405^2 - 195^2} = 3399(\Omega)$$

取阻抗基值

$$z_j = \frac{U_{1N}}{I_{1N}} = \frac{3464}{28.9} = 120(\Omega)$$

则励磁参数的标幺值为

$$z'^*_m = \frac{3405}{120} = 28.4$$

$$r'^*_m = \frac{195}{120} = 1.6$$

$$x'^*_m = \frac{3399}{120} = 28.3$$

根据短路试验数据，算出折算到高压侧的短路参数为

$$z_k = \frac{U_{kN}}{I_{1N}} = \frac{183}{28.9} = 6.33(\Omega)$$

$$r_k = \frac{p_{kN}}{I_{1N}^2} = \frac{640}{28.9^2} = 0.77(\Omega)$$

$$x_k = \sqrt{z_k^2 - r_k^2} = \sqrt{6.33^2 - 0.77^2} = 6.28(\Omega)$$

将高低压侧参数分开，则

$$r_1 = r'_2 = \frac{r_k}{2} = \frac{0.77}{2} = 0.385(\Omega)$$

$$x_1 = x'_2 = \frac{x_k}{2} = \frac{6.28}{2} = 3.14(\Omega)$$

标幺值为

$$r_1^* = r'^*_2 = \frac{0.385}{120} = 0.0032$$

$$x_1^* = x'^*_2 = \frac{3.14}{120} = 0.026$$

换算到 75℃ 时的参数为

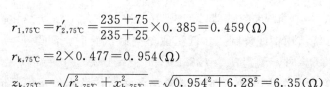

$$r_{1,75℃} = r'_{2,75℃} = \frac{235+75}{235+25} \times 0.385 = 0.459(\Omega)$$

$$r_{k,75℃} = 2 \times 0.477 = 0.954(\Omega)$$

$$z_{k,75℃} = \sqrt{r^2_{k,75℃} + x^2_{k,75℃}} = \sqrt{0.954^2 + 6.28^2} = 6.35(\Omega)$$

标幺值为

$$r^*_{k,75℃} = \frac{0.954}{120} = 0.008$$

$$z^*_{k,75℃} = \frac{6.35}{120} = 0.053$$

(2) 75℃时的短路电压及其分量

百分值为

$$u_k = \frac{I_{1N}z_{k,75℃}}{U_{1N}} \times 100 = \frac{28.9 \times 6.35}{3464} \times 100 = 5.3\%$$

$$u_{ky} = \frac{I_{1N}r_{k,75℃}}{U_{1N}} \times 100 = \frac{28.9 \times 0.954}{3464} \times 100 = 0.8\%$$

标幺值为

$$u_{kw} = \frac{I_{1N}x_k}{U_{1N}} \times 100 = \frac{28.9 \times 6.28}{3464} \times 100 = 5.2\%$$

$$U^*_{kN} = \frac{u_k}{100} = \frac{5.3}{100} = 0.053$$

$$U^*_{ky} = \frac{u_{ky}}{100} = \frac{0.8}{100} = 0.008$$

$$U^*_{kw} = \frac{u_{kw}}{100} = \frac{5.2}{100} = 0.052$$

三、电力变压器的外特性及效率特性

(一) 电压变化率和外特性

1. 电压变化率

所谓电压变化率是指当变压器的一次侧施加额定电压，空载时的二次侧电压 U_{20} 与在给定负载功率因数下带负载时二次侧实际电压 U_2 之差（$U_{20}-U_2$）与二次侧额定电压的比值，即

$$\Delta U = \frac{U_{20}-U_2}{U_{2N}}$$

也可写成

$$\Delta U = \frac{k(U_{20}-U_2)}{kU_{2N}} = \frac{U_{1N}-U'_2}{U_{1N}} = 1-U^*_2$$

电压变化率是变压器的主要性能指标之一，它反映了供电电压的质量（电压的稳定性）。电压变化率可根据变压器的参数、负载的性质和大小，由简化相量图求出。

图 1-20 是带感性负载时变压器的简化相量图。ΔU 与阻抗标幺值的关系可以通过作图法求出。延长 OC，以 O 为圆心，OA 为半径画弧交于 OC 的延长线上 P 点，作 BF⊥OP，作 AE∥BF，并交于 OP 上 D 点，取 DE=BF。则

$$U_{1N}-U'_2 = OP-OC = CF+FD+DP$$

因为 DP 很小，保忽略不计，又因为 FD＝BE，故

$$U_{1N}-U'_2=CF+BE=CB\cos\varphi_2+AB\sin\varphi_2$$
$$=I_1 r_k\cos\varphi_2+I_1 x_k\sin\varphi_2$$

则

$$\Delta U=\frac{U_{1N}-U'_2}{U_{1N}}=\frac{I_1 r_k\cos\varphi_2+I_1 x_k\sin\varphi_2}{U_{1N}}$$

因为

$$I_1=\frac{I_1}{I_{1N}}I_{1N}=\beta I_{1N}$$

可得

$$\Delta U=\frac{\beta I_{1N}r_k\cos\varphi_2+\beta I_{1N}x_k\sin\varphi_2}{U_{1N}}$$
$$=\frac{\beta(r_k\cos\varphi_2+x_k\sin\varphi_2)}{U_{1N}/I_{1N}}$$
$$=\beta(r_k^*\cos\varphi_2+x_k^*\sin\varphi_2) \qquad (1-39)$$

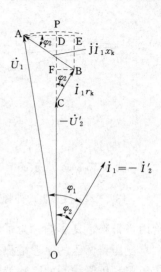

图 1-20　用标幺值表示的
简化相量图

从式（1-39）可以看出，变压器负载运行时的电压变化率，与变压器所带负载的大小（β）、负载的性质（$\cos\varphi_2$）及变压器的阻抗参数（r_k，x_k）有关。在实际变压器中，x_k^* 比 r_k^* 大很多倍，故在纯电阻负载时（$\cos\varphi_2=1$），电压变化率很小；在感性负载时，$\varphi_2>0$，ΔU 为正值，说明这时变压器二次侧电压比空载时低；带容性负载时，$\varphi_2<0$，$\sin\varphi_2$ 为负值，当 $|x_k^*\sin\varphi_2|>|r_k^*\cos\varphi_2|$ 时，ΔU 为负值，此时二次侧电压比空载时高。当 $\cos\varphi_2=0.8$（感性）时，$\Delta U=4\%\sim5.5\%$ 左右。故国家标准规定，电力变压器高压绕组要有抽头，用分接开关在额定电压 $\pm5\%$ 范围内进行调节。

【例 1-2】 变压器的参数同［例 1-1］，求在额定负载，功率因数：（1）$\cos\varphi_2=0.8$（感性）；（2）$\cos\varphi_2=0.8$（容性）；（3）$\cos\varphi_2=1$ 三种情况下的电压变化率。

解：由［例 1-1］已算得 $r_{k75℃}^*=0.008$，$x_k^*=0.052$。

（1）当额定负载（$\beta=1$），功率因数 $\cos\varphi_2=0.8$（感性）时，则 $\sin\varphi_2=0.6$，代入式（1-39）

$$\Delta U=1\times(0.008\times0.8+0.052\times0.6)=0.0387=3.87\%$$

即二次侧电压相对于额定电压降低了 3.87%。

（2）当额定负载（$\beta=1$），功率因数 $\cos\varphi_2=0.8$（容性）时，则 $\sin\varphi_2=-0.6$，代入式（1-39）

$$\Delta U=1\times(0.008\times0.8-0.052\times0.6)=0.0248=-2.48\%$$

即二次侧电压相对于额定电压升高了 2.48%。

（3）当额定负载（$\beta=1$），功率因数 $\cos\varphi_2=1$ 时，则 $\sin\varphi_2=0$，代入式（1-39）

$$\Delta U=1\times0.008\times1=0.008=0.8\%$$

即二次侧电压相对于额定电压降低了 0.8%。

2. 外特性

从前面的分析可见，变压器运行时，变压器二次侧输出的电压随负载的变化而变化，变压器的外特性就是用来描述二次侧输出电压随负载变化的规律。

当 $U_1=U_{1N}$，$\cos\varphi_2=$ 常数时，二次侧输出电压随负载电流变化的规律 $U_2=f(I_2)$，如图

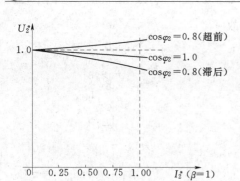

图 1-21　变压器的外特性曲线

1-21 所示。图 1-21 中，纵、横坐标可用实际值 U_2、I_2 表示，也可用标幺值 U_2^*、I_2^* 表示。从图 1-21 中可以看出，变压器带纯电阻负载时，二次侧输出电压下降，电压变化比较小；带感性负载时，二次侧输出电压也下降，且电压变化较大；而带容性负载时，电压变化可能是负值，即随着负载电流的增加，变压器二次侧输出电压会上升。

3. 变压器的电压调整

从上述分析可见，变压器运行时，二次侧输出电压随负载变化而变化。如果电压变化太大，则会给用户带来不良影响，为了保证输出电压在一定范围内变化，就必须进行电压调整。

变压器调压的原理是根据 $U_1 : U_2 = N_1 : N_2$，变压器的高压侧线圈设有抽头，通过调整变压器高压侧线圈的匝数就可对二次侧的输出电压进行调整。变压器一次侧所施电压 U_1 的大小由电源决定，可看成是一常数，输出电压 $U_2 = (N_2/N_1)U_1$。

若变压器为升压变压器，N_2 为高压绕组匝数，可通过调整 N_2 对输出电压 U_2 进行调整 N_2 增加则 U_2 增加；反之则 U_2 减小。由于这时电源侧 U_1、N_1 为定数，磁通不变，因此这种调压方式为恒磁通调压。

若变压器为降压变压器，N_1 为高压绕组匝数，可通过调整 N_1 对输出电压 U_2 进行调整，N_1 增加则 U_2 减小，反之则 U_2 增加。由于这时电源侧 N_1 改变，调整电压时磁通会发生改变，因此这种调压方式为变磁通调压。

变压器的分接头之所以在高压绕组抽出，是因为高压绕组通常套在最外面，分接头引出方便，其次高压侧电流小，分接线和分接开关的载流部分截面小，制造方便，运行中也不容易发生故障。

对于小容量变压器，线圈设有三个抽头，即 $U_N \pm 5\%$ 的抽头，对于容量稍大一些的变压器，线圈设有五个抽头，即 $U_N \pm 2.5\%$ 和 $U_N \pm 5\%$ 的抽头，因此变压器的输出电压可通过分接开关在额定电压上、下 5% 范围进行调压。

（二）效率

变压器工作时，存在着两种基本损耗。其一是铜损耗 p_{Cu}，它是一、二次绕组中的电流流过相应的绕组电阻形成的，其大小为

$$p_{Cu} = I_1^2(r_1 + r_2') = \left(\frac{I_1}{I_{1N}}\right)^2 I_{1N}^2 r_k = \beta^2 p_{kN} \tag{1-40}$$

式（1-40）表明，变压器的铜损耗等于负载系数的平方与额定铜损耗的乘积，即铜损耗与负载的大小有关，所以铜损耗又称为可变损耗。

另一种是铁损耗 p_{Fe}。当电源电压不变时，变压器主磁通幅值基本不变，铁损耗也是不变的，而且近似地等于空载损耗 p_0。因此，把铁损耗叫做不变损耗。

此外，还有很少的其他损耗，统称为附加损耗，计算变压器的效率时往往忽略不计，因此，变压器的总损耗为

$$\sum p = p_{Cu} + p_{Fe} = \beta^2 p_{kN} + p_0 \tag{1-41}$$

变压器的效率为输出的有功功率 P_2 与输入的有功功率 P_1 之比，用 η 表示，其计算公

式为

$$\eta = \left(\frac{P_2}{P_1}\right) \times 100\% = \left(\frac{P_1 - \sum p}{P_1}\right) \times 100\% = \left(1 - \frac{\sum p}{P_2 + \sum p}\right) \times 100\% \qquad (1-42)$$

对于变压器的输出功率

$$P_2 = \sqrt{3}U_2 I_2 \cos\varphi_2 \approx \sqrt{3}U_{2N} \beta I_{2N} \cos\varphi_2 = \beta S_N \cos\varphi_2 \qquad (1-43)$$

式中 $U_2 \approx U_{2N}$，$S_N = \sqrt{3}U_{2N}I_{2N}$ 是变压器的额定容量。

将式（1-41）和式（1-43）代入式（1-42）中，则得到变压器效率的实用计算公式

$$\eta = \left(1 - \frac{p_0 + \beta^2 p_{kN}}{\beta S_N \cos\varphi_2 + p_0 + \beta^2 p_{kN}}\right) \times 100\% \qquad (1-44)$$

对于给定的变压器，p_0 和 p_{kN} 是一定的，可以通过空载试验和短路试验测定。由式（1-44）不难看出，当负载的功率因数也一定时，效率只与负载系数有关，可用图 1-22 的曲线表示。

由图 1-22 中的效率曲线可知，变压器的效率有一个最大值 η_m。进一步的数学分析证明，当变压器的铜损耗等于空载损耗时，变压器的效率达到最大值，即当 $p_0 = \beta^2 p_{kN} = p_{Cu}$ 时变压器效率最高。所以

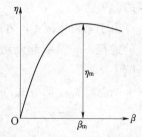

图 1-22　变压器的效率曲线

$$\beta_m = \sqrt{\frac{p_0}{p_{kN}}}$$

β_m 是效率最高时的负载系数。由图 1-22 可看出，当 $\beta < \beta_m$ 时，变压器的效率急剧下降，而 $\beta > \beta_m$ 时，变压器的效率下降得不多。所以，要使变压器有较高的运行效率，就不要让变压器在较低的负荷下运行。

【例 1-3】 一台容量为 100kVA 的单相变压器，$U_{1N}/U_{2N} = 6000V/230V$，空载损耗 $p_0 = 600W$，短路损耗 $p_{kN} = 2100W$。求变压器带额定负载，$\cos\varphi_2 = 0.8$（滞后）时的效率及最高效率。

解：（1）变压器额定负载时的负载系数 $\beta = 1$。

变压器的运行效率

$$\eta = \left(1 - \frac{p_0 + \beta^2 p_{kN}}{\beta S_N \cos\varphi_2 + p_0 + \beta^2 p_{kN}}\right) \times 100\% = \left(1 - \frac{600 + 2100}{1 \times 100 \times 10^3 \times 0.8 + 600 + 2100}\right) \times 100\%$$
$$= 96.7\%$$

（2）最高效率时的负载系数 β_m

$$\beta_m = \sqrt{\frac{p_0}{p_{kN}}} = \sqrt{\frac{600}{2100}}$$
$$= 0.534$$

（3）最高效率 η_m。

$$\eta_m = \left(1 - \frac{2p_0}{\beta_m S_N \cos\varphi_2 + 2p_0}\right) \times 100\% = \left(1 - \frac{2 \times 600}{0.534 \times 100 \times 10^3 \times 0.8 + 2 \times 600}\right) \times 100\%$$
$$= 97.3\%$$

四、变压器的空载合闸及突然短路过程

（一）变压器的空载合闸过程

变压器二次侧开路（即处于空载状态），把一次侧接入电源称为空载投入。

变压器空载稳态运行时，空载电流只占额定电流的 $0.5\%\sim3\%$。而空载投入瞬间，可能出现一个较大的电流，需经历一个短暂的过渡过程，才能恢复到正常的空载电流值，在过渡过程中出现的空载投入电流称为励磁涌流。

变压器空载投入的过程，实质上就是空载磁场的建立过程。分析空载投入过程，主要是分析空载磁场建立过程中所发生的物理现象。

假定电源电压 u_1 随时间按正弦规律变化，合闸时一次侧的电动势方程式为

$$u_1=\sqrt{2}U_1\sin(\omega t+\alpha_0)=i_0 r_1+N_1\frac{\mathrm{d}\Phi_t}{\mathrm{d}t} \tag{1-45}$$

式中：α_0 为合闸时电压 u_1 的初相角；Φ_t 为与一次绕组交链的总磁通，包括主磁通和一次绕组的漏磁通。

由于电阻压降 $i_0 r_1$ 很小，在分析过渡过程的初始阶段可忽略不计。合闸后随着过渡过程的进行，r_1 是引起励磁涌流衰减的主要原因，因此在分析过渡过程的后期应计及 r_1 的影响。

当忽略 $i_0 r_1$ 时，式（1-45）便可写成

$$\mathrm{d}\Phi_t=\frac{\sqrt{2}U_1}{N_1}\sin(\omega t+\alpha_0)\mathrm{d}t$$

解此微分方程得

$$\Phi_t=-\frac{\sqrt{2}U_1}{\omega N_1}\cos(\omega t+\alpha_0)+C=-\Phi_\mathrm{m}\cos(\omega t+\alpha_0)+C \tag{1-46}$$

式中：Φ_m 为稳态磁通最大值；C 为待定积分常数。

积分常数 C 由初始条件决定。设合闸前铁芯中无剩磁，即 $t=0$ 时，$\Phi_t=0$，代入式（1-46）得

$$0=-\Phi_\mathrm{m}\cos\alpha_0+C$$

即

$$C=\Phi_\mathrm{m}\cos\alpha_0$$

于是空载合闸时与一次绕组交链的总磁通为

$$\Phi_t=-\Phi_\mathrm{m}[\cos(\omega t+\alpha_0)-\cos\alpha_0] \tag{1-47}$$

式（1-47）表明，合闸时磁通的大小与 u_1 的初相角有关。下面分析两种特殊情况：

（1）当 $\alpha_0=90°$ 时合闸，这时

$$\Phi_t=-\Phi_\mathrm{m}[\cos(\omega t+90°)-\cos90°]=\Phi_\mathrm{m}\sin\omega t$$

这就表明，空载投入一合闸就建立起了稳态磁通，即在这种情况下，磁场的建立没有过渡过程而立刻进入稳定状态，与之对应的合闸电流没有暂态分量而立即达到稳态空载电流值。

（2）当 $\alpha_0=0°$ 时合闸，这时

$$\Phi_t=\Phi_\mathrm{m}(1-\cos\omega t)=\Phi_\mathrm{m}-\Phi_\mathrm{m}\cos\omega t=\Phi_t''+\Phi_t' \tag{1-48}$$

式中：$\Phi_t''=\Phi_\mathrm{m}$ 为磁通的暂态分量，由于忽略 r_1，故它不衰减；$\Phi_t'=-\Phi_\mathrm{m}\cos\omega t$ 为磁通的稳态分量。

与式（1-48）对应的磁通变化曲线如图 1-23 所示。从图 1-23 中可以看出，在这种情况下合闸时，若不考虑磁通的暂态分量衰减，在合闸后半个周期，即 $t=\pi/\omega$，磁通达到最大值 $\Phi_{t\mathrm{max}}=2\Phi_\mathrm{m}$。

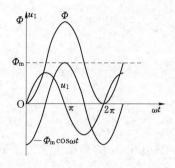

图 1-23　当 $\alpha_0 = 0°$ 空载合闸时 Φ 的变化

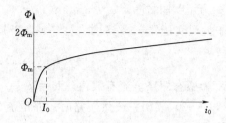

图 1-24　变压器铁芯的磁化曲线

由于铁芯的磁化曲线非线性，如图 1-24 所示，一般变压器在正常运行时，主磁通较为饱和，Φ_m 的工作点在磁化曲线的拐弯处。而现在主磁通 $\Phi_t = 2\Phi_m$，铁芯的饱和情况非常严重，因而空载电流的数值很大，超过稳态空载电流的几十倍至百余倍，可达额定电流的 5～8 倍。

由于电阻 r_1 的存在，合闸电流的暂态分量将逐渐衰减，衰减快慢取决于时间常数 $T = L_1/r_1$（L_1 为一次绕组的全自感）。一般小容量变压器衰减快，约几个周期便达到稳态；大型变压器衰减较慢，有的可延续达 20 多 s。

在三相变压器中，由于三相电压相位互差 120°，故合闸时总有一相的电压初相角为零或接近于零，因而总有一相的合闸电流较大。

空载合闸电流对变压器本身没有多大危害，但当它衰减较慢时，可能引起变压器的过电流保护装置误动作而跳闸。为此，变压器的继电保护在进行设置时，需要考虑躲过励磁涌流，以防止保护误动作。

（二）变压器的突然短路过程

变压器运行中发生突然短路是一种严重故障，短路电流将很大，这样大的电流流过变压器及其他相连接的设备，有可能使变压器及其他相应的设备因发热或受到电磁力的冲击而遭破坏，因此分析变压器的突然短路过程具有重要意义。

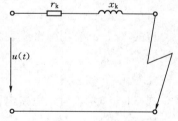

图 1-25　变压器二次侧突然
短路时的简化等效电路

1. **突然短路电流**

根据图 1-25 所示的简化等效电路，一次侧的电压方程式为

$$u_1 = u_m \sin(\omega t + \alpha) = i_k r_k + L \frac{\mathrm{d}i_k}{\mathrm{d}t} \tag{1-49}$$

这是一个常系数一阶微分方程，它的解由稳态分量和暂态分量两部分组成，即

$$i_k = i_k' + i_k'' \tag{1-50}$$

式中：i_k' 为短路电流的稳态分量；i_k'' 为短路电流的暂态分量。

变压器发生短路时，一般都已带上负载，但因负载电流比突然短路电流小得多，可忽略不计，认为短路是在空载情况下发生的，即令 $t = 0$ 时，$i_k = 0$，根据这个起始条件，解式（1-49）得

$$i_k = i_k' + i_k'' = \frac{U_{1m}}{\sqrt{r_k^2 + x_k^2}} \sin(\omega t + \alpha - \varphi_k) - \frac{U_{1m}}{\sqrt{r_k^2 + x_k^2}} \sin(\alpha - \varphi_k) e^{-\frac{r_k}{L_k} t} \qquad (1-51)$$

式中：φ_k 为短路阻抗角，$\varphi_k = \arctan(x_t / r_k)$。

对于大型变压器，$x_k \gg r_k$，$\varphi_k \approx 90°$，于是

$$i_k = \sqrt{2} I_k \left[(\cos\alpha) e^{-\frac{r_k}{L_k} t} - \cos(\omega t + \alpha) \right] \qquad (1-52)$$

式中：I_k 为稳态短路电流有效值，$I_k = U_1 / \sqrt{r_k^2 + x_k^2}$。

式（1-52）表明，突然短路时短路电流的大小，与电压 u_1 的初相角有关，下面讨论两种极限情况。

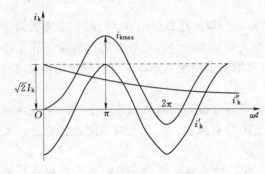

(1) 当 $t = 0$，$\alpha = 90°$ 时发生突然短路。由式（1-52）得

$$i_k = \sqrt{2} I_k \sin\omega t \qquad (1-53)$$

式（1-53）表明，当 $\alpha = 90°$ 时发生突然短路，短路电流立即达到稳定值，无过渡过程。

(2) 当 $t = 0$，$\alpha = 0°$ 时发生突然短路。由式（1-52）得

图 1-26　$\alpha = 0°$ 时发生突然短路的电流变化曲线

$$i_k = \sqrt{2} I_k (e^{-\frac{r_k}{L_k} t} - \cos\omega t) \qquad (1-54)$$

从式（1-54）可看出，最严重的情况是 $\alpha = 0°$ 时发生突然短路，此时电压 u_1 与各电流的波形，如图 1-26 所示，短路电流瞬时值在 $t = \pi / \omega t$ 时达到最大值 i_{kmax}，即

$$i_{kmax} = \sqrt{2} I_k (e^{-\frac{r_k}{L_k} \frac{\pi}{\omega}} - \cos\pi) = \sqrt{2} I_k (1 + e^{-\frac{r_k}{L_k} \frac{\pi}{\omega}}) = k_y \sqrt{2} I_k \qquad (1-55)$$

其中

$$k_y = 1 + e^{-\frac{r_k}{L_k} \frac{\pi}{\omega}}$$

对小容量变压器，可取 $k_y = 1.2 \sim 1.3$；对大容量变压器，可取 $k_y = 1.5 \sim 1.8$。

将式（1-55）用标幺值表示，则

$$i_{kmax}^* = \frac{i_{kmax}}{\sqrt{2} I_{1N}} = k_y \frac{I_k}{I_{1N}} = k_y \frac{U_{1N}}{I_{1N} z_k} = k_y \frac{1}{z_k^*} \qquad (1-56)$$

式（1-56）表明，短路电流幅值的标幺值 i_{kmax}^*，与短路阻抗 z_k^* 成反比，短路阻抗越小，短路电流越大。如果 $z_k^* = 0.06$，则

$$i_{kmax}^* = (1.5 \sim 1.8) \frac{1}{0.06} = 25 \sim 30 \qquad (1-57)$$

式（1-57）表明，变压器二次侧突然短路时，短路电流可达额定电流的 25～30 倍。

2. 突然短路电流的影响

突然短路电流很大，短路电流通过变压器及其他电气设备时，会使变压器绕组及其他设备发热，同时还会产生强大的电磁力，可能损坏绕组及设备。

(1) 电磁力的影响。由于突然短路电流可达额定电流的 25～30 倍，而电磁力与电流的平方成正比，因此突然短路时，变压器受到的电磁力是正常运行时的几百倍，若变压器绕组及其他设备有缺陷或设计、制造、安装上存在不合理，在突然短路电流所产生的电磁力的作用下，

就会造成机械破坏。对变压器，绕组所受电磁力主要是径向方向的辐射力，由于圆形绕组能承受较大的径向力而不变形，因此一般电力变压器的绕组总是作成圆筒形的。对制造变压器的要求是，当发生突然短路时变压器应能承受短路电流的电磁力冲击而不至于受到损坏。

(2) 发热影响。由于铜损与电流的平方成正比，因此突然短路时的铜损是正常运行时的几百倍，使变压器绕组及其他导电部位的温度急剧上升。但由于变压器都装有可靠、快速动作的继电保护，一般在温度上升到危险值之前，继电保护动作，将电源断开，变压器因突然短路过热而烧坏绕组的情况较少，但其他设备仍有可能因发热受损。

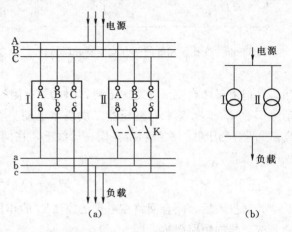

图 1-27　三相变压器并联运行

五、变压器的并联运行

将两台或两台以上的变压器的一次侧和二次侧分别接在公共母线上，共同向负载供电，这种运行方式称为变压器的并联运行，如图 1-27 所示。

变压器采用并联运行有以下优点。

(1) 可以提高供电的可靠性。采用了并联运行，若其中某台变压器发生故障或需要检修，将其退出运行后，其他变压器仍可继续供电。

(2) 可以提高运行的经济性。采用并联运行后，可根据负荷的大小，调整投入变压器运行的台数，充分利用变压器的容量，使运行中的变压器始终处于高效率区，从而达到提高效率、减小损耗的目的。

(3) 可随着负荷的增加，分批安装新增变压器，以减少初次投资。

变压器并联台数过多也不好，并联台数过多使得投资增大，占地面积增大，运行中总损耗增大。

(一) 变压器理想并联运行条件

对变压器的并联运行希望有一个理想的运行状况，而要达到理想运行状况必须满足理想的并联运行条件。

变压器并联运行的理想并联运行状况是：

(1) 并联运行的变压器空载运行时，各台变压器之间无环流。

(2) 并联运行的变压器带上负载后，各变压器承担的负载大小按照它们各自容量的大小成比例分配，使各并联运行变压器的容量能够得到充分利用。

(3) 并联运行的变压器带上负载后，各变压器所分担的负载电流相位相同，并且与总的负载电流同相位，以使共同承担的总电流最大，也即使共同传送的总功率最大。

要达到上述的理想并联运行状况，要求并联运行的变压器满足以下三个理想并联条件：

(1) 各台变压器的一、二次侧额定电压分别相等，即各变压器变比相等。

(2) 各台变压器的连接组别相同。

(3) 各台变压器的短路电压（或短路阻抗）的标幺值相等，且短路阻抗角相同。

如果变压器并联运行时满足不了上述的理想并联运行条件，则并联运行的变压器就达不到理想并联运行状况，甚至于还有可能对变压器造成严重的不良影响。下面逐一分析。为了

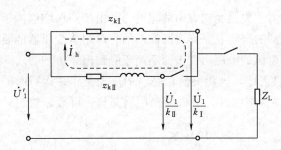

图1-28 变比不相等的两台变压器并联运行

简单起见，在分析某一条件不满足的情况时，假定其他条件已满足。

（二）变比不等时的并联运行

为了简单明了，用两台单相变压器来进行分析。用简化等效电路表示的两台变压器并联运行电路如图1-28所示。

设第一台变压器的变比为k_I，第二台变压器的变比为k_{II}，且$k_I < k_{II}$。因两台变压器的一次侧接到同一电源上，一次侧电压相等。但由于两台变压器变比不同，因此二次侧的空载电压不等。第一台变压器二次绕组电动势$E_{2I} = U_1/k_I$，第二台变压器二次绕组电动势$E_{2II} = U_1/k_{II}$。因为$k_I < k_{II}$，所以$E_{2I} > E_{2II}$。两台变压器二次绕组接在同一母线上，在两台变压器二次绕组所构成的闭合回路内出现电动势差：

$$\Delta \dot{E}_2 = \dot{E}_{2I} - \dot{E}_{2II}$$

并联投入后，闭合回路在电动势差$\Delta \dot{E}_2$的作用下产生环流，它等于电动势差$\Delta \dot{E}_2$除以两台变压器的短路阻抗，即

$$\dot{I}_h = \frac{\Delta \dot{E}_2}{z_{kI} + z_{kII}} = \frac{\dot{U}_1/k_I - \dot{U}_1/k_{II}}{z_{kI} + z_{kII}} \tag{1-58}$$

式（1-58）中的z_{kI}和z_{kII}分别为两台变压器折算到二次侧时的短路阻抗。由于一般电力变压器短路阻抗很小，故即使两台变压器变比相差不大也能引起很大的环流，引起附加铜损，影响变压器的正常运行。一般要求环流不超过额定电流的10%，为此变比的差值$\Delta k = (k_I - k_{II})/\sqrt{k_I k_{II}}$不应大于1%。

从式（1-58）可以看出，此时环流的方向是从变比小的第一台变压器流向变比大的第二台变压器，即在空载状态下第一台变压器相当于已有了输出电流。若变压器带上负载，每台变压器的实际电流分别为各自的负载电流与环流的合成，那么第一台变压器的实际输出电流就要比负载电流大，第二台变压器的实际输出电流就要比负载电流小。显然，若第一台变压器满载，则第二台变压器就达不到满载。

综上所述，变压器变比不等的情况下并联运行，在变压器之间产生环流，产生额外的功率损耗。负载时，由于环流的存在，使变比小的变压器电流大，可能过载；变比大的变压器电流小，可能欠载，这就限制了变压器的输出功率，变压器的容量不能得到充分利用。为此，当变比稍有不同的变压器如需并联运行时，容量大的变压器具有较小的变比为宜。

（三）连接组别不同时的并联运行

如果两台变压器的变比和短路阻抗均相等，但是连接组别不同时并联运行，则其后果十分严重。因为连接组别不同时，两台变压器二次侧电压的相位差就不同，它们线电压的相位差至少相差30°，因此会产生很大的电压差ΔU_2。图1-29所示为Y，y0和Y，d11两台变压器并联时，Y，d11两台变压器二次侧线电压之间的电压差，其数值约为

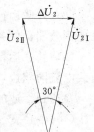

图1-29 Y，y0和Y，d11两台变压器并联运行的电压差

$$\Delta U_2 = 2U_{2N}\sin\frac{30°}{2} = 0.518U_{2N}$$

这样大的电压差将在两台并联变压器的绕组中产生比额定电流大得多的空载环流，将导致变压器损坏。若两台变压器的组别相反（如一台变压器组别为 12，另一台组别为 6），则二次侧线电压之间的电压差为额定电压的两倍，这种情况下两台变压器间的环流将达到额定电流的几十倍。故连接组别不同的变压器绝对不允许并联运行。

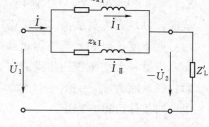

图 1-30　并联运行时的简化等效电路图

（四）短路阻抗标幺值不等时的并联运行

设并联运行的两台变压器的变比相等，组别相同，但短路阻抗标幺值不等。

由于两台变压器一、二次侧分别接在公共母线 U_1 和 U_2 上，故其简化电路如图 1-30 所示。

由图 1-30 可知，变压器二次侧输出的总电流为

$$\dot{I} = \dot{I}_{\mathrm{I}} + \dot{I}_{\mathrm{II}} \tag{1-59}$$

两台并联运行的变压器的短路阻抗压降应相等，即

$$I_{\mathrm{I}} z_{k\mathrm{I}} = I_{\mathrm{II}} z_{k\mathrm{II}} \tag{1-60}$$

所以

$$I_{\mathrm{I}} z_{k\mathrm{I}} = \frac{I_{\mathrm{I}}}{I_{N\mathrm{I}}}\frac{I_{N\mathrm{I}} z_{k\mathrm{I}}}{U_N}U_N = \beta_{\mathrm{I}} z_{k\mathrm{I}}^* U_N$$

$$I_{\mathrm{II}} z_{k\mathrm{II}} = \frac{I_{\mathrm{II}}}{I_{N\mathrm{II}}}\frac{I_{N\mathrm{II}} z_{k\mathrm{II}}}{U_N}U_N = \beta_{\mathrm{II}} z_{k\mathrm{II}}^* U_N$$

有

$$\beta_{\mathrm{I}} z_{k\mathrm{I}}^* = \beta_{\mathrm{II}} z_{k\mathrm{II}}^* \tag{1-61}$$

式中，β_{I}、β_{II} 为第一、二台变压器的负载系数。

可得

$$\beta_{\mathrm{I}} : \beta_{\mathrm{II}} = \frac{1}{z_{k\mathrm{I}}^*} : \frac{1}{z_{k\mathrm{II}}^*} \tag{1-62}$$

式（1-62）表明，变压器并联运行时，各台变压器的负载系数与短路阻抗（短路电压）的标幺值成反比。如果并联运行的变压器短路阻抗标幺值不相等，那么当短路阻抗标幺值大的变压器满载时，短路阻抗标幺值小的变压器已过载；当短路阻抗标幺值小的变压器满载时，短路阻抗标幺值大的变压器处于轻载运行。变压器长期过载运行是不允许的，因此短路阻抗标幺值不相等的变压器并联运行时，变压器的容量得不到充分利用，是极不经济的。为了充分利用各台变压器的容量，合理分配负载，各台变压器短路阻抗标幺值应尽量相等。要求各变压器短路阻抗标幺值的算术平均值相差不超过 ±10%。

对于多台并联运行的变压器，其中任意一台变压器的负载系数可用式（1-63）计算

$$\beta_i = \frac{\sum_{i=1}^{n} S_i}{z_{ki}^* \sum_{i=1}^{n} \dfrac{S_{Ni}}{z_{ki}^*}} \tag{1-63}$$

且有

$$\beta_{\mathrm{I}} : \beta_{\mathrm{II}} : \cdots : \beta_n = \frac{1}{z_{k\mathrm{I}}^*} : \frac{1}{z_{k\mathrm{II}}^*} : \cdots : \frac{1}{z_{kn}^*} \tag{1-64}$$

式中：$\sum S_i$ 为并联变压器所承担的总负载；β_i 为第 i 台变压器的负载系数；z_{ki}^* 为第 i 台变压

器的短路阻抗标幺值（也可以是短路电压标幺值）；S_{Ni}为第i台变压器的额定容量；n为并联变压器的台数。

【例1-4】 两台变压器并联运行，它们的数据为

$S_{NI} = 1800$kVA，Y，d11 连接，$U_{1N}/U_{2N} = 35$kV/10kV，$u_{kI} = 8.25\%$；

$S_{NII} = 1000$kVA，Y，d11 连接，$U_{1N}/U_{2N} = 35$kV/10kV，$u_{kII} = 6.75\%$；

试求：（1）当总负载为 2800kVA 时，每台变压器承担的负载是多少？

（2）欲不使任何一台变压器过载时，问最多能供给多大负载？

（3）当第一台变压器达到满载时，第二台变压器的负载是多少？

解： （1）因为 $z_{kI}^* = u_{kI} = 0.825$，$z_{kII}^* = u_{kII} = 0.0675$

由已知条件可得方程组：

$$\begin{cases} \beta_I S_{NI} + \beta_{II} S_{NII} = \sum S = 2800\text{kVA} \\ \beta_I : \beta_{II} = \dfrac{1}{z_{kI}^*} : \dfrac{1}{z_{kII}^*} = \dfrac{1}{0.0825} : \dfrac{1}{0.0675} \end{cases}$$

解方程组可得

$$\beta_I = \frac{z_{kII}^*}{z_{kII}^*} \beta_{II} = 0.8182\beta_{II} = 0.926$$

$$\beta_{II} = 1.133$$

则有

$$S_I = \beta_I S_{NI} = 1667 \ (\text{kVA})$$

$$S_{II} = \beta_{II} S_{NII} = 1133 \ (\text{kVA})$$

由计算结果知，变压器 I 只达到额定容量的 92.6%，而变压器 II 已过载 13.3%。

（2）为使任何一台变压器不过载，应取 $\beta_{II} = 1$，则有

$$S_I = \beta_I S_{NI} = \frac{z_{kII}^*}{z_{kI}^*} \beta_{II} S_{NI} = 0.8182 \times 1800 = 1473(\text{kVA})$$

$$S_{II} = \beta_{II} S_{NII} = S_{NII} = 1000(\text{kVA})$$

$$\sum S = S_I + S_{II} = 2473(\text{kVA})$$

计算结果表明，此时最大能承担的负载为 2472.7kVA，小于两台变压器容量之和，变压器 I 尚有 18.2% 的容量没有得到利用。

（3）这时 $\beta_I = 1$，有

$$\beta_{II} = \frac{z_{kI}^*}{z_{kII}^*} \beta_I = \frac{0.0825}{0.0675} \beta_I = 1.222$$

$$\beta_{II} = \beta_{II} S_{NII} = 1222(\text{kVA})$$

可见，短路电压标幺值大的变压器达到满载时，短路电压标幺值小的变压器则处于过载状态，过载量为其容量的 22.2%。

能力检测

1. 试述主磁通和一次绕组漏磁通两者之间的主要区别。它们的作用和性质有什么不同？在等效电路中如何反映它们的作用？

2. 试述空载电流的大小、性质、波形。

3. 为什么空载损耗近似等于铁损耗？

4. 变压器空载运行时，一次侧加额定电压，为什么空载电流 I_0 很小？如果接在直流电

源上，一次侧也加额定电压，这时一次绕组中电流将有什么变化？铁芯中的磁通有什么变化？

5. 变压器空载运行时，为什么功率因数较低？

6. 在下述四种情况下，变压器的 Φ_{m}、x_{m}、I_{0}、p_{Fe} 各有何种变化？

（1）电源电压 U_{1} 增高。

（2）一次绕组匝数 N_{1} 增加。

（3）铁芯接缝变大。

（4）铁芯迭片减少。

7. 变压器变比为 2，能否一次绕组用 2 匝，二次绕组用 1 匝？为什么？

8. 变压器铁芯中的主磁通是否随负载变化？为什么？

9. 为什么变压器一次侧电流随输出电流的变化而变化？

10. 变压器一次侧输入的功率是如何传递到二次侧去的？

11. 说明变压器等效电路中各参数的物理意义。

12. 对一台给定的变压器，通过什么方法获取其等效电路中各阻抗参数？

13. 一台单相变压器，$S_{N}=1000kVA$，$U_{1N}/U_{2N}=60kV/6.3kV$，$f=50Hz$，空载及短路试验的结果如下表所列。

试 验 名 称	电 压/V	电 流/A	功 率/W	备 注
空载	6300	19.10	5000	电源加在低压侧
短路	3240	15.15	14000	电源加在高压侧

试求：（1）折算到高压侧的各阻抗参数。

（2）T 形等效电路中各参数的标幺值。

（3）计算满载且 $\cos\varphi_{2}=0.8$（感性）时的电压变化率及效率。

（4）计算最大效率 η_{m}。

14. 什么是励磁涌流？形成励磁涌流的原因是什么？什么情况下励磁涌流最大？有多大？励磁涌流对变压器的运行可能会带来什么影响？

15. 在什么情况下发生突然短路电流最大？有多大？会带来什么危害？

16. 为什么电力变压器都采用圆形绕组？

17. 什么是变压器的并联运行？变压器为什么需要进行并联运行？

18. 什么是理想并联运行？并联运行的变压器应满足什么条件才能达到理想并联运行？哪些条件需要严格遵守？

19. 为什么并联运行的两台变压器，其容量不得超过 3：1？

20. 一台 Y，yn0 和一台 Y，yn4 的三相变压器，其变比和相对应的额定电压分别相等、短路电压标幺值相等，能否并联运行？

21. 某变电所有两台变压器，数据如下：

变压器Ⅰ：$S_{IN}=3200kVA$，$U_{1N}/U_{2N}=35kV/6.3kV$，$u_{Ik}=6.9\%$；

变压器Ⅱ：$S_{IIN}=5600kVA$，$U_{1N}/U_{2N}=35kV/6.3kV$，$u_{IIk}=7.5\%$；

试求：（1）两台变压器并联运行，输出总负载为 800kVA 时，每台变压器所承担的负载是多少？

（2）在变压器均不过载的情况下，能输出的最大总功率为多少？

（3）当第一台变压器承担的负载为 3000kVA 时，第二台变压器负载为多少。

任务三　电力变压器的运行维护

【任务描述】

电力变压器运行维护的内容，对变压器的运行是否正常进行判断，变压器运行过程中巡视检查的项目和内容，变压器运行过程中可能会出现哪些异常运行状态及事故现象并进行处理。

【任务分析】

让学生明确电力变压器在运行过程中运行维护的重要性，清楚如何判断变压器的运行状态，明确判断变压器是否运行正常的基本判断标准。明确变压器运行巡视检查的项目和内容，初步掌握变压器常见的异常运行情况的分析及处理，初步掌握变压器常见的故障现象的分析原则及处理方法。

【任务实施】

一、电力变压器的运行要求

（一）允许温度和温升温度

1. 允许温度

变压器运行时会产生铜损和铁损，这些损耗全部转变为热量，使变压器的铁芯和绕组发热，温度升高。变压器温度对其运行有很大的影响，最主要的是影响变压器绝缘材料的绝缘寿命和绝缘强度。根据运行经验和专门研究，当变压器绝缘材料的工作温度超过允许值长期运行时，每升高 8℃，其使用寿命减少一半，这就是变压器运行的"8℃法则"。另外，即使变压器绝缘没有损坏，但温度越高，绝缘材料的绝缘强度就越差，很容易被高电压击穿造成故障。因此，运行中的变压器，运行温度不允许超过绝缘材料所允许的最高温度。通常是用监视变压器上层油温来控制变压器绕组最热点的工作温度，使绕组运行温度不超过其绝缘材料的允许温度，以保证变压器的绝缘使用寿命。变压器绝缘材料的耐热温度与绝缘材料等级有关，其耐热等级分为：Y 级—90℃；A 级—105℃；E 级—120℃；B 级—130℃；F 级—155℃；H 级—180℃；C 级—180℃以上。我国电力变压器大部分采用 A 级绝缘，即浸渍处理过的有机材料如纸、木材、棉纱等。为使变压器绕组的最高运行温度不超过绝缘材料的耐热温度，规定当环境空气温度为 40℃时，A 级绝缘的变压器上层油温允许值见表 1-1。

表 1-1　　　　　　　　　　　　变压器上层油温允许值　　　　　　　　　　　　单位：℃

冷却方式	冷却介质最高温度	长期运行上层油温度	最高上层油温度
自然循环冷却、风冷	40	85	95
强迫油循环风冷	40	75	85
强迫油循环水冷	30		70

为了监视和保证变压器不超温运行,变压器装有温度继电器和就地温度计。温度计用于就地监视变压器的上层油温。温度继电器的作用是:当变压器上层油温超出允许值时,发出报警信号;根据上层油温的变化范围,自动地启、停辅助冷却器;当变压器冷却器全停,上层油温超过允许值时,延时将变压器从系统中切除。

2. 允许温升

变压器上层油温与周围环境温度的差值称为温升。温升的极限值称为允许温升。故 A 级绝缘的油浸变压器,周围环境温度为 40℃时,上层油的允许温升值规定如下。

(1)油浸自冷或风冷变压器。在额定负荷下,上层油温升不超过 55℃。

(2)强迫油循环风冷变压器。在额定负荷下,上层油温升不超过 45℃。

(3)强迫油循环水冷变压器。在额定负荷下,水冷却介质最高温度为 30℃时,上层油温升不超过 40℃。

干式自冷变压器的温升允许值按绝缘等级确定,见表 1-2。

表 1-2 干式变压器绕组允许温升

变压器的部位		允许温升/℃	测量方法
绕组	A 级绝缘	60	电阻法
	E 级绝缘	75	
	B 级绝缘	80	
	F 级绝缘	100	
	H 级绝缘	125	

运行中的变压器,不仅要监视上层油温,而且还要监视上层油的温升。这是因为当周围环境温度较低时,变压器外壳的散热能力将大大增加,使外壳温度降低较多,变压器上层油温不会超过允许值,但变压器内部的散热能力不与周围环境温度的变化成正比,周围环境温度虽降低很多,但其内部散热能力却很少提高,变压器绕组的温度可能超过允许值。所以,在周围环境温度较低的情况下,变压器大负荷或超负荷运行时,上层油温虽未超过允许值,但上层油温升可能已超过允许值,这样运行是不允许的。例如,一台油浸自冷变压器,周围空气温度为 20℃,上层油温为 75℃,则上层油的温升为 75℃-20℃=55℃,油未超过允许上层油温,也未超过温升允许值,这台变压器运行是正常的。如果这台变压器周围空气温度为 0℃,上层油温为 60℃,未超过允许值 85℃,但上层温升超过 55℃,故应迅速采取措施,使温升降低到允许值 55℃以下。

为便于检查和正确反映变压器绕组的温度,不但要规定变压器上层油温度的允许值,还应规定变压器上层油的温升,这样,不管周围环境温度如何变化,只要上层油温度及上层油温升不超过允许值,就能保证变压器绕组温度不超过允许值,从而保证变压器规定的使用寿命。

(二)外加电源电压允许变化范围

不论升压变压器或降压变压器,其外加电源电压应尽量按变压器的额定电压运行(升压变压器和降压变压器都规定了相应的额定电压,运行时由调节分接头来实现)。由于电力系统运行方式的改变、系统负荷的变化、系统事故等因素的影响,变压器外加电源电压往往是变动的，不能稳定在变压器的额定电压下运行。当外加电源电压低于变压器所用分接头额定电压时，对变压器运行无任何危害；若高于变压器所用分接头额定电压较多时，则对变压器运行有不良影响。这是因为当外加电源电压增高时，一方面铁芯温度升高，另一方面引起二次侧绕组相电势波形发生畸变，相电势由正弦波变为尖顶波，这对变压器的绝缘有一定的危害，尤其对 110kV 及以上变压器的匝间绝缘危害最大。为此，变压器运行规程对变压器外加电源变化范围做如下规定：

（1）变压器外加电源电压可以略高于变压器的额定值，但一般不超过所用分接头电压的 5%，不论变压器分接头在何位置，如果所加电压不超过相应额定值的 5%，则变压器二次侧绕组可带额定电流运行。

（2）个别情况需根据变压器的结构特点，经试验可在 1.1 倍额定电压下长期运行。

（三）变压器允许过负荷

变压器的过负荷是指变压器运行时，传输的功率超过变压器的额定容量。运行中的变压器有时可能过负荷运行。过负荷有两种，即正常过负荷和事故过负荷。正常过负荷可经常使用，而事故过负荷只允许在有事故的情况下使用。

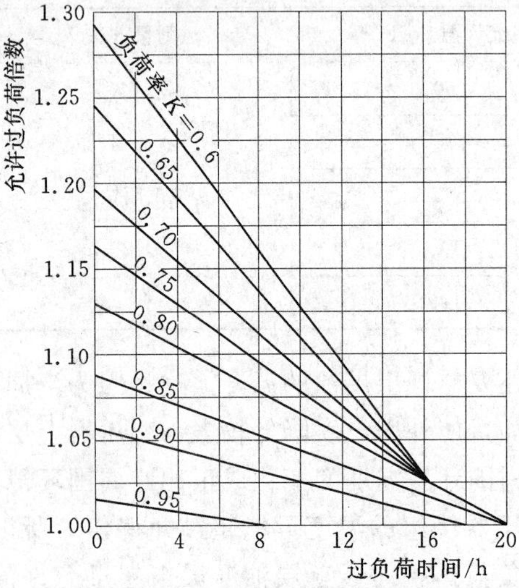

1. 正常过负荷

变压器允许正常过负荷运行的依据是变压器绝缘等级老化原则，即变压器在一段时间内正常过负荷运行，其绝缘寿命损失大，在另一段时间内低负荷运行，其绝缘寿命损失小，两者绝缘寿命损失互补，保持变压器正常使用寿命不变。例如，在一昼夜内，有高峰负荷时段和低谷负荷时段，高峰负荷期间，变压器过负荷运行，绕组绝缘温度高，绝缘寿命损失大；而低谷负荷期间，变压器低负荷运行，绕组绝缘温度降低，绝缘寿命损失小，因此，两者之间绝缘寿命损失互相补偿。

图 1-31 允许过负荷曲线

正常过负荷的允许值及对应的过负荷允许运行时间，应根据变压器的负荷曲线、冷却介质温度及过负荷前变压器所带的负荷来确定，图 1-31 所示为油浸变压器在日负荷率 $K<1$ 时允许过负荷倍数与允许持续时间关系曲线。表 1-3 为油浸自冷或风冷变压器正常过负荷倍数及允许持续时间。

变压器正常过负荷注意事项：

（1）存在较大缺陷的变压器，如冷却系统不正常、严重漏油，色谱分析异常等，不准过负荷运行。

（2）全天满负荷运行的变压器不宜过负荷运行。

（3）变压器在过负荷运行前，应投入全部冷却器。

（4）密切监视变压器上层油温。

（5）对有载调压变压器，在过负荷程度较大时，应尽量避免用有载调压装置调节分接头。

表 1-3　　　　　　自然冷却或风冷却油浸式电力变压器的过负荷允许时间

过负荷	过负荷前上层油的温升/℃					
	18	24	30	36	42	48
1.05	5h50min	5h25min	4h50min	4h00min	3h00min	1h30min
1.10	3h50min	3h25min	2h50min	2h10min	1h25min	0h10min
1.15	2h50min	2h35min	1h50min	1h20min	0h35min	
1.20	2h05min	1h40min	1h15min	0h45min		
1.25	1h35min	1h15min	0h50min	0h25min		
1.30	1h10min	0h50min	0h30min			
1.35	0h55min	0h35min	0h15min			
1.40	0h40min	0h25min				
1.45	0h25min	0h10min				

2. 事故过负荷

当电力系统或用户变电所发生事故时，为保证对重要设备的连续供电，变压器允许短时间过负荷的能力，称为事故过负荷能力。考虑到变压器事故过负荷时，关于效率的高低、绝缘损坏率的增加问题已退居次要地位，更主要的是考虑保证不停电，人身和设备安全，避免造成更大的经济损失。这时，在确定过负荷的倍数和允许时间时要让绝缘的使用寿命做一些牺牲。因此，在电力系统发生事故的情况下，允许变压器事故过负荷运行。变压器事故过负荷的能力和时间，应按制造厂的规定执行。变压器事故过负荷能力见表 1-4。

表 1-4　　　　　　油浸自冷或风冷变压器事故过负荷倍数及允许持续时间

过负荷倍数	环境温度/℃				
	0	10	20	30	40
1.1	24h	24h	24h	14h30min	5h10min
1.2	24h	21h	8h	3h30min	1h35min
1.3	11h	5h10min	2h45min	1h30min	45min
1.4	3h40min	2h10min	1h20min	45min	15min
1.5	1h50min	1h10min	40min	16min	5min
1.6	1h	35min	16min	8min	
1.7	30min	15min	9min		

注　事故过负荷时，备用冷却器应投入。

二、变压器巡视检查

（一）变压器的运行状态

1. 正常运行状态

（1）变压器运行时发出的电磁响声应是连续均匀的"嗡嗡"声，而冷却器运行时发出的声音为风机声、潜油泵运转声，响声也是均匀的、无杂声。

（2）变压器一、二次侧三相电流、电压、有功及无功功率、油面温度等参数均在其铭牌及规程规定的范围内，同一侧的各相电流应基本平衡。

（3）变压器油流系统运行应正常，无渗漏油现象。变压器各类保护装置均应处于正常运行状态。

2．异常状态

（1）严重漏油、油位过低或过高、看不到油位。

（2）变压器内部有异常声音。变压器运行中，内部发出不均匀的放电声或"咕噜"声等。

（3）有载调压分接开关调压不正常滑挡，无载分接开关直流电阻数值异常。

（4）变压器套管有裂纹或有较严重破损，有对地放电声，接线桩头接触不良，有过热现象。

（5）气体继电器轻瓦斯连续地动作、间隔趋短，气体继电器内气体不断集聚。

（6）在同样环境温度和负荷下，变压器油温不正常，且不断上升。

（7）冷却系统等有不正常情况。

3．出现异常状态的注意事项

（1）如果变压器存在较大缺陷，有下列情况时不准过负荷运行：①冷却器系统不正常；②严重漏油；③有载分接开关异常；④冷却介质（环境）温度超过规定而无特殊措施时。

（2）变压器正常过负荷运行前，应投入全部冷却器，必要时投入备用冷却器。

（3）变压器出现过负荷时，值班人员应立即报告当值调度员，以便设法转移负荷。变压器过负荷时期，应每半小时抄表一次，并加强监视。

（4）变压器过负荷运行中，应将过负荷的大小和持续时间及油温情况等做详细记录。对事故过负荷，应将事故过负荷的情况记入运行日志，还应在变压器技术档案内做详细记载。

（二）变压器运行的监视及巡视检查

1．变压器运行监视

变压器运行时，运行值班人员应根据控制盘上的仪表（有功表、无功表、电流表、电压表、温度表等）来监视变压器的运行情况，使负荷电流不超过额定值，电压不得过高，温度在允许范围内，并要求每 2h 记录一次表计指示值。对无温度遥测装置的变压器，在巡视检查时抄录变压器上层油温。若变压器过负荷运行，除应积极采取措施外（如改变运行方式或降低负荷），还应加强监视，并在运行记录中记录过负荷情况。

2．变压器正常运行

（1）油浸变压器正常巡视检查项目。

运行值班人员应定期对变压器及其附属设备进行全面检查，每班至少一次（每天检查一次，每周进行一次夜间检查），检查项目如下。

1）检查变压器声音是否正常。

2）检查油枕和充油套管的油位、油色应正常，各部位无渗漏油现象。

3）检查油温应正常。变压器冷却方式不同，其上层油温也不同，但上层油温不应超过规定值。运行值班人员巡视检查时，除应注意上层油温不超过规定值外，还应根据当时的负荷情况、环境温度及冷却装置投入情况，与以往数据进行比较，以判明引起温度升高的原因。

4）检查变压器套管应清洁、无破损、无裂纹和放电痕迹。

5）检查引线接头接触应良好。各引线接头应无变色、过热、发红现象，接头接触处的示温蜡片应无熔化现象。用快速红外线测温仪测试，接触处温度不得超过70℃。

6）检查呼吸器应完好、畅通，呼吸器硅胶变色不应超过2/3，否则应更换。油封呼吸器的油位应正常。

7）检查防爆装置。压力释放器密封应良好，信号装置导线完整无损。安全气道（防爆管）装置的玻璃应完好无损。

8）检查冷却器运行正常。冷却器组数按规定启用，分布应合理，油泵和风扇电机无异响和明显振动，温度正常，风向和油的流向正确，冷却器的油流继电器应指示在"流动位置"，各冷却器的阀门应全部开启，强油风冷或水冷装置的油和水的压力、流量应符合规定，冷油器出水中不应有油。

9）检查气体继电器。气体继电器内应充满油，无气体存在。继电器与油枕间连接阀门应打开。

10）检查变压器铁芯接地线和外壳接地线。

另外，还应检查调压分接头位置指示应正确，各调压分接头的位置应一致；检查电控箱和机构箱，箱内各种电器装置应完好，位置和状态正确，箱壳密封良好。

（2）油浸变压器特殊巡视检查项目。

当系统发生短路故障或天气突然发生变化（大风、大雨、大雪及气温骤冷骤热等）时，运行值班人员应对变压器及其附属设备进行重点检查。

1）变压器或系统发生短路后的检查。检查变压器有无爆裂、移位、变形、焦味、烧伤、闪络及喷油，油色是否变黑，油温是否正常，电气连接部分有无发热、熔断、瓷质外绝缘有无破裂，接地引下线有无烧断。

2）大风、雷雨、冰雹后的检查。检查引线摆动情况及有无断股，引线和变压器上有无搭挂落物，瓷套管有无放电闪络痕迹及破裂现象。

3）浓雾、毛毛雨、下雪时的检查。检查瓷套管有无沿表面放电闪络，各引线接头发热部位在小雨中或落雪后应无水蒸气上升或落雪融化现象，导电部分应无冰柱，如挂冰柱，应及时清除。

4）气温骤变时的检查。气温骤冷或骤热时，应检查油枕油位和瓷套管油位是否正常，油温和温升是否正常，各侧连接引线有无变形、断股或接头发热、发红等现象。

5）过负荷运行时的检查。检查并记录负荷电流、油温和油位的变化，检查变压器的声音是否正常，检查接头发热应正常，示温蜡片无熔化现象，检查冷却器投入数量应足够，且运行正常，检查防爆膜、压力释放器应未动作。

6）新投入或经大修的变压器投入运行后的检查。在4h内，应每小时巡视检查一次，除了正常巡视项目外，应增加检查内容：①变压器声音是否正常，如发现响声特大、不均匀或有放电声，则可认为内部有故障；②油位变化应正常，随温度的提高应略有上升；③用手触及每一组冷却器，温度应正常，以证实冷却器的有关阀门已打开；④油温变化应正常，变压器带负荷后，油温应缓慢上升。

（3）干式变压器巡视检查项目。

干式变压器以空气为冷却介质，整个器身均封闭在固体绝缘材料之中，没有火灾和爆炸的危险。运行巡视应检查下列项目。

1）高低压侧接头无过热，出线电缆头无漏油、渗油现象。

2）根据变压器采用的绝缘等级，其温升不超过规定值。

3）变压器运行声音正常、无异味。

4）瓷瓶无裂纹、无放电痕迹。

5）变压器室内通风良好，室温正常，室内屋顶无渗、漏水现象。

3. 强油风扇冷却装置的运行

冷却装置运行时，应检查冷却器进、出油管的蝶阀在开启位置；散热器进风通畅，入口干净无杂物；检查潜油泵转向正确，运行中无杂音和明显振动；风扇电动机转向正确，风扇叶片无擦壳；冷却器控制箱内分路电源自动开关闭合良好，无振动及异常响声；检查冷却系统总控制箱正常；冷却器无渗、漏油现象。

4. 胶囊密封油枕的运行

为了减缓变压器油的氧化，在油枕的油面上放置一个隔膜或胶囊（又称胶袋），胶囊的上口与大气相通，而使油枕的油面与大气完全隔离，胶囊的体积随油温的变化增大或减小。该油枕的运行维护工作主要有下述两方面。

（1）在油枕加油时，应注意尽量将胶囊外面与油枕内壁间的空气排尽，否则，会造成假油位及瓦斯继电器动作，故应全密封加油。

（2）油枕加油时，应注意油量及进油速度要适当，防止因油速太快、油量过多时，可能造成防爆管喷油，释压器发信号或喷油。

5. 净油器的运行

在变压器箱壳的上部和下部，各有一个法兰接口，在此两法兰接口之间装有一个盛满硅胶或活性氧化铝的金属桶（硅胶用于清除油中的潮气、沉渣、油和绝缘材料的氧化物及油运行中产生的游离酸）。其维护工作主要有：变压器运行时，检查净油器上下阀门在开启位置，保持油在其间的通畅流动；净油器内的硅胶较长时间使用后应进行更换，换上合格的硅胶（硅胶应干燥去潮、颗粒大小在 3～3.5mm 左右，硅胶用筛子筛净微粒和灰尘）；净油器投入运行时，先打开下部阀门，使油充满净油器，并打开净油器上部排气小阀门，使其内空气排出，当小阀门溢油时，即可关闭小阀门，然后打开净油器上阀门。

三、变压器运行中的异常情况及故障分析处理

电力变压器在运行中一旦发生异常情况，将影响系统的正常运行以及对用户的正常供电，甚至造成大面积停电。变压器运行中的异常情况一般有以下几种。

（一）变压器的异常运行与分析

1. 声音异常

（1）正常状态下变压器的声音。变压器属静止设备，但运行中仍然会发出轻微的连续不断的"嗡嗡"声。这种声音是运行中电气设备的一种特有现象，一般称为"噪声"。产生这种噪声的原因有：

1）励磁电流的磁场作用使硅钢片振动。

2）铁芯的接缝和叠层之间的电磁力作用引起振动。

3）绕组的导线之间或绕组之间的电磁力作用引起振动。

4）变压器上的某些零部件引起振动。

（2）变压器的声音比平时增大。若变压器的声音比平时增大，且声音均匀，可能有以下几种原因。

1）电网发生过电压。当电网发生单相接地或产生谐振过电压时，都会使变压器的声音增大。出现这种情况时，可结合电压、电流表的指示进行综合判断。

2）变压器过负荷。变压器过负荷时会使其声音增大，尤其是在满负荷的情况下突然有大的动力设备投入，将会使变压器发出沉重的"嗡嗡"声。

（3）变压器有杂音。若变压器的声音比正常时增大且有明显的杂音，但电流电压无明显异常时，则可能是内部夹件或压紧铁芯的螺钉松动，使得硅钢片振动增大所造成。

（4）变压器有放电声。若变压器内部或表面发生局部放电，声音中就会夹杂有"劈啪"放电声。发生这种情况时，若在夜间或阴雨天气下，可看到变压器套管附近有蓝色的电晕或火花，则说明瓷件污秽严重或设备线夹接触不良。若变压器的内部放电，则是不接地的部件静电放电，或是分接开关接触不良放电，这时应将变压器做进一步检测或停用。

（5）变压器有水沸腾声。若变压器的声音夹杂有水沸腾声且温度急剧变化、油位升高，则应判断为变压器绕组发生短路故障，或分接开关因接触不良引起严重过热，这时应立即停用变压器进行检查。

（6）变压器有爆裂声。若变压器声音中夹杂有不均匀的爆裂声，则是变压器内部或表面绝缘击穿，此时应立即将变压器停用检查。

（7）变压器有撞击声和摩擦声。若变压器的声音中夹杂有连续的、有规律的撞击声和摩擦声，则可能是变压器外部某些零件，如电压表、电流表、电缆、油管、风扇等，因变压器振动造成撞击或摩擦，或外来高次谐波源所造成，应根据情况予以处理。

2. 油温异常

由于运行中的变压器内部的铁损和铜损转化为热量，热量向四周介质扩散。当发热与散热达到平衡状态时，变压器各部分的温度趋于稳定。铁损是基本不变的，而铜损随负荷变化。顶层油温表指示的是变压器顶层的油温，温升是指顶层油温与周围空气温度的差值。运行中要以监视顶层油温为准，温升是参考数字（目前对绕组热点温度还没有能直接监视的条件）。

变压器的绝缘耐热等级为 A 级时，绕组绝缘极限温度为 105℃，对于强油循环的变压器，根据国际电工委员会推荐的计算方法：变压器在额定负载下运行，绕组平均温升为 65℃，通常最热点温升比油平均温升约高 13℃，即 65＋13＝78（℃），如果变压器在额定负载和冷却介质温度为 20℃ 条件下连续运行，则绕组最热点温度为 98℃，其绝缘老化率等于 1（即老化寿命为 20 年）。因此，为了保证绝缘不过早老化，运行人员应加强变压器顶层油温的监视，规定控制在 85℃ 以下。

若发现在同样正常条件下，油温比平时高出 10℃ 以上，或负载不变而温度不断上升（冷却装置运行正常），则认为变压器内部出现异常。导致温度异常的原因有：

（1）内部故障引起温度异常。变压器内部故障，如绕组之间或层间短路，绕组对周围放电，内部引线接头发热；铁芯多点接地使涡流增大过热；零序不平衡电流等漏磁通形成回路而发热等因素引起变压器温度异常。发生这些情况，还将伴随着瓦斯或差动保护动作，故障严重时，还可能使防爆管或压力释放阀喷油，这时变压器应停用检查。

（2）冷却器运行不正常引起温度异常。冷却器运行不正常或发生故障，如潜油泵停运、风扇损坏、散热器管道积垢冷却效果不良、散热器阀门没有打开或散热器堵塞等因素引起温度升高，应对冷却系统进行维护或冲洗，提高冷却效果。

3. 油位异常

变压器储油柜的油位表，一般标有 -30℃、+20℃、+40℃三条线，它是指变压器使用地点在最低温度和最高环境温度时对应的油面，并注明其温度。根据这三个标志可以判断是否需要加油或放油。运行中变压器温度的变化会使油的体积发生变化，从而引起油位的上下位移。

常见的油位异常有下述几种情况。

（1）假油位。如变压器温度变化正常，而变压器油标管内的油位变化不正常或不变，则说明是假油位。运行中出现假油位的原因有：

1）油标管堵塞。

2）油枕呼吸器堵塞。

3）防爆管通气孔堵塞。

4）全密封储油柜未按全密封方式加油，在胶囊与油面之间有空气（存在气压）。

（2）油面过低。油面过低应视为异常。因其低到一定限度时，会造成轻瓦斯保护动作，严重缺油时，变压器内部绕组暴露，导致绝缘下降，甚至造成因绝缘散热不良而引起损坏事故。处于备用的变压器如严重缺油，也会吸潮而使其绝缘降低。

造成变压器油面过低或严重缺油的原因有：

1）变压器严重渗油。

2）修试人员因工作需要多次放油后未做补充。

3）气温过低且油量不足，或油枕容积偏小，不能满足运行要求。

4）注油不当，未按标准温度油位线加油。

4. 油色异常

正常情况下，变压器油应是透明带黄色。如果值班人员在变压器跳闸及正常巡视检查时，发现变压器油位计中油的颜色发生变化，应及时通知检修人员取油样进行分析。当化验发现油内含有碳粒和水分，油的酸价增高，闪点降低，绝缘强度也降低，这说明油质已急剧劣化、变压器内部存在故障，应立即停止该变压器的运行进行检修。

造成变压器油色异常的原因有：运行中，由于长期受温度、电场及化学复合分解的作用，使油质劣化。

5. 颜色、气味异常

变压器的许多故障常伴有过热现象，使得某些部件或局部过热，因而引起一些有关部件的颜色变化或产生特殊气味。

（1）引线、线卡处过热引起异常。套管接线端部紧固部分松动，或引线头、线鼻子等接触面发生严重氧化，使接触处过热，颜色变暗失去光泽，表面镀层也遭到破坏。连接接头部分一般温度不宜超过 70℃，可用示温蜡片检查，一般熔化黄色温度为 60℃，绿色 70℃，红色 80℃，也可用红外线测温仪测量。温度很高时会发出焦臭味。

（2）套管、绝缘子有污秽或损伤严重时发生放电、闪络并产生一种特殊的臭氧味。

（3）呼吸器硅胶一般正常干燥时为蓝色，其作用为吸附空气中进入油枕胶囊、隔膜中的潮气，以免变压器受潮，当硅胶由蓝色变为粉红色，表明受潮而且硅胶已失效，一般粉红色部分超过 2/3 时，应予更换。硅胶变色过快的原因主要有：

1）长期天气阴雨，空气湿度较大，吸湿变色过快。

2）呼吸器容量过小，如有载开关采用 0.5kg 的呼吸器，变色过快是常见现象，应更换较大容量的呼吸器。

3）硅胶玻璃罩罐有裂纹破损。

4）呼吸器下部油封罩内无油或油位太低起不到良好油封作用，使湿空气未经油封过滤而直接进入硅胶罐内。

5）呼吸器安装不良，如胶垫龟裂不合格，螺钉松动，安装不密封而受潮。

（4）附件电源线或二次线的老化损伤，造成短路会产生异常气味。

（5）冷却器中电动机短路、分控制箱内接触器或热继电器过热等烧损产生焦臭味。

（二）变压器的故障分析处理

1. 变压器配置的主要保护

（1）瓦斯保护。靠故障时变压器油箱内部所产生的气体或油流启动瓦斯保护器。当变压器内部故障放电或拉弧时，高温致使变压器油分解，产生气体，带动油流变化，冲动瓦斯继电器发信号或跳闸，它是变压器内部故障的主保护。

（2）差动保护。差动保护是防御变压器内部小电流接地系统侧绕组、引出线相间短路；大接地电流系统侧绕组和引出线单相接地短路及绕组相间短路。它是按差电流原理设计的，是变压器的主保护。差动保护的保护范围为变压器高、低压侧电流互感器之间。

（3）过流保护。有电流速断、定时限过流、复合电压过流、负序过流多种形式，主要反映变压器外部短路，作为瓦斯、差动保护的后备保护，同时作为下属母线或线路的后备保护。

2. 变压器故障跳闸的现象

（1）警铃、警笛响，变压器各侧断路器位置红灯灭，绿灯闪光，相应电流表、有功表、无功表指示为零。

（2）主控盘发出"差动保护动作"、"主变事故跳闸"、"冷控电源消失"、"掉牌未复归"等光字牌。

（3）变压器保护屏对应保护信号灯亮或保护信号掉牌，微机保护则打印详细的动作报告。

（4）备自投装置正常，则应自动投入备用设备，装有远切装置或按频率减负荷装置的变电站，远切装置或按频率减负荷装置应正常动作。

3. 变压器故障处理的原则

变压器故障跳闸的原因很多，总体来讲，处理时应按以下原则进行。

（1）值班人员在变压器的运行中发现有任何不正常现象时，应及时汇报有关部门并将情况记入运行日志和缺陷记录簿内。

（2）运行中的主变压器发生下列情况时，应及时断开主变压器的各侧断路器，如果有备用主变压器，应自动或手动将其投入运行，尽快恢复用电。

1）主变压器内部响声很大并有爆裂声。

2）套管严重破裂或放电。

3）油枕喷油或防爆隔膜损坏，压力释放阀动作喷油。

4）变压器顶部着火。

（3）变压器发生下列情况时，应立即汇报调度，请求减负荷或退出运行，依据调度指令进行处理。

1）正常冷却条件下，变压器油温不正常且不断上升。

2）主变压器严重漏油使油面下降，低于油位计的指示限度。

3）主变压器声音异常。

4）套管接头发热或油位突然下降到看不见的位置。

5）主变压器任一侧电流超过其额定值。

（4）现场检查主变设备外观，查明变压器有无漏油、着火、喷油，相应设备是否完好，有无明显故障点。

（5）根据故障现象、保护动作情况，判断变压器故障跳闸的原因、故障点的可能范围，迅速汇报调度。

（6）确认故障点在主变压器及引线以外，如过负荷、外部短路、越级跳闸或保护误动作等，可申请调度将变压器重新投入运行。

（7）若确认故障点在主变压器内或变压器引线上，如瓦斯、差动动作，在未查明原因和消除故障之前，不得送电运行，应根据调度指令停电检修。

4．变压器的故障处理

（1）变压器轻瓦斯动作的处理。

变压器报出轻瓦斯信号，应汇报调度和有关领导，对变压器外部检查，然后取气分析。根据检查和取气分析结果，采取相应的措施。

1）对变压器进行外部检查。检查变压器的负荷情况，变压器有无其他保护动作信号，其他设备有无保护动作信号。若变压器同时有压力释放阀动作，那么属于变压器内部问题的可能性大。

检查变压器的油位、油色是否正常。如果变压器油色异常，可能是内部有问题。如果看不到油面，气体继电器内没有充满油，则可能是油位低于气体继电器而误动作。

检查变压器声音有无异常。

检查变压器上层油温是否比相同负荷时的温度明显高。

检查变压器油枕、压力释放阀有无喷油、冒油现象。

检查气体继电器内有无气体，若有，应取气检查分析气体的性质。

2）取气分析。变压器内部故障时析出的气体或空气进入，积聚在气体继电器内部。取气时，可用胶管连接专用取气瓶，连接气体继电器的放气孔。观察记录气体继电器内气体的容积以后，打开放气阀取气。检查气体是否可燃时，必须特别小心。取气后，应在远离变压器的地方点火检查。

3）根据检查结果确定处理的方法：

A. 如果通过外部检查发现有故障现象和明显异常，气体继电器内有气体，如声音、油色异常，上层油温异常升高，或压力释放器有冒油现象、明显故障的，均应立即投入备用变压器或备用电源，故障变压器停电检查，再取气分析。变压器不经检查试验合格，不能投入运行。

B. 如果变压器经外部检查无明显故障和异常现象，取气检查，发现气体可燃、有色、有味，或变压器有压力释放保护动作信号，说明发生了内部故障。

C. 如果变压器经外部检查，没有发现任何异常及故障现象，取气检查，发现气体为无色、无味、不可燃，气体很纯净，说明变压器可能进了空气，将气体放出后，检查有无可能进空气的部位，如散热器、潜油泵、各接口阀门等，有无密封破坏进空气之处，若有，则属于进了空气。如果进了空气，应及时排除，监视并记录每次轻瓦斯信号报出的时间间隔，如时间间隔逐渐变长，说明变压器内部和密封无问题，空气会逐渐排完。如果时间间隔不变，甚至变短，说明密封不严进了空气。应汇报调度和主管领导，并按其命令执行。

可以用小纸片放在密封处检查（进气处的负压可吸引纸片），也可以使各组冷却器轮流停止工作，观察轻瓦斯信号报出的时间间隔是否加长。如果某一组冷却器停用后，报出信号的时间间隔加长或停报信号，则应重点检查该组冷却器的密封点。无备用变压器时，可以根据调度命令，将重瓦斯保护暂时改投信号位置。

D. 如果经过检查，变压器未发现任何异常及故障现象，取气检查，发现气体不可燃、无味、颜色很淡，不能确定为空气，气体的性质在现场不能明确，应汇报调度和有关领导，投入备用变压器或备用电源，将故障变压器停电检查。如果没有备用变压器或备用电源，应按调度的命令执行。运行中，应对变压器严密监视，无论能否立即停电，均应由专业人员取气，以及取油样进行化验分析。

E. 变压器无明显异常和故障现象，发现油枕上的油位计内无油面，气体继电器内没有充满油，取气检查为无色、无味、不可燃的气体，这是油位过低造成的。无备用变压器或备用电源时，可以暂时维持运行，汇报调度和上级，设法处理漏油及带电加油（注意先将重瓦斯保护改投于信号位置，防止误跳闸）。有备用变压器的，投入备用变压器，将故障变压器停电，处理渗漏油并加油。

F. 检查变压器无任何异常和故障现象，气体继电器内充满油后无气体存在，说明属于误动作。这种情况可能是二次回路问题，也可能是气体继电器本身有问题，还可能是受振动过大或外部有穿越性短路故障。

区分误动作原因的方法和依据是：检查气体继电器上触点的位置，检查直流系统绝缘情况，检查轻瓦斯信号能否复归（有的变压器轻瓦斯保护动作只报预告信号，有的还有信号掉牌），通常存在以下四种情况。

a. 轻瓦斯保护信号不能复归，检查气体继电器的上触点在闭合位置，直流系统绝缘良好。这种情况属于气体继电器本身有问题，如浮子进油、机构失灵等。应汇报调度和领导，安排计划停电处理。

b. 轻瓦斯信号可以复归，气体继电器的上触点在打开位置，直流系统绝缘良好。这种情况可能是有较大振动或外部有穿越性短路，造成误动作。

c. 轻瓦斯信号不能复归，气体继电器上触点在打开位置，直流系统对地绝缘正常。这种情况可能是二次回路短路造成误动作，应检查气体继电器接线盒有无进水、端子排有无受潮，再检查气体继电器的引出电缆，看是否受腐蚀严重而短路。

d. 轻瓦斯信号不能复归，气体继电器上触点在打开位置，直流系统对地绝缘不良。这种情况可能是直流系统多点接地造成误动作，应查明接地故障点，并排除故障。检查出的问题不能自行处理的，汇报领导，由专业人员处理。

处理变压器报出轻瓦斯信号事故，除了能够判定确实属于误动作的情况以外，只要检查发现气体继电器中有气体，不论气体可否点燃，都要取气并取油样做化验分析（由专业人员进行）。因为变压器内部故障很轻微时，气体中的可燃成分较少，不一定能点燃。在夜间，灯光下很难辨别清楚气体的颜色（气体颜色较淡时）。经专业人员对气体和油使用仪器化验，得出的结论才是最准确的。

（2）变压器重瓦斯动作处理。

1）一般处理程序。变压器重瓦斯保护动作跳闸后，一般按以下程序进行处理。

A. 立即投入备用变压器或备用电源，恢复对客户的供电，恢复系统之间的并列。如果同时分路中有保护动作信号时，应先断开该断路器；失压母线上有电容器组时，应该首先断开电容器组断路器。

B. 对变压器进行外部检查。

C. 经外部检查，变压器无明显异常和故障迹象，取气样检查分析（若有明显的故障迹象，不必取气样即可认为属于内部故障）。

D. 根据保护动作情况、外部检查结果、气体继电器内气体性质、二次回路上有无工作等，进行综合分析判断。

E. 根据判断结果，采取相应的措施。

2）对变压器进行外部检查的主要内容。对变压器进行外部检查的主要内容包括以下几点。

A. 变压器上层油温、油位和油色情况。

B. 变压器的油枕、防爆管、呼吸器、压力释放器有无喷油和冒油现象，防爆管隔膜是否冲破。

C. 各法兰连接处、导油管等处有无冒油。

D. 密封填料是否因油膨胀而变形、流油。

E. 外壳有无鼓起变形，套管有无破损裂纹。

F. 气体继电器内有无气体。

G. 有无其他保护动作信号。

H. 压力释放器（安全阀）动作与否（若动作应报出信号）。

I. 现场取气，检查分析气体的性质。

3）分析判断依据。

A. 变压器的差动、速断等其他保护是否有动作信号。变压器的差动保护、电流速断保护等是反映电气故障量的保护装置；瓦斯保护则是反映非电气故障量，能够反映变压器的磁路故障，也能反映电气故障（相间、匝间、层间故障等）。如果变压器的差动保护等同时动作，说明变压器内部有故障。

B. 跳闸之前，轻瓦斯动作与否。变压器的内部故障，一般是由比较轻微的故障发展到比较严重故障的。如果重瓦斯动作跳闸之前，曾经先有轻瓦斯信号，则可以检查到变压器的声音等有无异常情况。

C. 外部检查有无发现异常和故障迹象。如果变压器经外部检查发现有明显的异常和故障迹象，说明内部有故障。

D. 取气样检查分析结果。若气体继电器内的气体有色、有味、可点燃（主要是可燃性），无论是在外部检查时是否有明显的故障现象和明显的异常，都应该判定为变压器内部故障。

E. 跳闸之时，测量表计指示有无冲击摆动，其他设备有无保护动作信号。重瓦斯保护动作跳闸时，如果存在上述现象，检查变压器外部无任何异常，并且气体继电器内充满油，没有气体，重瓦斯信号能够恢复，则说明外部发生穿越性短路故障，变压器通过很大的短路电流，在内部产生比较大的电动力，致使变压器内油的波动很大而导致误动作（浮筒式气体继电器可能误动作）。

F. 变压器跳闸时，附近有无发生过大振动。

G. 以检查直流系统的对地绝缘情况、重瓦斯保护信号能否复归、变压器外部检查情况以及前面的各项判断为依据，综合判断是否属于直流系统多点接地或二次回路短路所引起的误动作。

如果经过检查，变压器没有任何故障现象和异常，气体继电器内充满油并且无气体；没有发生外部短路故障；跳闸之前，没有报出轻瓦斯动作信号，变压器也没有其他保护（差动保护、压力释放保护、速断保护）动作信号。如果重瓦斯信号不能恢复，观察气体继电器的下触点没有闭合，并且保护出口跳闸继电器触点仍在闭合位置，说明是二次回路有短路故障而造成误动作跳闸。

与上述现象相同，如果直流系统绝缘不良，有直流系统接地信号，则为直流多点接地造成的误动作跳闸。

二次回路短路或接地故障，所造成误动作跳闸的原因有：回路上有人工作，工作人员失误；气体继电器的接线盒进水；气体继电器渗油，使二次电缆长时间受腐蚀，绝缘破坏；二次接线端子排受潮等。

4）处理方法。

A. 经判定为内部故障，未经内部检查并试验合格，不得重新投入运行，防止扩大事故。变压器内部故障有以下几种情况。

a. 经外部检查，发现有明显的异常情况和故障象征。不经检查分析气体的性质，即可认为属内部故障。

b. 外部检查无明显异常现象，跳闸前有轻瓦斯信号，取气样分析有味、有色、可燃，也属于内部故障。

c. 变压器有差动保护等反映电气量的保护动作信号，跳闸之前有轻瓦斯信号。无论变压器外部有无明显异常，取其分析是否有色、是否可燃，或未查明气体的性质（可疑），均应认为是内部有问题。

d. 变压器同时有压力释放保护动作信号，应认为是内部有问题。

B. 外部检查没有发现任何异常，经取气样分析，气体无色、无味、不可燃，并且气体纯净无杂质；同时变压器其他保护均没有动作。跳闸之前，轻瓦斯信号报出之时，变压器的声音、油温、油位、油色均无异常，可能属于进入空气太多，析出太快，应查明进气的部位并处理（如关闭进气的冷却器、潜油泵阀门，停用进气的冷却器组等）。无备用变压器或备用电源时，根据调度和主管领导的命令，试送一次，并严密监视变压器的运行情况，由检修人员处理密封不良问题。

C. 经外部检查，无任何故障迹象和异常，变压器其他保护没有动作。取气样分析，气体颜色很淡、无味、不可燃，气体的性质不易鉴别，没有可靠的根据证明属于误动作。没有备用变压器和备用电源者，根据调度和主管领导的命令执行。拉开变压器的各侧隔离开关，摇测绝缘无问题，放出气体后试送一次，如果不成功，应做内部检查。有备用变压器者，由专业人员取油样进行化验，经试验合格后方能投运。

D. 变压器经外部检查没有任何故障迹象和异常，气体继电器内没有气体，证明确属于误动作跳闸，处理方法如下。

a. 若其他线路上有保护动作信号，重瓦斯信号能够复归，属于外部有穿越性短路引起的误动作跳闸（浮筒式气体继电器可能误动作），故障线路隔离后，可以投入运行。

b. 如果其他线路上无保护动作信号，重瓦斯保护信号能够复归，可能属振动过大造成误动作跳闸，可以投入运行。

c. 其他线路上没有保护动作信号，重瓦斯保护信号不能复归时，如果经检查，当时直流系统对地绝缘良好，没有直流系统接地信号，可能属于二次回路短路，造成误动作跳闸。如果检查直流系统对地绝缘不良，有直流系统接地信号，则可能是直流系统多点接地而造成的误动作跳闸。

应根据气体继电器接线盒内有无进水，端子箱内二次线有无受潮，气体继电器的引出电缆有无被油严重腐蚀等情况分别处理：能及时排除故障的，排除故障后变压器可以投入运行；不能在短时间内查明并排除故障的，没有备用变压器或备用电源时，在变压器有可靠的差动保护（或速断保护）和可靠的后备保护条件下，根据调度命令，暂时退出重瓦斯保护后，变压器投入运行，恢复对客户的供电。然后再检查、处理二次回路的问题。

（3）变压器差动保护动作处理。

变压器差动保护动作跳开变压器各侧断路器。运行人员在拉开主变压器两侧（或三侧）断路器的隔离开关后，应重点检查：

1）变压器套管是否完整，连接变压器的母线上是否有闪络的痕迹。

2）对变压器差动保护范围内的所有一次设备进行检查，以便发现在差动保护区内有无异常。

3）检查变压器差动保护回路，看有无短路、击穿，以及有人误碰等情况，直流系统是否有接地现象。

4）对变压器进行外部测量，以判断变压器内部有无故障。测量项目主要是摇测绝缘电阻。

若上述检查没有结果，在排除误碰情况下应进一步查明变压器内部是否有故障。如变压器没有损伤现象，跳闸确实是由外部引起的，可在主保护投入的情况下，将该变压器空载合闸试送电。

变压器跳闸后，应立即查明原因。如综合判断证明变压器跳闸不是由于内部故障所引起，可重新投入运行。若变压器有内部故障现象时，应做进一步检查。

变压器跳闸后，应立即停用油泵。

如果是变压器主保护动作（瓦斯、差动），必须查明故障原因，消除故障，否则不得将变压器送电。

（4）变压器电流速断、定时限过流保护动作。

1）电流速断保护动作跳闸时，其处理过程参照差动保护动作处理。

2）定时限过流保护动作跳闸后的处理。当变压器由于定时限过流保护动作跳闸时，应检查判断有无越级跳闸的可能，即检查各出线开关保护装置的动作情况，各信号继电器有无掉牌，各操作机构有无卡涩现象。如查明是因某一出线故障引起的越级跳闸，则应拉开故障出线的断路器，再将变压器投入运行，并恢复向其余各线路送电。如果查不出是否属越级跳闸，则应将所有出线的断路器全部拉开，并检查变压器其他侧母线及本体有无异常情况。若查不出明显故障时，则变压器可以在空载下试送一次，试送正常后再逐条恢复线路送电。当在合某一路出线断路器时又出现越级跳变压器断路器时，则应将该出线停用，恢复变压器和其余出线的供电。若检查中发现某侧母线有明显故障特征或变压器本体有明显的故障特征时，则不许合闸送电，应进一步检查处理。

（5）变压器零序保护动作处理。

零序电流保护是变压器的后备保护，反映三相系统中性点直接接地运行的变压器外部单相接地引起的过电流。其装置根据选择要求也可装设方向元件。

零序过电压保护在中性点可能接地或不接地运行，对外部单相接地引起的过电流及因失去中性点引起的过电压；及由于运行方式需要或分级绝缘变压器，中性点装设放电间隙，除应装设零序电流保护外，还应增设零序电压保护和反映间隙放电电弧的零序电流保护。零序电压保护动作经一个延时断开各侧断路器。

当零序保护动作时，一般是大电流接地系统发生单相接地故障而引起的，事故发生后，立即汇报调度听候处理。

（6）分接开关故障的处理。

分接开关是用来改变高压绕组的抽头档位，即增、减高压绕组的匝数来调整电压比来调整变压器的输出电压。

分接开关故障是指分接开关触头接触不良或分接开关不同相间短路。当运行中的变压器油箱内有"吱吱"的放电声，电流表随着响声发生摆动，或瓦斯保护发出信号时，可判断为分接开关故障。故障原因有：

1）分接开关触头弹簧压力不足，滚轮压力不均匀，使有效接触面积减少，以及表面银镀层严重磨损等，引起分接开关在运行中损坏。

2）分接开关接触不良，引线连接和焊接不良，经受不起短路电流冲击而造成分接开关损坏。

3）切换分接开关挡位时，分接开关分接头位置不对位，形成短路，引起分接开关烧坏。

4）由于三相引线相间距离不够，或者使用的绝缘材料绝缘强度低，在过电压的情况下绝缘击穿，造成分接开关相间短路。

若发生了分接开关损坏，应停电检修。

（7）变压器油故障的其处理。

变压器油主要起两方面的作用：①进行散热；②增强油箱内部各部件的绝缘强度。

变压器油故障是指油质劣化，失去了绝缘作用，甚至导致变压器内部发生短路，造成变压器的损坏。导致变压器油油质劣化的原因有：

1）变压器油在运行中，有可能与空气相接触，空气中的水分和杂质溶入变压器中，引起油中大量沉淀物的生成。

2）在与空气接触的过程中，油被空气氧化，生成各种氧化物，这些氧化物具有酸性特点。

3）变压器油在运行中，由于长期受温度、电场及化学复分解的作用，也会使油劣化。特别是温度过高会加速油的劣化。

4）变压器内部发生故障，如发生短路故障，使变压器油碳化。

在运行过程中应对变压器油的颜色进行观察，并应定期对变压器油进行取样试验。在一般情况下可进行下列项目的试验：①酸价；②电气绝缘强度；③闪点；④游离碳；⑤机械混合物；⑥水分；⑦水溶性酸和碱。

当变压器油混有水分和杂质时，可以用真空压力式滤油机滤去水分和杂质，使油净化，恢复油原有的性能。若油质低于油试验标准规定时，应予以换油。

(8) 变压器着火后的处理。

变压器着火时，不论何种原因，应首先断开各侧断路器，切断电源，停用冷却装置，并迅速采取有效措施进行灭火。同时汇报调度及上级主管领导。若油溢在变压器顶盖上着火时，则应迅速开启下部阀门，将油位放至着火部位以下，同时用灭火设备以有效方法进行灭火。变压器因喷油引起着火燃烧时，应迅速用黄砂覆盖、隔离，以控制火势蔓延，同时用灭火设备灭火。以上情况应及时通知消防部门协助处理，同时通知调度以便投入备用变压器供电或采取其他转移负荷措施。装有水喷淋灭火器装置的变压器，在变压器着火后，应先切断电源，再启动水喷淋系统。装有充氮灭火装置的变压器，在变压器着火后，应立即切断电源，再全面检查变压器本体，未发生任何爆裂现象时，启动充氮灭火系统。

能力检测

1. 电力变压器在运行的过程中，确保正常运行的基本要求有哪些？

2. 什么是变压器运行中的允许温度和允许温升？什么是"8℃法则"？允许温度和允许温升是怎样规定的？

3. 变压器在运行过程中，外加电源电压的允许变化范围是怎样规定的？

4. 什么是变压器的正常过负荷？正常过负荷是如何规定的？

5. 什么是变压器的事故过负荷？事故过负荷是如何规定的？

6. 如何甄别变压器是处于正常运行状态，还是处于异常运行状态？

7. 变压器运行过程中主要需要监视哪些内容？

8. 变压器在正常运行过程中，需要巡视检查的项目有哪些？

9. 强迫油循环冷却变压器的冷却装置在运行中应做哪些巡视检查？

10. 变压器声音异常的原因有哪些？如何进行判断及处理？

11. 变压器运行过程中油温异常的原因有哪些？如何判断及处理？

12. 什么是变压器的油色异常？如何判断及处理？

13. 运行中的变压器油时间长了为什么会老化？有什么办法可以延长变压器油的使用寿命？

14. 变压器在运行过程中，如何判断其接头是否过热？

15. 变压器呼吸器硅胶的作用是什么？如何判断其是否失效？

16. 变压器运行过程中，产生异味的可能原因有哪些？

17. 变压器一般配备有哪些主保护？

18. 变压器故障处理的原则是什么？

19. 变压器轻瓦斯保护动作如何处理？

20. 变压器重瓦斯保护动作如何处理？

21. 变压器差动保护动作如何处理？

22. 变压器过电流保护动作如何处理？

23. 变压器分接开关可能会发生哪些故障？

24. 变压器油故障如何处理？

25. 若变压器着火如何处理？

任务四　其他类型的电力变压器

【任务描述】

在发电厂及变电站中，大量使用三绕组变压器、自耦变压器及互感器，通过学习明确这类变压器的应用及特点。

【任务分析】

教会学生如何进行三绕组变压器的参数确定、自耦调压变压器的使用、互感器的应用及使用中的注意事项。

【任务实施】

一、三绕组电力变压器

在电力系统中，常常需要把几个不同电压等级的系统相互联系起来，这时可采用一台三绕组变压器来取代两台双绕组变压器（图 1－32），这不仅在经济上是合理的，而且使发电厂、变电站的设备简单，维护方便，占地少，因此三绕组变压器在电力系统中得到了广泛使用。

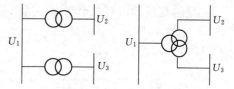

图 1－32　三个电压等级网络连接

（一）结构特点

三绕组变压器的工作原理与双绕组变压器类同，但在结构上有它的特殊之处。

三绕组变压器的铁芯结构与双绕组变压器没有区别，一般也采用芯式结构。绕组的结构形式也与双绕组变压器相同，但每一相有三个线圈，对应于三个线圈有高、中、低三种电压等级。如把高压作为一次侧，中、低压作为二次侧，则为降压变压器；若把低压作为一次侧，高、中压作为二次侧，则为升压变压器。

三个绕组也同心地套在一个铁芯柱上。从绝缘上考虑，高压绕组放在最外层（这与双绕组变压器相同），至于中、低压绕组哪个在最里层，需从功率的传递情况及短路阻抗的合理性来定。一般说来，相互传递功率多的两个线圈其耦合应紧密一些，应靠得近一点，这样漏磁通就少，短路阻抗可小些，以保证有较好的电压变化率和提高运行性能。例如，当三绕组变压器用在发电厂的升压场合，功率传递方向是从低压绕组分别向高、中压侧传递，应将低压绕组放在中间，中压绕组放在内层，如图 1－33（a）所示；当用在降压场合，功率传递方向是从高压绕组分别向中、低压侧传递，应将中压绕组放在中间，低压绕组放在内层，如图 1－33（b）所示。

（二）容量与连接组别

双绕组变压器，一、二次绕组容量相等，但三绕组变压器，各绕组的容量可以相等，也

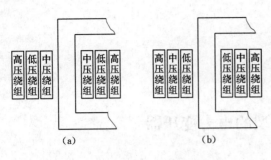

图 1-33　三绕组变压器的绕组排列

(a) 升压排列；(b) 降压排列

可以不相等。三绕组变压器铭牌上的额定容量，是指容量最大的那个绕组的容量。而另外两个绕组的容量，可以是额定容量，也可以小于额定容量。将额定容量作为 100，三个绕组容量的搭配关系见表 1-5。

需要指出，表 1-5 中列出各绕组容量间的搭配关系，并不是实际功率传递时的分配比例，而是指各绕组传递功率的能力。

根据国家标准规定，三相三绕组变压器的标准连接组别有 YN，yn0，d11 和 YN，yn0，y0 两种。

表 1-5　　　　　　　　　三　绕　组　容　量　　　　　　　　　　　　%

高 压 绕 组	中 压 绕 组	低 压 绕 组
100	100	100
100	50	100
100	100	50

(三) 三绕组变压器的变比、基本方程式和等效电路

1. 变比

三绕组变压器因有三个绕组，所以有三个变比关系

$$\left.\begin{aligned} k_{12}&=\frac{N_1}{N_2}=\frac{U_{1N}}{U_{2N}}\\ k_{13}&=\frac{N_1}{N_3}=\frac{U_{1N}}{U_{3N}}\\ k_{23}&=\frac{N_2}{N_3}=\frac{U_{2N}}{U_{3N}} \end{aligned}\right\} \tag{1-65}$$

式中：N_1、N_2、N_3 及 U_{1N}、U_{2N}、U_{3N} 分别为各绕组的匝数和额定相电压。

2. 磁动势方程式 U_{1N}、U_{2N}、U_{3N}

三绕组变压器每个铁芯柱上有三个绕组，故主磁通 Φ_m 是由三个绕组的合成磁动势所产生，其磁动势平衡方程式为

$$N_1\dot{I}_1+N_1\dot{I}_2+N_3\dot{I}_3=N_1\dot{I}_0$$

由于励磁电流 I_0 很小，可忽略不计，得

$$N_1\dot{I}_1+N_2\dot{I}_2+N_3\dot{I}_3=0$$

若把绕组 2 与绕组 3 分别折算到绕组 1，则：

$$\dot{I}_1+\dot{I}_2'+\dot{I}_3'=0 \tag{1-66}$$

其中

$$\dot{I}_2'=I_2\frac{N_2}{N_1}=\frac{I_2}{k_{12}}$$

$$\dot{I}_3'=I_3\frac{N_3}{N_1}=\frac{I_3}{k_{13}}$$

式中：$\dot{I}_2'$、$\dot{I}_3'$ 分别为绕组 2 电流的折算值和绕组 3 电流的折算值。

3. 等效电路

与双绕组变压器相同，经折算后可得出变压器的等效电路。三绕组变压器的等效电路如图 1-34 所示。

在图 1-34 的等效电路中，x_1、x'_2、x'_3 为各绕组的等值电抗，其中包括自感及与其他绕组间的互感，它不是单纯的漏电抗，这是和双绕组变压器等效电路中的漏电抗不同的地方。此外，由于与自感漏电抗和互感漏电抗相对应的自漏磁通和互漏磁通主要通过空气闭合，故等值电抗仍为常数。

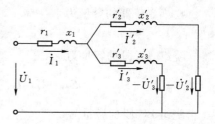

图 1-34　三绕组变压器等效电路图

二、自耦变压器

（一）连接方式

普通双绕组变压器的一、二次绕组之间互相绝缘，它们之间只有磁的耦合，没有电的联系。如果把普通变压器的一、二次绕组合并在一起，如图 1-35（a）所示，就成为只有一个绕组的变压器，其中低压绕组是高压绕组的一部分，这种变压器叫作自耦变压器。

这种变压器的高、低压绕组之间既有磁的联系，又有电的直接联系，如图 1-35（b）所示，其中 AB 段为串联线圈，匝数为 $N_1 - N_2$；BC 段为公共线圈（也为二次绕组），匝数为 N_2。

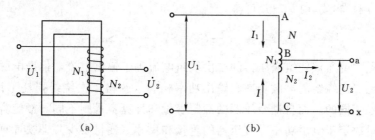

图 1-35　自耦变压器

(a) 结构；(b) 等效电路

（二）电压、电流与容量的关系

在双绕组变压器中，变压器的容量就等于一次绕组的容量或二次绕组的容量，这是因为变压器的功率全部是通过一、二次绕组间的电磁感应关系从一次侧传递到二次侧的，可是在自耦变压器中却不是这样简单的关系。现分析如下。

当一次侧加上额定电压 U_{1N} 后，若忽略漏阻抗压降，则

$$\frac{U_{1N}}{U_{2N}} \approx \frac{E_1}{E_2} = \frac{N_1}{N_2} = k_Z \tag{1-67}$$

式中：k_Z 为自耦变压器的变比。

根据磁动势平衡关系，在有负载时 AB 和 BC 两部分磁动势在忽略空载电流不计时应大小相等、方向相反，即

$$\dot{I}_1 N_1 + \dot{I}_2 N_2 = \dot{I}_0 N_1 \approx 0$$

或

$$\dot{I}_1 = -\dot{I}_2(N_2/N_1) = -\dot{I}_2/k_Z \tag{1-68}$$

式（1-68）说明，一、二次侧电流的大小与其匝数成反比，但在相位上相差180°。

根据图1-35（b）所规定正方向，在绕组公共部分BC中的电流为

$$\dot{I}=\dot{I}_1+\dot{I}_2=(-\dot{I}_2/k_z)+\dot{I}_2=\dot{I}_2(1-1/k_z) \tag{1-69}$$

自耦变压器的容量为

$$S_{ZN}=U_{1N}I_{1N}=U_{2N}I_{2N} \tag{1-70}$$

绕组 AB 段的容量为

$$S_{AB}=U_{AB}I_{1N}=\left(U_{1N}\frac{N_1-N_2}{N_1}\right)I_{1N}=S_{ZN}\left(1-\frac{1}{k_z}\right) \tag{1-71}$$

绕组 BC 段的容量为

$$S_{BC}=U_{BC}I=U_{2N}I_{2N}\left(1-\frac{1}{k_z}\right)=S_{ZN}\left(1-\frac{1}{k_z}\right) \tag{1-72}$$

若有一台普通的两绕组变压器，其一、二次绕组的匝数分别为 $N_{AB}=N_1-N_2$ 和 $N_{BC}=N_2$，额定电压为 U_{AB} 和 U_{BC}，额定电流为 I_{1N} 和 I，则这台普通变压器的变比为

$$k=\frac{N_{AB}}{N_{BC}}=\frac{N_1-N_2}{N_2}=k_z-1 \tag{1-73}$$

其额定容量为

$$S_N=U_{AB}I_{1N}=U_{BC}I=U_{2N}I \tag{1-74}$$

由式（1-72）和式（1-74）可得

$$S_{ZN}=\frac{k_z}{k_z-1}S_N=S_N+\frac{1}{k_z-1}S_N \tag{1-75}$$

从上述可见，普通双绕组变压器的二次绕组电流等于输出电流，借助电磁感应作用，由一次绕组传递到二次绕组的电磁功率和输出功率相等（忽略二次绕组损耗不计），其额定容量和计算容量是相同的。而自耦变压器的额定容量和计算容量则不同，额定容量决定于输出功率，计算容量决定于电磁功率，变压器的重量和尺寸（耗材多少）即视计算容量而定。因此，当将额定容量为 S_N、变比为 k 的普通双绕组变压器的两个绕组串联而改接成为自耦变压器时，由于只改变了绕组的外部连接，变压器内部的电磁关系完全没有改变，所以两种情况下的绕组计算容量毫无差别，均应为 S_N；但是自耦变压器的额定容量为计算容量 S_N 的 $k_z/(k_z-1)$ 倍（或 $1+1/k$ 倍）。

式（1-75）中说明，额定容量中仅有计算容量 S_N 这部分功率是通过电磁感应关系从一次侧传递到二次侧的，这部分功率就称为感应（电磁）功率；剩下的 $S_N/(k_z-1)$ 这部分功率则是通过一、二次之间的电联系直接传递的，称为传导功率。一、二次绕组间除了磁的耦合外，还有电的联系，输出功率中有部分（或大部分）功率是从一次侧传导而来的，这是自耦变压器和普通双绕组变压器的根本差别。

由于 $[k_z/(k_z-1)]>1$，所以 $S_{ZN}>S_N$，与双绕组变压器比较，自耦变压器可以节省材料，变比 k_z 越接近于1，传导功率所占的比例越大，感应功率（计算功率）所占的比例越小，其优越性就越显著。所以自耦变压器适用于变比不大的场合，一般适用于变比 k_z 在 1.2～2.0 范围内的场合。

（三）自耦变压器的优缺点及其应用

与普通双绕组变压器比较优缺点时，可将一台普通双绕组变压器改接成自耦变压器，并

将它与原来作普通变压器运行来比较。

1. 优点

（1）与相同容量双绕组变压器比较，自耦变压器用料省，体积小，造价低。

（2）由于用料省，铜损和铁损小、效率高。

（3）由于用料省，则体积小、重量轻，便于运输和安装。

2. 缺点

（1）自耦变压器短路阻抗标幺值比普通变压器小，短路电流大，万一发生短路对设备的冲击大，因此需采用相应的限制和保护措施。

（2）由于自耦变压器一、二次侧有电的直接联系，当高压侧过电压时，会引起低压侧过电压，因此继电保护及过压保护较复杂，高、低压侧都要装避雷器，且变压器中性点必须可靠接地。

3. 应用场所

（1）用于变比小于 2 的电力系统。由于自耦变压器的上述优缺点，使其在高电压、大容量而且电压相近的电力系统中应用越来越广泛。

（2）在实验室中用作调压器。

（3）用于某些场合异步电动机的降压起动。

（四）自耦调压器

将自耦变压器的二次绕组作成匝数可调的，就成了自耦调压器。自耦调压器的外形及结构示意见图 1-36。自耦调压器的绕组缠绕在环形铁芯上，二次侧分接头经滑动触头 K 引出，如图 1-36（b）所示，通过手柄改变滑动角头 K 的位置，就改变了二次绕组匝数，达到调节输出电压 U_2 的目的。

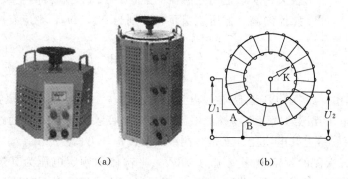

（a）   （b）

图 1-36　自耦调压
（a）外形结构；（b）电路结构

自耦调压器可正接，也可反接，如图 1-37 所示。正常情况下，自耦调压器采用正接的接线方式，如图 1-37（a）所示，当输入电压 $U_1=220\text{V}$ 时，输出电压 U_2 可在 0~250V 之间调节。正接是自耦调压器最常用的接线方式，但若电源电压波动太大，输出电压调节不到 220V 时，也可采用反接的接线方式，如图 1-37（b）所示。

使用自耦调压器注意事项：

（1）不论是正接还是反接，从安全出发，必须将公共端 X（x）接零线，A（a）端接火线。

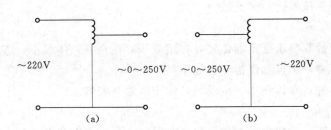

图 1-37 自耦调压器接线图

(a) 正接；(b) 反接

（2）不论是正接还是反接，在使用中必须防止输出（入）电流超出调压器的额定电流。

（3）不论是正接还是反接，调压器停止使用时，应将电刷转至输出电压最小处。（即正接时，电刷转至输出电压为零处；反接时，电刷转至正接使用的最大输出电压处。）

三、仪用互感器

仪用互感器是一种测量用的特殊变压器，分为电压互感器和电流互感器两种。

互感器的主要作用是：①为了工作人员的安全，把测量回路与高压电网分开；②将高电压、大电流转换成低电压、小电流便于测量。

（一）电压互感器

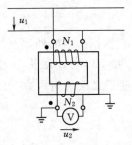

图 1-38 电压互感器

电压互感器实质上就是一台降压变压器。它原边绕组匝数多，副边匝数少。原边接到被测的高压电路，副边接电压表、其他仪表或电器的电压线圈，如图 1-38 所示。由于仪表电压线圈的阻抗均很大，所以电压互感器的运行相当于变压器的空载状态。若电压互感器的高、低压绕组匝数分别为 N_1、N_2，则应有

$$\frac{U_1}{U_2} = \frac{E_1}{E_2} = \frac{N_1}{N_2} = k_u$$

或
$$U_1 = k_u U_2 \tag{1-76}$$

式（1-76）中，k_u 为电压互感器的电压比，也为一、二次侧绕组匝数之比，k_u 为定值。可见，利用电压互感器，可以将被测线路的高电压变换为低电压，通过电压表测量出，电压表上的读数 U_2 乘上其电压比，就是被测线路的高电压 U_1 值。

电压互感器二次侧的额定电压规定为 100V，一次侧的额定电压为其规定的电压等级。实际应用中，电压表表面上的刻度是二次侧电压与变比的乘积，因而表面上指示的读数就是高压侧的实际电压值。

由于原、副绕组的漏阻抗存在，测量总存在一定的误差。按照误差的大小，电压互感器的准确度级共分为 0.1，0.2，0.5，1，3 五个等级。

为了减小其误差，应减小空载电流和一、二次绕组的漏抗，因此电压互感器的铁芯大都用导磁率高的硅钢片制成，并使铁芯不饱和（铁芯磁密约为 0.6～0.8T），且尽量减小磁路中的气隙。

使用电压互感器时，必须注意以下几点。

（1）电压互感器在运行时，二次侧绝对不允许短路。因为电压互感器绕组本身的阻抗很小，如果发生短路，短路电流会很大，会烧坏互感器。为此，二次侧电路中应串接熔断器作

短路保护。

（2）电压互感器的铁芯和二次绕组的一端必须可靠地接地，以防止高压绕组绝缘损坏时，铁芯和二次绕组带上高电压而造成事故。

（3）电压互感器有一定的额定容量，使用时二次侧不宜接过多的仪表，以免影响互感器的精确度。

除了双线圈的电压互感器外，在三相系统中还广泛应用三线圈的电压互感器。三线圈电压互感器有两个二次线圈：一个叫做基本线圈，用来接各种测量仪表和电压继电器等；另一个叫辅助线圈，用它接成开口的三角形，引出两个端头，这端头可接电压继电器用来组成零序电压保护等。

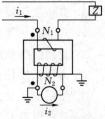

图 1 - 39　电流互感器

（二）电流互感器

电流互感器的工作原理、主要结构与普通双绕组变压器相似，也是由铁芯和一、二次绕组两个主要部分组成。其不同点在于，电流互感器一次绕组的匝数很少，只有一匝到几匝，它的一次绕组串联在被测量电路中，流过被测量电流，如图 1 - 39 所示。电流互感器一次侧电流与普通变压器的一次侧电流不相同，它与电流互感器二次侧的负载大小无关，只取决于被测线路电流的大小。电流互感器二次绕组的匝数比较多，与电流表或其他仪表或电器的电流线圈串联成闭合电路，由于这些线圈的阻抗都很小，所以电流互感器的二次侧近于短路状态。若忽略励磁电流，根据磁动势平衡关系应有

$$\dot{I}_1 N_1 + \dot{I}_2 N_2 \approx 0$$

即

$$\dot{I}_1 = -(N_2/N_1)\dot{I}_2 = -k_i\dot{I}_2$$

或

$$I_1 \approx k_i I_2 \tag{1-77}$$

式（1 - 77）中，k_i 为电流互感器的电流比，k_i 为定值。式（1 - 77）表明，在电流互感器中，二次侧电流与电流比的乘积等于一次侧电流。

电流互感器二次侧的额定电流通常为 5A，一次侧的额定电流在 10～25000A 之间。

在选择电流互感器时，必须按互感器的额定电压、一次侧额定电流、二次侧额定负载阻抗值及要求的准确度等级适当选取。若没有与主电路额定电流相符的电流互感器，应选取容量接近而稍大的。

电流互感器存在误差，其误差主要是由空载电流和一、二次绕组的漏阻抗及仪表的阻抗所引起。为了减小误差，铁芯也必须采用导磁率高的硅钢片制成，尽量减小磁路气隙，减小两个绕组之间的漏磁。

按照误差的大小，电流互感器的精度可分成 0.1，0.2，0.5，1，3，10 六个等级。

使用电流互感器时，必须注意以下几点。

（1）电流互感器在运行时，二次侧绝对不允许开路。由于二次绕组中电流的去磁作用，铁芯中合成磁动势是很小的，若二次侧开路，二次侧电流的去磁作用消失，而一次侧电流不变，全部安匝 $I_1 N_1$ 用于励磁，使铁芯中的磁通密度增大很多倍，磁路严重饱和，造成铁芯过热，同时很大的磁通将在绕组匝数多的二次绕组上产生过电压，危及人身安全或击穿绕组绝缘。

（2）铁芯及二次绕组的一端必须可靠接地，以防高压侵入，危及人身安全。

（3）互感器二次侧所接的仪表阻抗，不应超过互感器额定负载的欧姆值，否则二次电流减小，铁芯磁通和励磁电流增大，从而增大误差，降低互感器的精度。

能力检测

1. 三绕组变压器应用于什么场合？

2. 三绕组变压器的三个绕组是如何排列的？

3. 三绕组变压器的标准组别有哪些？其三个线圈的容量关系如何？

4. 自耦变压器的结构有什么特点？

5. 自耦变压器较双绕组变压器有什么优点？在什么情况下使用最合适？

6. 自耦变压器的功率传递有什么特点？

7. 为什么要使用电压互感器、电流互感器？

8. 使用电压互感器时须注意哪些事项？

9. 使用电流互感器时须注意哪些事项？

项目二 同步发电机

【项目分析】

同步发电机部分包括同步发电机的认识、交流绕组、同步发电机的运行特性、同步发电机运行与维护等部分。

【培养目标】

通过对发电机原理、结构的认识，运行特性的掌握，要求学生能实现水轮同步发电机的开机、并列、解列及并列于电网后有功功率和无功功率的调节，并能对运行的同步发电机进行监视，对出现的异常情况进行正确处理，并了解同步发电机日常维护的内容。

任务一 认识同步发电机

【任务描述】

同步发电机的认识包括了发电机的工作原理、构成部件及其作用、同步发电机的励磁方式及铭牌参数。

【任务分析】

理解三相同步发电机基本工作原理，了解水轮发电机的构成部件及作用，掌握发电机铭牌参数的意义。了解同步发电机的励磁方式和基本要求。

【任务实施】

一、三相同步发电机的工作原理

（一）工作原理

同步发电机是依据电磁感应原理而工作的一种交流电机，其基本结构包括固定不动的定子和运行时旋转的转子两部分，为便于电能的引出，现代同步发电机大多数采用磁极旋转式结构，即转子上是由励磁绕组和磁极铁芯组成的主磁极，定子采用各相绕组结构相同、匝数相等，在空间上互差120°电角度的三相对称绕组，如图2-1所示。

当在发电机的转子励磁绕组上通以直流电流后，转子将产生恒定磁场，该恒速旋转在原动机的带动下，会依次切割定子三相对称绕组 U1U2、V1V2、W1W2，将分别感应出大小相等、时间上彼此相差120°电角度的交流电动势。若气隙中的磁通密度按正弦规律分布，则三相绕组感应电动势的波形也为正弦波，如图2-2所示。其相序为 U-V-W，数学表达式为

$$
\left.
\begin{aligned}
e_U &= E_m \sin\omega t \\
e_V &= E_m \sin(\omega t - 120°) \\
e_W &= E_m \sin(\omega t + 120°)
\end{aligned}
\right\}
\qquad (2-1)
$$

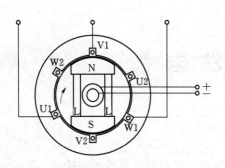

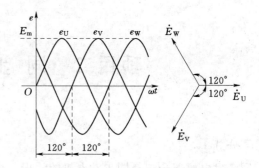

图 2-1　同步发电机的工作原理图　　　　图 2-2　定子三相感应电动势波形

如在发电机上接入三相对称负载，则发电机向负载输出三相对称电流，从而实现把输入的机械能转变成输出的电能。

（二）定子绕组感应电动势的频率

定子绕组感应电动势的频率与同步发电机转子的磁极对数和转子的转速有关。当只有 1 对磁极时，转子每旋转一周，定子绕组感应电动势会变化一个周期；当有 p 对磁极时，转子旋转一周，感应电动势变化 p 个周期。假设转子的转速为 $n\text{r/min}$，即 $\frac{n}{60}\text{r/s}$ 时，则感应电动势每秒钟变化 $\frac{pn}{60}$ 个周期，即定子绕组感应电动势的频率为

$$f=\frac{p\cdot n}{60} \qquad (2-2)$$

由此可见，当同步发电机的极对数一定时，要改变定子绕组感应电动势的频率，只需要调节转子转速即可，这是同步发电机单机运行调频的依据。我国电力系统的标准频率为定值 50Hz，因此同步发电机的极对数与转速成反比，即拖动同步发电机的原动机转速越高，发电机的极对数越少。如某台汽轮机的转速 $n=3000\text{r/min}$，则被其拖动的发电机极对数 $p=1$；某台水轮机的转速 $n=100\text{r/min}$，则被其拖动的发电机极对数 $p=30$。

二、同步发电机的类型

同步发电机分类方式有多种，常见的有以下几种分类方式。

按原动机类型的不同，分为汽轮发电机、水轮发电机、燃汽轮发电机、柴油发电机、风力发电机、太阳能发电机等。

按转子结构不同，分为隐极式和凸极式，如图 2-3 所示。

按安装方式不同，分为卧式和立式。水轮发电机通常为立式，汽轮发电机通常为卧式。

按冷却介质不同，分为空气冷却式、氢气冷却式（可有外冷和内冷两种方式）、水冷式（内冷）。不同冷却介质还可形成不同的组合方式，例如：水—氢—氢，即定子绕组为水内冷，转子绕组为氢内冷，定子铁芯为氢冷；水—水—氢，即定子绕组和转子绕组为水内冷，定子铁芯为氢冷。

按运行方式不同，分为发电机、电动机和调相机。调相机实际上是一种轴上不带任何机械负载的同步电动机，通过调节其励磁电流，来改善电网功率因数，又称为补偿机。

现代同步发电机的发展趋势主要表现在单机容量的增大，经济性、可靠性和适合性的提高，冷却技术的改善，新材料的应用，在线检测技术的不断开发等多个方面。

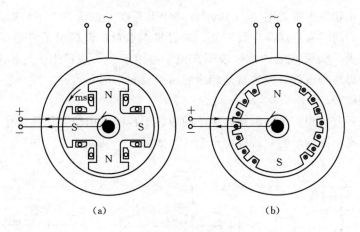

图 2-3 磁极旋转式同步发电机

(a) 凸极式；(b) 隐极式

三、同步发电机的构成部件及作用

电力系统广泛使用汽轮同步发电机和水轮发电机，其基本结构都包括定子和转子两大部分，鉴于我国西南地区主要以水力发电为主，下面着重介绍水轮发电机。

（一）水轮发电机的基本结构

水轮发电机与汽轮发电机的基本工作原理相同，受自然环境因素的制约，其转速一般较低，为获得工频为 50Hz 的交流电，电机内磁极对数较多，转子通常采用结构和加工工艺都比稳极式简单的凸极式结构。从外观看，电机直径较大，轴向长度较短，呈扁盘形。

水轮发电机的安装形式通常由水轮机的型式确定，分为卧式和立式机组，如图 2-4 和图 2-5。目前多采用立式，即轴呈垂直放置，转子部分必须支撑在一个推力轴承上，推力轴承是水轮发电机的一个重要部件，它不仅要承受发动机的转子重量，还要承受水轮机转子重量和水流产生的轴向推力，总支撑力往往可支撑数百至数千吨的重量。

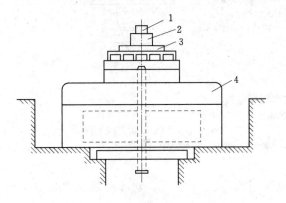

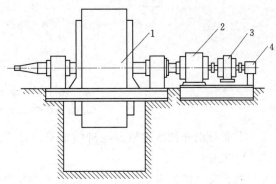

图 2-4 立式布置水力发电机

1—永磁发电机；2—副励磁机；3—主励磁机；4—发电机

图 2-5 卧式布置水力发电机

1—发电机；2—主励磁机；3—副励磁机；4—永磁发电机

根据推力轴承安放位置的不同，立式水轮机又可分为悬式和伞式两种。悬式水轮发电机如图 2-6 所示，其特点是推动轴承放在转子的上机架，发动机及水轮机转子均悬挂在上机架上，其重心低，机组径向机械稳定性好，轴承损耗较小，轴承的维护检修方便，适用于中高速机组；伞式水轮发电机如图2-7所示，其特点是推力轴承位于下机架，承重的下机架尺寸小、省材料，同时对厂房高度要求低，减轻机组重量；但机组重心偏高，稳定性较差，推力轴承直径较大，轴承的维护检修较不方便，适用于中低速机组。近年来随着设计、制造、安装技术的提高和改进，大容量高转速的机组也有采用伞式的，特别是采用具有上、下导轴承的半伞式结构。

水轮发电机还有两到三个导轴承，用于约束转子径向的摆动。凡是具有上导轴承的伞式称为半伞式，没有上导轴承的伞式称为全伞式。如图2-7所示。

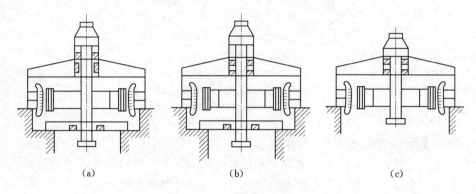

图2-6　悬式水轮发电机

（a）具有两个导轴承，推力在上导上面；（b）具有两个导轴承，推力在上导下面；（c）无下导轴承

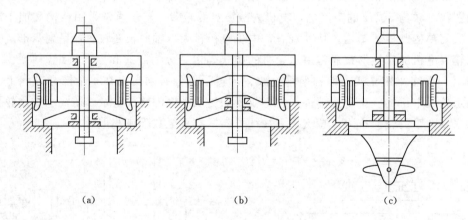

图2-7　伞式水轮发电机

（a）普通伞式；（b）全伞式；（c）半伞式

下面分别介绍水轮机发电机的定子、转子、机架、轴承等主要部件。

1．定子

水轮发电机的基本结构与一般交流电机相似，主要由定子机座、铁芯和绕组等部分组成，如图2-8所示。

（1）机座。

机座用来支撑定子铁芯、轴承、端盖等，并构成冷却风路，是由钢板焊接形而成的圆筒体，筒体内侧从上到下布置有水平放置的环板及加强筋，使定子机座具有足够的强度和刚度，与基础牢固地结合在一起承受正常运行时的电磁拉力以及故障时产生的冲击力，对于悬式水轮发电机，它还承受垂直方向的全部荷重。对于直径较大的机座，为了运输方便，把机座连同定子铁芯一起分成若干瓣（如2、4或6瓣），到工地后再组装成一个整体。

（2）定子铁芯。

定子铁芯又称电枢铁芯，是构成电机磁路及固定定子绕组的重要部件，要求其导磁性较好、损耗低、刚度好、振动小，并且还要在结构设计上考虑冷却的需要。

定子铁芯由0.5mm或0.35mm厚的两面涂有绝缘漆膜的硅钢冲片叠成，冲片内圆上均匀开槽，用于嵌放三相绕组。当定子铁芯外径大于1m时，常采用扇形硅钢片，如图2-9，再将多片拼成一个整圆，拼接时层与层之间的缝隙要错开。为加强冷却，铁芯沿轴向分为多段，每段厚约30～60mm。各段叠片间装有6～10mm厚的通风槽片形成径向通风沟，当冷却气体能吹过时，将定子铁芯产生的热量迅速带走。

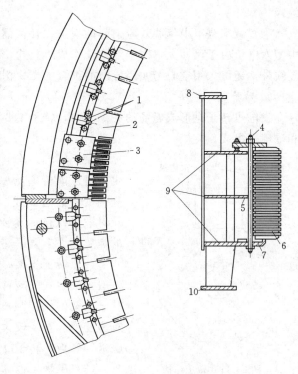

图2-8 定子机座—铁芯

1—定位筋和托板；2—扇形片；3—齿压板；4—拉紧螺杆；
5—固定片；6—通风槽片；7—下齿压板；8—机座上环；
9—机座中环；10—机座下环

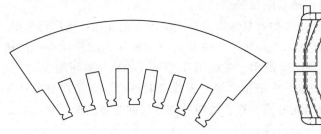

图2-9 扇形冲片

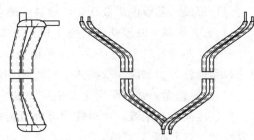

图2-10 波绕组线圈

（3）定子绕组。

定子绕组又称为电枢绕组，用来产生三相对称交流电动势，向负载输出三相交流电流，是同步发电机内实现机电能量转换的场所。

定子绕组是由嵌入铁芯槽内的线圈按一定规律连接而成，水轮发电机的磁极较多，定子绕组多采用三相双层波绕组。由于水轮发电机容量大，定子绕组中电流相应很大，因此槽内上下层的有效边（线棒），均由多股绝缘的铜导线并联后，外包绝缘而成，如图2-10所示。

线圈的直线部分嵌入铁芯槽内并用槽楔固定，线圈放入槽内时必须与槽臂之间隔有"槽绝缘"，以免发电机在运行查绕组对铁芯出现击穿造成短路故障。端部用支架固定，以防止因突然短路产生的巨大电磁力引起线圈的端部变形或因运行中振动引起的摩擦而破坏绕组绝缘。

为了减小绕组中集肤效应引起的附加损耗，需要对线圈直线部分的导线进行换位。大、中型发电机由于尺寸大，定子线圈常作成半匝式，既由两个线棒组成。线棒除了采用实心的导线外，还可采用空心与实心导线的组合的方式构成，以加强冷却。

2. 转子

发电机转子是形成磁场的关键部件，转子主要由转轴、转子支架、转子铁芯、励磁绕组和磁轭等组成。

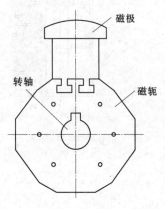

图 2-11 转子结构

（1）转轴。发电机的主轴用来传递扭矩，它把水轮机产生的机械能传递给发电机，带动发电机旋转，转轴一般采用高强度钢锻造而成，为了减轻轴的重量，改善受力条件，以及对锻件探伤的需要，通常都做成空心轴，根据水轮机运行的需要，许多电厂还把中空主轴作为水轮机自然气管的通道。

（2）转子支架。转子支架主要用来固定磁轭和传递力矩，一般由辐射式的支臂构成，磁轭通过键牢固地固定在支臂上，转子支架的机械强度应能满足机组飞逸转速的情况下不产生有害变形。直径较大的转子支架，又分为转辐和轮臂两部分。磁极、磁轭、转子支架、转轮之间的关系如图 2-11 所示。

（3）磁轭。也称转子轮环，是用来产生足够的转动惯量和安装磁极的部件，同时也是形成转子磁路的一部分。磁轭也分叠片和实心两种，叠片磁轭由 3~6mm 厚的钢板冲制而成。中小型电机采用多边形整体磁轭冲片，不需要专门的转子支架。大型发电机则采用扇形磁轭冲片，交错叠成整圆用螺杆拉紧后，固定在转子支架上。

（4）磁极。磁极由磁极铁芯、磁极线圈及阻尼绕组组成。

1）磁极铁芯。磁极铁芯有叠片和实心两种，叠片磁极铁芯由于工艺性好，被广泛采用。叠片磁极铁芯通常由 1~1.5mm 厚的钢板冲片叠成，在磁极的两端面加上磁极压板，用铆钉或拉紧螺杆等紧固成一个整体，如图 2-12 所示。磁极用 T 形尾或鸽尾与磁轭相连。

2）励磁绕组。励磁绕组是集中式绕组，多采用绝缘扁铜线绕制而成，套装在磁极铁芯上。各线匝间垫有绝缘，用塑性云母板压制的槽衬作为线圈与铁芯间的对地绝缘。励磁线圈放置在转子铁芯槽内，其两端引出，连接到滑环上。

3）阻尼绕组。水轮发电机叠片式磁极的极靴上一般装有阻尼绕组。阻尼绕组由插入极靴阻尼孔中的铜条和端部铜环焊接而成，如图 2-13 所示。当并联于电网上的发电机产生振荡时，阻尼绕组可以起稳定转速减弱振荡的作用，在不对称运行时，它可起削弱负序气隙旋转磁场的作用，当同步发电机正常稳定运行时，阻尼绕组不起任何作用。

（二）汽轮发电机的基本结构

为提高拖动发动机的汽轮机和燃气轮机的运行效率，常提高其转速，所以汽轮发电机为高速电机，多采用两

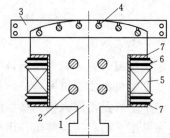

图 2-12 磁极结构示意图

1—磁极铁芯；2—压紧螺杆；3—阻尼环；
4—阻尼条；5—励磁线圈；6—匝间绝缘；
7—磁极托板

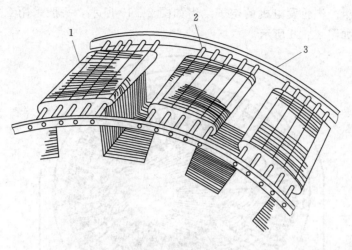

图 2-13 阻尼绕组
1—磁极铁芯；2—阻尼条；3—阻尼环

个磁极。汽轮发电机采用隐极式转子，转子直径较小，而轴向长度较长，现代汽轮发电机转子长度与转子外径之比 $L/D=2.5\sim6.5$，形成细长的圆柱体，定、转子之间的气隙是均匀的。

1. 定子

定子又称为电枢，主要由定子铁芯、定子绕组、机座、端盖、轴承等部件组成，如图 2-14 所示。

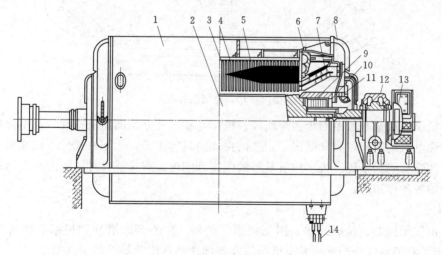

图 2-14 汽轮发电机的基本结构
1—定子；2—转子；3—定子铁芯；4—定子铁芯的径向通风沟；5—定位筋；6—定子压圈；
7—定子绕组；8—端盖；9—转子护环；10—中心环；11—离心式风扇；12—轴承；
13—集电环（滑环）；14—定子绕组电流引出线

（1）定子铁芯。定子铁芯同水轮发电机的定子铁芯相同。但在大、中型发电机中，为了减少端部铁芯发热，在制造上采用了多种措施。例如：两端压紧定子铁芯的压板采用非磁性材料，铁芯两端设计成阶梯形状，在铁芯端加装电屏蔽（也称铜屏蔽）和磁屏蔽环等。

（2）定子绕组。汽轮发电机的定子绕组如图2-15所示，一般采用三相双层短距叠绕组，其线圈结构如图2-16所示。

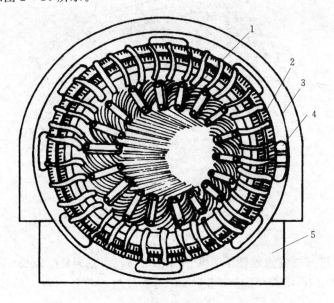

图2-15 汽轮发电机的定子绕组
1—定子绕组；2—端部连接线；3—机壳；4—通风孔；5—机座

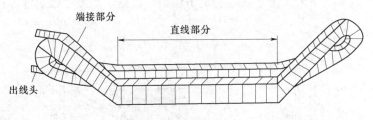

图2-16 叠绕组线圈

（3）机座。机座一般由钢板拼焊而成。机座与铁芯外圆之间留有空间，加上隔板形成风道，以加强电机的冷却。为降低定子铁芯的振动向机座传动，大型汽轮发电机在定子铁芯和机座间还加装有隔振系统。机座应有足够的强度和刚度，以承受在加工、起吊、运输及运行等过程中的各种作用力。

2. 转子

转子由转子铁芯、励磁绕组、阻尼绕组、护环、中心环、滑环和风扇等主要部件。图2-17给出了两极空气冷却汽轮发电机结构及各部件相互位置关系的示意图。

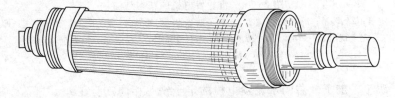

图2-17 汽轮发电机的转子

（1）转子本体。

1）作用：转子本体（铁芯和轴）用高机械强度和高导磁性能，高磁性的优质合金钢锻造成一个整体，在转子铁芯表面铣槽以安放励磁绕组。

2）转子铁芯槽的排列形状有平行式和辐射式两种，如图2-18所示。图2-18中，沿转子本体外圆上大约有1/3没有开槽的部分，称为大齿，大齿的中心实际上是磁极中心。转子槽形一般为开口槽，槽内妥善绝缘后嵌放绕组，并用非磁性低电阻率材料做成的槽楔压紧（用不导磁高强度的硬铝或青铜槽楔固定）。

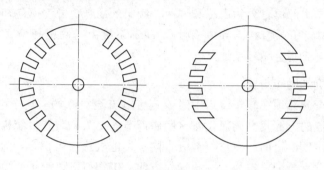

图2-18　汽轮发电机转子开槽

（2）励磁绕组。励磁绕组由若干个同心式线圈串联构成，如图2-19所示，水内冷电机通过转子绕组铜线内孔的水介质进行冷却。

（3）阻尼绕组。某些大型汽轮发电机转子上装有阻尼绕组，它是一种短路绕组。有的发电机采用专门制作的导条构成，有的发电机利用转子槽内的铝槽楔来组成阻尼绕组，其作用同水轮发电机。

（4）护环和中心环。由于汽轮发电机转速高，励磁绕组端部受到的离心力很大，于是采用护环和中心环来固定。护环又称套箍，是一个用无磁性合金钢制成的厚壁

图2-19　转子励磁绕组

圆筒，套在励磁绕组端部，防止端部因离心力甩出。中心环则用来支撑护环并防止端部沿轴向方向移动。

（5）滑环。滑环又称集电环，分为正负两个，热套在轴上与轴一起旋转，且与轴绝缘。通过静止的正负极性的电刷与滑环接触把直流电流引入励磁绕组以建立磁场。

（6）风扇。汽轮发电机的转子细长，通风冷却比较困难。在转子的两端装有轴流式或离心式风扇，用以改善冷却条件。

（三）同步发电机的冷却方式

与其他电机一样，同步发电机运行时将产生各种损耗，并最终以热能的形式释放出来，使发电机相应部件发热，温度升高。为防止电机各部件的温升超过允许值，影响电机的正常工作和使用寿命，需采取适当的冷却方式。

水轮发电机由于直径大，轴向长度短；中小容量汽轮发电机单位体积发热量较小，其冷却问题较容易解决。而对于大型汽轮发电机，因为直径小、轴向长度长，中部热量不易散

出，散热有一定难度。

根据冷却介质的不同，可分为氢气、水、空气冷却。与空气相比较，氢气的导热能力是空气的 50 倍左右，密度为空气的 1000 倍。因此，用氢气作为冷却介质，不仅可提高冷却效果，还可减少通风损耗；用水作为冷却介质，在相同要求下，相对空气来说可大大减少单位时间的流量，减少发电机的体积。但使用氢气或水作为冷却介质，电机的结构要比空冷电机复杂得多，需解决密封、绝缘等许多问题。目前在我国电力行业大量使用的 30 万和 60 万的机组，很多都采用水—氢—水的组合冷却方式。

根据冷却介质作用部位，分为内冷和外冷。绕组的冷却由外冷（冷却介质不直接与导体接触）变为内冷（冷却介质直接与导体接触），冷却系统由与周围环境直接交换热量，变为与周围环境隔离，自成闭合循环系统。

四、同步发电机的励磁方式

同步发电机运行时必须在转子绕组中通入直流电流建立磁场，这个电流就叫励磁电流，我们把供给励磁电流的电源及其附属设备（励磁调节器、灭磁装置）统称为励磁系统。

励磁系统是同步发电机的一个重要部分。同步发电机正常运行时，为了调节电压及并列运行发电机的无功功率分配，需要有一个操作方便、工作可靠、维护简单的励磁系统。当水轮发电机组因故障甩负荷时，发电机的电压会过分升高，为防止事故继续扩大，励磁系统应能尽快地将发电机的励磁电流减到尽量小的程度，即所谓灭磁。当电力系统发生短路故障或其他原因使端电压严重下降时，励磁系统应能迅速增大励磁电流，以增大发电机的电动势，进而提高发电机的端电压，即所谓强行励磁。

目前，常用的励磁系统可分为两大类，一类是直流机励磁系统，另一类是交流机励磁系统。但无论是哪种励磁系统，都应该满足以下基本要求。

（1）在负载的可能变化范围内，励磁系统的容量应能保证调节的需要，且在整个工作范围内，调节应是稳定的。

（2）当发电机组因故障甩负荷而电压升高时，励磁系统应能快速、安全地灭磁。

（3）当电力系统有故障、发电机电压下降时，励磁系统应能迅速提高励磁到顶值，并要求励磁顶值大，励磁上升速度快。

（4）励磁系统的电源应尽量不受电力系统故障的影响。

（5）励磁系统本身工作应简单可靠。

下面对励磁系统做简单的介绍。

（一）直流励磁机励磁系统

由直流发电机（直流励磁机）提供励磁电源的励磁系统叫直流励磁机励磁系统，如图 2-20 所示。直流励磁机一般与发电机同轴，发电机的励磁绕组通过装在大轴上的滑环及固定电

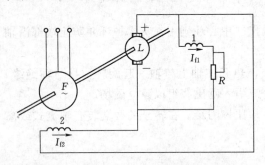

图 2-20 直流励磁机励磁系统原理图

刷从励磁机获得直流电流。这种励磁方式具有工作比较可靠、减少自用电消耗量和不受电力系统影响等优点，是过去几十年间发电机常用的励磁方式，具有较成熟的运行经验。缺点是励磁调节速度较慢，维护工作量大，并且由于直流励磁机是与主发电机同轴旋转，对于汽轮

发电机来说，速度较高，受换向器（整流子）的限制，容量不能做得太大。我国生产的、使用直流励磁机励磁系统的汽轮发电机的最大容量为 125MW。对于水轮发电机来说，速度较低，直流励磁机的容量可能做得大一些，我国生产的、使用直流励磁机励磁系统的水轮发电机的最大容量达到 300MW。随着电力电子技术的发展和在电力工业中的应用，我国新投产的 100MW 及以上的发电机已不再使用直流励磁机励磁系统了。

（二）交流励磁机励磁系统

目前在 100MW 以上的同步发电机组都普遍采用交流励磁机励磁系统，同步发电机的励磁机也是一台交流同步发电机，其输出电压经大功率整流器整流后供给发电机励磁绕组。交流励磁机励磁系统的核心设备是励磁机，它的频率、电压等参数是根据需要特殊设计的，其频率一般为 100Hz 或者更高。其中硅整流器可以是旋转的，因此可分为以下两种。

1. 交流励磁机静止整流器励磁系统

图 2-21 所示为同步发电机由交流励磁机静止整流励磁的系统。同步发电机的直流励磁电流由静止整流器供给，与同步发电机同轴的交流主励磁机是静止整流器的交流电源。主励磁机的直流励磁电流由与其同轴的一台交流副励磁机发出的交流电流经三相可控整流器整流后供给，交流副励磁机的直流励磁电流由自励恒压装置供给，或做成永磁式。此励磁系统的优点是交流励磁机没有换向器，没有直流励磁机的换向火花问题，所以运行较为可靠，维护较为方便。缺点是经静止整流送出的直流电流须经集电装置（电刷与滑环）才能引入旋转的励磁绕组，对大容量的同步发电机，集电装置的制造会遇到一定的困难。

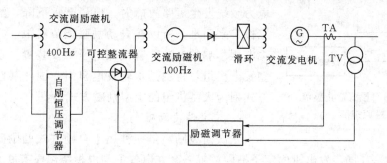

图 2-21 交流励磁机静止整流器励磁系统原理图

2. 交流励磁机旋转整流器励磁系统

交流励磁机静止整流器励磁系统是国内运行经验最丰富的一种系统，但是它有一个薄弱环节——滑环。滑环是一种滑动接触元件，随着发电机容量的增大，转子电流也相应增大，这给滑环的正常运行和维护带来了困难。为了提高励磁系统的可靠性，就必须设法取消滑环，使整个励磁系统都无滑动接触元件，无刷励磁系统应运而生。

图 2-22 所示是无刷励磁系统的原理图，它的副励磁机是永磁发电机，其磁极是旋转的，电枢是静止的，而交流

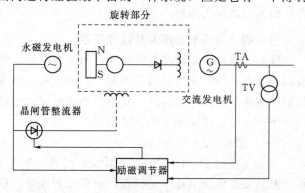

图 2-22 交流励磁机旋转整流器励磁系统原理图

励磁机正好相反。交流励磁机电枢、硅整流元件、发电机的励磁绕组都在同一根轴上旋转，所以它们之间不需要任何滑环与电刷等接触元件，这就实现了无刷励磁。无刷励磁系统没有滑环与碳刷等滑动接触部件，转子电流不再受接触部件技术条件的限制，因此特别适合大容量发电机组。

这种省略电刷、滑环的旋转式交流整流励磁系统，有较高的励磁可靠性，操作也方便。虽然它的硅整流装置检修时必须停机，但是每个整流管都备有能随时自动切换的备用管，同时硅整流管的完好情况可以随时有可调频的闪光灯照射观察，故硅整流装置的寿命较高。

（三）自励式励磁系统

前面介绍的几种励磁均属于他励方式，即励磁功率是由专门的励磁机供给的。若从同步发电机所发出的功率中取出一部分供本身所需的励磁，就属于自励方式。

1. 自励式静止整流励磁

在励磁方式中不设置专门的励磁机，而从发电机本身取得励磁电源，经整流后再供给发电机本身励磁，称自励式静止励磁。自励式静止励磁可分为自并励和自复励两种方式。自并励方式通过接在发电机出口的整流变压器取得励磁电流，经整流后供给发电机励磁，这种励磁方式具有接线和结构简单，在正常运行时性能较好，反应速度也快，设备少，投资省和维护工作量少等优点。静止励磁系统如图2-23所示，它由机端励磁变压器供电给整流器电源，经三相全控整流桥直接控制发电机励磁。但电力系统发生短路故障时，电压严重下降，给励磁系统的工作带来困难，所以在自动励磁调节器中，应装设不受地端电压影响的电源装置或低电压触发装置。它特别适合大型发电机组，特别是水轮发电机组，国外某些公司把这种方式列为大型机组的定型励磁方式。

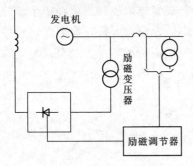

图2-23　自励式静止整流
励磁原理图

2. 三次谐波励磁

三次谐波励磁是一种属于自励方式的励磁系统，发展历史不长。它是在同步发电机的定子槽内放置一套在电气上与电枢绕组没有联系的三次谐波绕组，利用发电机气隙磁场的三次谐波在该绕组中感应电动势，经整流后作为励磁电源，向发电机转子送入励磁电流。

由于这种励磁方式的励磁电源取自于气隙磁场的三次谐波，因此当发电机开始转动时需要一组蓄电池作为起励之用。

五、同步发电机的技术参数及规定

同步发电机的铭牌是电机制造厂用来向用户介绍该台电机的特点和额定数据的，通常标有型号、额定值、绝缘等级等内容。铭牌上标示的容量、电压、电流都是额定值。当电机在额定值规定的情况下运行时，发电机寿命可以达到设计的预期年限，效率也较高。

下面介绍铭牌上标示的主要项目。

（一）型号

我国生产的发电机型号都是由汉语拼音大写字母与阿拉伯数字组成。其中汉语拼音字母，是从发电机全名称中选择有代表意义的汉字，取该汉字的第一个拼音字母组成。

如一台汽轮发电机的型号为QFSN-300-2，其意义是：QF——汽轮发电机；SN——

水内两个汉字的第一个拼音字母，表示该发电机的冷却方式是水内冷；300——发电机的额定功率，MW；2——发电机的磁极个数。

如有一台水轮发电机的型号为 TSS-1264/160-48，其意义为：T——同步；S——水轮发电机；S——双水内冷；1264——定子铁芯外径，cm；160——定子铁芯长度，cm；48——磁极个数。

（二）额定容量 P_N（或 S_N）

额定容量是指该发电机长期安全运行的最大允许输出功率。有的发电机用有功功率（单位为 kW 或 MW）来表示，有的发电机用视在功率（单位为 kVA 或 MVA）来表示。

（三）额定电压 U_N

额定电压是指该发电机额定运行时，定子三相线端的线电压，单位为 V 或 kV。

（四）额定电流 I_N

额定电流是指该发电机额定运行时，流过定子绕组的线电流，也是发电机长期安全运行的最大电流，单位为 A。

（五）额定功率因数 $\cos\varphi_N$

额定功率因数是指该台发电机额定运行时的功率因数。在输出功率一定的条件下，提高功率因数可提高发电有效材料利用率、减轻发电机的总质量、提高效率、降低输电线损耗；但会使发电机的视在容量减少、稳定性降低。现代发电机由于采用快速励磁系统来保证稳定性要求，额定功率因数有所提高。

（六）额定励磁电压 U_{fN}

额定励磁电压是指该发电机额定运行时，转子励磁绕组两线端的直流电压，单位为 V。

（七）额定励磁电流 I_{fN}

额定励磁电流是指该发电机额定运行时，流过转子励磁绕组的直流电流，单位为 A。

（八）额定转速 n_N

额定转速是指该发电机额定运行时对应电网频率的同步转速，单位为 r/min。

三相同步发电机额定功率、额定电压、额定电流之间的关系是

$$P_N = \sqrt{3}U_N I_N \cos\varphi_N \tag{2-3}$$

除此之外，在水轮发电机的铭牌上还应标明：名称、本标准编号、相数、定子绕组接线法、飞逸转速（r/min）、绝缘等级等。

能力检测

1. 同步发电机三相电动势的相序由什么决定？当磁极对数一定时，其感应电动势的频率又由什么决定？

2. 一台同步发电机的电动势频率为 50Hz，转速为 600r/min，其极对数为多少？

3. 什么叫同步电机？它的频率、极数和同步速之间有什么关系？

4. 如果将同步发电机的电枢置于转子，而磁极固定不动，在原理上是否可以，为什么？

5. 如果将励磁绕组所连接的集电环极性互换，即将原来接直电流的正极该为负极，是否会影响定子三相交流电动势的相序？

6. 按照转子结构的不同，同步发电机分为哪两大类？

7. 一台 TS-854/210-40 水轮发电机，$P_N = 100\text{MW}$，$U_N = 13.8\text{kV}$，$\cos\varphi_N = 0.9$，f_N

＝50Hz，试求：发电机额定电流；在额定运行时，这台发电机能发多少有功功率和无功功率；所要求的转速为多少？

8. 一台 QFQS-200-2 汽轮发电机，$U_N＝15.75\text{kV}$，$\cos\varphi_N＝0.8$（滞后），Y 接线，试求：该发动机的额定电流；额定运行时，能发多少有功功率和无功功率？

9. 试解释同步发电机型号 QFQS-200-2 的含义。

任务二　同步发电机的运行特性

【任务描述】

同步发电机的运行特性包括交流绕组、同步发电机对称负载时的电枢反应和机电能量转换、同步发电机电动势方程式、相量图及运行特性。

【任务分析】

了解交流绕组的基本概念和构成原则。掌握交流绕组展开图的绘制。理解交流绕组相电动势频率和大小，理解短距系数和分布系数的物理意义，了解消除三相交流绕组电动势高次谐波的方法。掌握单相脉动磁动势性质，掌握三相基波合成磁动势的性质和特点。掌握同步发电机对称负载时的电枢反应概念和机电能量转换。理解同步发电机同步电抗的物理意义，掌握同步发电机电动势方程式、相量图及运行特性。

【任务实施】

一、交流绕组及其电动势、磁动势

（一）交流绕组的结构

交流电机的绕组是由很多个嵌放在定子铁芯槽内的线圈按一定规律连接起来的。在发电机中，交流绕组的作用是产生感应电动势，输出电能；而在电动机中，交流绕组的作用是通电后建立旋转磁场，通过与电流的相互作用，产生电磁转矩，推动电动机旋转，从而输出机械能，因此，在交流电机中，交流绕组是电机实现能量转换的重要场所，是交流电机的重要部件之一。

1. 三相交流绕组的分类

交流绕组的分类方法很多，按其结构特点不同，可分为以下几种：

（1）按相数分：单相、两相、三相和多相绕组。

（2）按铁芯槽内线圈有效边数分：单层绕组和双层绕组。

（3）根据绕组端接部分的形状不同，单层绕组又分为链式、同心式和交叉式三种基本类型，双层绕组又分为叠绕组和波绕组。

（4）按绕组节距的不同可分为：长距、整距和短距绕组。

（5）按每极面下每相所占槽数分：整数槽和分数槽绕组。

（6）按绕组布置分，有集中绕组和分布绕组。

（7）按相带分，有 120°、60°、30°相带绕组。

在同步发电机和大、中型异步电动机中，常采用双层绕组，而在 7kW 及以下的小型异步电动机中，一般都采用单层绕组。

2. 交流绕组的几个基本术语

（1）线圈。每个交流绕组都是由若干个线圈按一定规律连接而成，所以线圈是组成绕组的基本元件，线圈又称为绕组元件。线圈有叠绕组线圈和波绕组线圈，如图 2-24 所示。线圈有单匝的，也有多匝的。但在画绕组展开图时，为了使图形简明起见，通常采用单匝线圈。每一个线圈都有两个有效边，它们被嵌放在铁芯槽中。在槽外还有连接两个有效边的端部连接线。

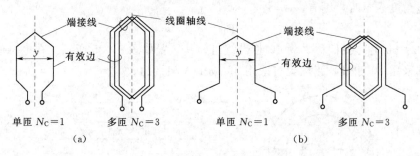

图 2-24 叠绕组和波绕组线圈形状

(a) 叠绕组线圈；(b) 波绕组线圈

（2）极距 τ。每一个磁极在定子铁芯内表面所对应的圆周距离，称为极矩。一般用 τ 表示。在电机中，极矩一般用每一个磁极下所占有的槽数来表示，即：

$$\tau = \frac{Z}{2p} \qquad (2-4)$$

式中：p 为电机的磁极对数；Z 为定子总槽数。

（3）线圈节距 y。一个线圈两个有效边沿定子铁芯表面的距离，称为绕组节距，用字母 y 来表示。节距一般用线圈跨过的槽数来表示。根据节距与极距的关系可分为长距、短距和整距绕组，即：

当 $y > \tau$ 时，称为长距绕组；

当 $y = \tau$ 时，称为整距绕组；

当 $y < \tau$ 时，称为短距绕组。

为节省端部用铜量，改善绕组电动势和磁动势的波形，三相双层绕组都采用短距绕组；而单层绕组因为其结构特点，一般采用整距绕组。但无论是双层还是单层，很少有采用长距绕组的。

（4）机械角度和电角度。交流电机铁芯圆周的几何角度恒为 360°，称机械角度为 360°。而在分析交流电机的电磁关系时，我们采用的是电角度而不是机械角度。由于每转过一对磁极时，导条中感应的基波电动势就变化了一个周期，所以我们把一对磁极所占有的空间，记为 360°电角度（相应地，一个磁极所占有的电角度应为 180°）。若电机有 p 对磁极，则有

$$\left.\begin{array}{r}一个圆周的电角度 = p \times 360° \\ 电角度 = p \times 机械角度\end{array}\right\} \qquad (2-5)$$

（5）槽距角（槽间电角度）α。定子铁芯内圆相邻两槽相距的空间电角度称为槽距角，用 α 表示。若电机的磁极对数为 p，定子铁芯总槽数为 Z，则有

$$\alpha = \frac{p \times 360°}{Z} \qquad (2-6)$$

（6）每极每相槽数 q。每极每相槽数是指每一个磁极下每一相所占有的槽数，用字母 q 来表示。若电机的磁极对数为 p，相数为 m，总槽数为 Z，则有

$$q=\frac{Z}{2pm} \tag{2-7}$$

注：每一个磁极下的每一相绕组应连续占有 q 个槽。

（7）相带。每相绕组在每一个磁极下连续占有的 q 个槽所对应的空间宽度，称为相带。相带若用电角度表示时，则有

$$相带=q×\alpha \tag{2-8}$$

当 $q×\alpha=60°$ 时，我们称之为 $60°$ 相带绕组，其布置如图 2-25 所示。在电机的交流绕组中，一般都采用 $60°$ 相带，当然也有采用 $30°$ 或 $120°$ 相带的。

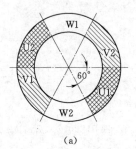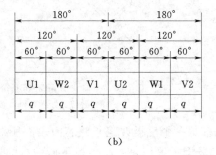

图 2-25　$60°$ 相带布置情况

（a）圆周分配；（b）展开图

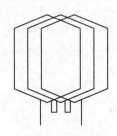

图 2-26　极相
组（$q=3$）

（8）极相组（也称线圈组）。将每一个磁极下属于每一相的 q 个线圈按电流方向一致串联起来所形成的线圈组，称之为极相组。如图 2-26 所示，单层绕组每一相极相组的个数等于极数的一半，而双层绕组每一相极相组的个数等于极数。

3. 交流绕组的基本要求

从设计制造和运行性能两个方面来看，一般来说，交流绕组应满足以下基本要求。

（1）三相绕组应对称，即不仅每绕组的匝数相等，结构相同，而且三相绕组在空间上应互差 $120°$ 电角度。

（2）绕组产生的电动势和磁动势的波形尽量接近正弦波，即谐波分量较小。

（3）在导体数一定的情况下，力求获得尽可能大的基波电动势和磁动势。

（4）端部连线应尽可能短，以节省用铜，减小绕组的铜损和漏抗。

（5）绕组的绝缘和机械强度可靠，散热条件要好。

（6）制造工艺简单，检修、维护要方便。

4. 三相单层绕组

如果每个铁芯槽内只放置一个线圈有效边，就称为单层绕组；整台电机的线圈总数等于槽数的一半。如果每个铁芯槽内放置上、下两个线圈有效边，则称为双层绕组，整台电机的线圈总数与槽数相等。

单层绕组的绕组种类很多。下面以极对数 $p=2$，槽数 $Z=24$，每相支路数 $2a=1$ 的电

机为例,来说明三相单层等元件绕组的排列及其连接步骤。在电机中,采用绕组展开图来反映其连接规律,所谓绕组展开图是指将电机定子铁芯内圆切开、拉直,让全部槽均匀分布在一个平面内,所看到的绕组结构图。

(1)基本计算。

极距

$$\tau = \frac{Z}{2p} = \frac{24}{4} = 6(槽)$$

每极每相槽数

$$q = \frac{Z}{2p \cdot m} = \frac{24}{4 \times 3} = 2(槽)$$

槽距角

$$\alpha = \frac{p \times 360°}{Z} = \frac{2 \times 360°}{24} = 30°$$

节距

$$y = \tau = 6(槽)$$

(2)画槽、编号、分相带。

根据绕组在槽中的层数,我们分别用一根实线或一对虚实线来表示单层绕组或双层绕组的一个槽。并依次编号,按 60°相带排列法,划分各相的相带,如图 2-27 所示。

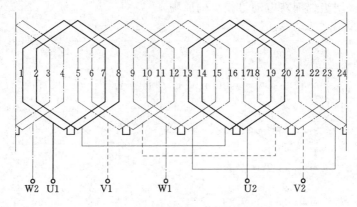

图 2-27 三相单层等元件绕组

相带划分还可借助于槽电动势星形图。先画出槽电动势星形图(图 2-28),由于槽距角为 30°,按 60°相带划分,每个相带含有两个槽,依次按 U1-W2-V1-U2-W1-V2 顺序标明相带。结果与图 2-27 所示分槽相同。

(3)作 U 相绕组展开图。

1)将有效边连接成线圈。根据线圈两有效边连接时相距一个极距的要求,第一对极极面下 U 相所属的 1、7 线圈边和 2、8 线圈边,分别连接成两个线圈;同样将第二对极极面下 U 相所属的 13,19 和 14,20 线圈边连接成 U 相在第二对极极面下的另外两个线圈。

2)线圈连接成极相组。将每对磁极下每一相的线圈按电动势相加的原则串联组成一个极相组。于是得到 U 相的两个线圈组。由图 2-27 可见,单层绕组每对极下每相形成一个极相组,若推广到一般情况也成立,即有:单层绕组每相极相组数等于极对数 p。

3)极相组连接成相绕组。根据每相支路数 $2a=1$ 的要求,将两对磁极面下的两个极相组,顺向串联接成 U 相绕组。即第一个极相组尾端连接第二个极相组的首端,称此为"首接尾、尾接首"的连接规律。

(4)绘制三相对称绕组。

根据三相绕组对称的原则,采用相同的连接规律可分别得到 V、W 两相绕组,但三相

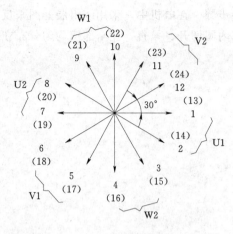

图 2-28　60°相带的槽电动势星形图

绕组在空间的布置要依次互差 120°电角度，如果 U 相绕组以 1 号槽线圈边引出线作为首端，那么 V 相和 W 相绕组就应分别以 5 号槽和 9 号槽线圈边引出线作为首端，如图 2-27 所示。

（5）改变线圈端部接线而得到的其他类型单层绕组。

综上所述，一相电动势为属于该相的全部有效边电动势的矢量和，由于矢量和求和与相加的顺序没有关系，为此通过改变线圈的端接线形状和连接方式，可以得到其他不同类型的单层绕组。

1）三相单层同心式绕组。为降低嵌线和端部整形的难度，可以将线圈制成大小不同、同心嵌套在一起的结构形式，称为同心式绕组，如图 2-29 所示，图中，连接绕组仍保持电动势相加的原则。

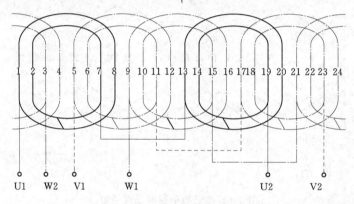

图 2-29　三相单层同心式绕组

2）三相单层链式绕组。对于 $q=2$ 的四、六极电机，常采用链式绕组，如图 2-30。由图可见，外形上链式绕组为一环套一环，形如长链，每个线圈均相同，为保证电动势相加，

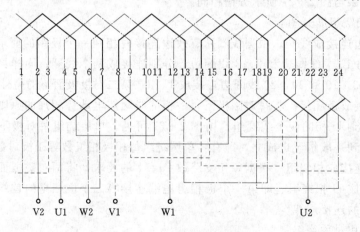

图 2-30　三相单层链式绕组

在连接线圈时，相邻磁极下的线圈应反串联。链式绕组中，$y<\tau$（$y=5$，$\tau=6$），端部连接线用铜量可减少，从而降低电机制造成本。

3）三相单层交叉式绕组。对于 $q=3$ 的单层交流绕组，可以采用交叉式绕组。在交叉式绕组中，同一对磁极下有一大一小两个线圈组，其节距 $y<\tau$，故也能节省用铜量。但交叉式绕组的工艺相对较复杂些。图 2-31 是极对数 $p=2$，槽数 $Z=36$，每相支路数 $2a=1$ 时三相单层交叉式绕组 U 相的展开图。

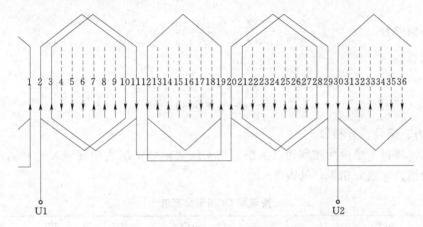

图 2-31　三相单层交叉式绕组 U 相展开图

单层绕组中，虽然也能线圈形状或端部连接方式不同，而分成许多不同类型，但从每相电动势计算的角度看，三种绕组的每相电动势的大小都是相同的，本质上均为整距绕组。

单层绕组的主要优点是：线圈数少，单层嵌线方便，提高了生产效率，没有层间绝缘，槽的利用率较高。它的主要缺点是：不能灵活地采用短距线圈削弱高次谐波，对改善电动势和磁动势波形不利。

5. 三相双层绕组

大多数交流电机均使用双层绕组，双层绕组的每个槽内放置上、下两层的线圈边，每个线圈的一个有效边放置在某一槽的上层，另一有效边则放置在相隔节距为 y 的另一槽的下层，如图 2-32 所示。整台电机的线圈总数等于定子槽数。

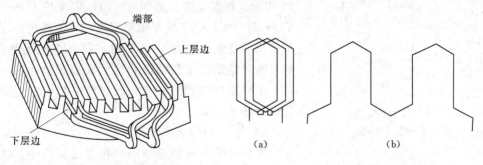

图 2-32　双层绕组图的嵌线　　　　图 2-33　叠绕组和波绕组
　　　　　　　　　　　　　　　　　　（a）叠绕组；（b）波绕组

双层绕组的构成原则和步骤与单层绕组基本相同，根据双层绕组线圈的形状和端部连接线的连接方式不同，可分为双层叠绕组和双层波绕组两种，如图 2-33 所示。

（1）三相双层叠绕组。

下面以 $2p=4$、$Z=24$、$2a=1$、$y=\dfrac{5}{6}\tau$、$m=3$ 为例，来分析双层叠绕组的嵌放及其连接步骤。

1）基本计算。

极距
$$\tau=\frac{Z}{2p}=\frac{24}{4}=6（槽）$$

每极每相槽数
$$q=\frac{Z}{2p\cdot m}=\frac{24}{4\times3}=2（槽）$$

槽距角
$$\alpha=\frac{p\times360°}{Z}=\frac{2\times360°}{24}=30°$$

节距
$$y=\frac{5}{6}\tau=\frac{5}{6}\times6=5（槽）$$

2）画槽、编号、分相带。

画图时，将每个槽内两线圈边（上层边用实线表示，下层边用虚线表示）画出并编号。按每极每相槽数 q 划分相带，见表 2-1。

表 2-1 按双层 60°相带排列表

	相带	U1	W2	V1	U2	W1	V2
第一对极区	槽号	1、2	3、4	5、6	7、8	9、10	11、12
第二对极区	相带	U1	W2	V1	U2	W1	V2
	槽号	13、14	15、16	17、18	19、20	21、22	23、24

以 U 相为例，由于每极每相槽数 $q=2$，故每极下 U 相应占有 2 槽，该电机为 4 极，U 相共计应占有 8 槽。为了获得最大的电动势，在第一对极的 N 极区确定 1、2 号槽为 U1 相带，在 S 极区则应选定与 1、2 号槽相距 180°电角度的 7、8 号槽为 U2 相带；同理，第二对极 13、14 号槽为 U1 相带，19、20 号槽为 U2 相带。

划分相带还可应用槽电动势相量星形图，如图 2-34 所示。根据 q 值（本例 $q=2$），依次按 U1→W2→V1→U2→W1→V2 顺序标明相带。顺便指出，在双层绕组里，槽电动势相量星形图的每一个电动势相量，既可看成是槽内上层线圈边的电动势相量，也可看成是一个线圈的电动势相量。而在单层绕组中星形图只能表示槽电动势。

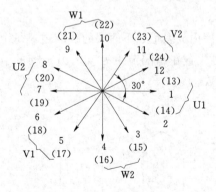

图 2-34 三相双层绕组
电动势相量星形图

3）作 U 相绕组展开图。

先将有效边连接成线圈：在双层绕组中，线圈的两有效边的距离决定于所选定的节距 y。在本例中 $y=5$ 槽，即 1、2 号槽的上层边与 6、7 号槽的下层边连接成 U 相带的两个线圈。同理，7、8 号槽的上层边与 12、13 号槽的下层边，13、14 号槽的上层边与 18、19 号槽的下层边，19、20 号槽的上层边与 24、1 号槽的下层边分别依次连接成线圈。

其次，将线圈连接成极相组：将每一个磁极下每一相的线圈按电动势相加的原则，顺向串联组成一个极相组，于是得到属于 U 相绕组的 4 个极相组。

　　最后，根据每相支路数 $2a=1$ 的要求，为了得到最大感应电动势，将四个极相组反向串联构成 U 相绕组，即第一个极相组尾端连接第二极相组的尾端，第二个极相组首端连接第三个极相组的首端，依此类推，称此为"首接首，尾接尾"的连接规律，如图 2-35 所示。

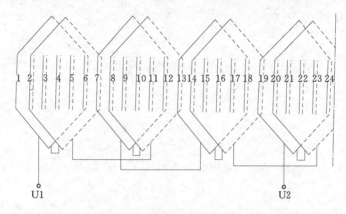

图 2-35　三相 24 槽双层短距叠绕组 U 相展开图

　　4）连接 V、W 相绕组。

　　根据三相绕组对称的原则，V 相和 W 相绕组的构成方法与 U 相相同，但三相绕组在空间的布置要依次互差 120°电角度。如果 U 相绕组从 1 号槽的上层边引出线作为首端，V 相和 W 相绕组就应分别从 5 号槽和 9 号槽的上层边引出线作为首端，如图 2-36 所示。

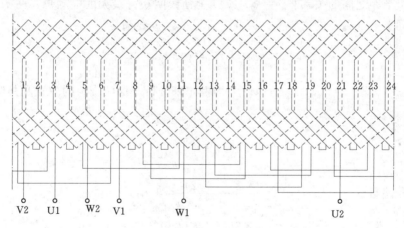

图 2-36　三相 24 槽双层短距叠绕组展开图

　　三相绕组根据要求，可以连接成星形（Y）或三角形（△）。

　　从上述分析中看出，双层绕组每极每相有一个极相组，电机有 $2p$ 个极，每相绕组就有 $2p$ 个极相组。

　　5）现实使用绕组接线组。

　　在生产实践中，常用表示双层绕组线圈组之间连线的圆形接线图（或称绕组简图）来指导极相组间的接线。上述双层叠绕组的绕组简图如图 2-37 所示，该图为 $2p=4$，因每个磁极下有三个极相组，四极下共有 12 个极相组，用 12 段圆弧表示，并顺序表示为 U1、W2、

V1、U2、W1、V2、…，箭头方向规定为极相组感应电动势的正方向（仅表示同一相各极相组电动势方向的相对关系）。接线时，只要按箭头所指方向，顺序连接起来，即可得到叠绕组的各相。

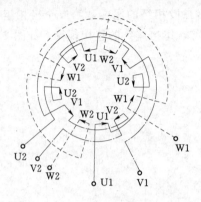

图 2-37　三相双层叠绕组简图
（$p=2$，$2a=1$）

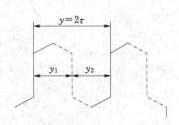

图 2-38　波绕组节距

（2）三相双层波绕组。

双层波绕组与双层叠绕组差异，仍在于线圈端部形状和线圈之间连接顺序不同。如图 2-38 所示，波绕组节距有：①第一节距 y_1——线圈的两个有效边之间的距离；②第二节距 y_2——线圈的下层有效边与其紧连的下一个线圈的上层有效边之间的距离；③合成节距 y——两个紧随相连线圈的上层有效边（或下层有效边）之间的距离。

上述几个节距之间的关系有 $y=y_1+y_2$，为使线圈获得最大的电动势，两个紧随相连的线圈应处在同极性下磁极的位置上。因此，合成节距 y 要满足：

$$y=y_1+y_2=2mq=\frac{Z}{p}=2\tau$$

现以 $2p=4$、$Z=24$、$y_1=\frac{5}{6}\tau$、$m=3$ 为例，来分析双层波绕组的放置及其连接步骤。

1）基本计算。

极距
$$\tau=\frac{Z}{2p}=\frac{24}{4}=6（槽）$$

每极每相槽数
$$q=\frac{Z}{2p\cdot m}=\frac{24}{4\times3}=2（槽）$$

槽距角
$$\alpha=\frac{p\times360°}{Z}=\frac{2\times360°}{24}=30°$$

2）节距选择。

节距
$$y_1=\frac{5}{6}\tau=\frac{5}{6}\times6=5（槽）$$

$$y=2mq=2\times3\times2=12（槽）$$

$$y_2=y-y_1=12-5=7（槽）$$

3）画槽、编号、分相带。

类似于三相双层叠绕组。

4）构成线圈或线圈组。

图 2-39 中，$y_1=5$，$y_2=7$，画 U 相绕组，以 U 相带的 2 号槽上层边引出线为首端，按 $y_1=5$，它与 7 号槽的下层边连接成一个线圈。然后连接紧随的下一个线圈，按 $y_2=7$，将它与 14 号槽的上层边和 19 号槽的下层边构成下一个线圈串联。

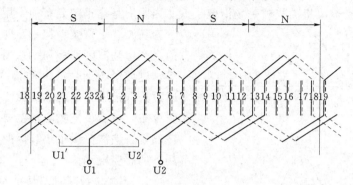

图 2-39　三相四极 24 槽双层波绕组 U 相展开图（$2a=1$）

此时，波绕组已跨过两对极，即已绕过一周。如果还是按 $y_2=7$，19 号槽的下层边将连接到 2 号槽的上层边，绕组将出现自行封闭，无法继续连接下去。为此，在每绕过一周串联完两个线圈（即 p 个线圈）后，就必须人为地将 y_2 缩短一槽，即 19 号槽的下层边连接 1 号槽的上层边，重新开始第二周另两个线圈的连接，即 1 上→6 下→13 上→18 下。这样，连续绕行两周（即 q 周）后，属于同极性下 U 相（在 U1 相带中）的四个线圈连接成一线圈组 U1U1'。

U 相还有属于另一同极性下 U2 相带的四个线圈，也应串联成 U 相的另一个线圈组。连接次序是 U2（首端）→8 上→13 下→20 上→1 下→7 上→12 下→19 上→24 下 U2'（尾端）。

综上所述，由于合成节距 $y=y_1+y_2$，表示了波绕组线圈间的连接规律，故绕组沿定子圆周每绕一周后，串联了 p 个线圈，前进了 p 对极的距离，绕组将回到起始槽自行封闭。因此为了把所有属于同一相同极性的线圈能够全部连接起来，每绕完一周，就必须人为地退后一个槽连接，即串联完 p 个线圈后，第二节距减去一槽。这样连续绕行 q 周后，可把所有 N 极下属于同一相的线圈串联成一个线圈组。同理，把所有 S 极下属于同一相的线圈也串联成另一个线圈组。可见，不论极数多少，每相只有两个线圈组。

5）构成相绕组。

根据每相支路数 $2a$ 的要求，U 相的两个线圈组（U1U1'，U2U2'）可串联或并联构成 U 相绕组，如图 2-39 所示。

6）连接 V、W 相绕组。

根据三相绕组对称原则，完成 V 相和 W 相绕组的连接。

波绕组的优点是可以减少线圈之间的连接线，通常水轮发电机的定子绕组及绕线式异步电动机的转子绕组采用波绕组。

双层绕组的主要优点是，线圈尺寸相同，便于生产，端部排列整齐，机械强度高，可灵活地选择线圈的节距，改善电动势和磁动势的波形，双层绕组一般适用于 10kW 以上的交流电机中。

（二）交流绕组的电动势

交流电机对于其绕组感应电动势是有一定要求的。如对同步发电机，它作为供电的电源，其三相绕组感应电动势的大小、频率、波形及其对称性均要满足供电质量的需要。关于三相绕组电动势对称的问题，只要做到结构对称即可。但电动势的波形与气隙磁场的波形有关，严格地说，交流电机的气隙磁场沿定子铁芯内圆周是非正弦分布的，用傅里叶级数可分解为基波（正弦波）和一系列高次谐波，相应的会产生基波电动势和一系列的高次谐波电动势，进而影响到合成电动势的波形。实际上，通过采取措施，电机的气隙磁场已基本接近正弦分布，或者说气隙磁场主要是正弦分布的基波磁场，谐波分量很小，因此可先分析正弦磁场下的感应电动势。

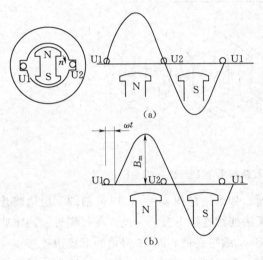

图 2-40　正弦磁场下导体感应电动势
(a) $t=0$；(b) $t>0$

1. 正弦磁场下绕组的电动势

交流绕组是由许多同样的线圈按一定规律连接而成。为了便于理解、讨论交流绕组的基波电动势，我们先分析线圈的一根导体的电动势，再按单匝线圈、多匝线圈、线圈组和相绕组的顺序依次分析讨论。

图 2-40 表示一台二极的同步发电机，转子直流励磁磁感应强度沿电机气隙空间按正弦波规律分布，当在原动机的拖动下以转速 n 顺时针旋转时，定子铁芯槽中的线圈导体 U1 或 U2 切割旋转的转子旋转磁场而感应电动势 $e=Blv$，由于导体交替切割 N、S 磁场，因而产生了为交变感应电动势。

（1）感应电动势频率。

由图可见，当 $p=1$ 时，转子转过一周即旋转了 360°机械角度，导体中电动势变化一个周期即变化 360°电角度，所以每秒内电动势变化的频率 f_1（单位：Hz）为

$$f_1=\frac{n}{60}$$

若电机有 p 对极，转子转过一周（360°机械角），导体中的电动势就变化 $p\times360$°电角度，所以，导体中的电动势频率为

$$f_1=\frac{pn}{60} \tag{2-9}$$

（2）单根导体电动势 E_{C1}。

设气隙主磁场呈正弦分布，即

$$B_x=B_m\sin\alpha$$

式中：B_m 为气隙磁密的幅值；α 为距原点 x 处的电角度，$\alpha=\dfrac{\pi}{\tau}x$。

设分析的导体位于 N、S 极的分界处为研究问题的时间起点，此时 $t=0$，$x=0$，导体切割转子励磁磁场的线速度始终为 v，则 t 时刻，导体移动的距离为 $x=vt$，则

$$\alpha = \frac{\pi}{\tau}x = \frac{\pi}{\tau}\nu \cdot t = \frac{\pi}{\tau} \cdot \frac{2p\tau \cdot n}{60} \cdot t = 2\pi \frac{pn}{60} \cdot t = 2\pi f \cdot t = \omega t$$

因此，导体中的感应电动势为

$$e = B_x l\upsilon = B_m l\upsilon \sin\omega t = E_m \sin\omega t = \sqrt{2}E_{C1}\sin\omega t \qquad (2-10)$$

式中：E_m 为导体感应电动势的最大值；E_{C1} 为导体感应电动势的有效值。

上述说明，若磁场为正弦分布，导体感应电动势的波形也为正弦波。那么单根导体正弦感应电动势的有效值为

$$E_{C1} = \frac{E_m}{\sqrt{2}} = \frac{B_m l\upsilon}{\sqrt{2}} = \frac{1}{\sqrt{2}}\frac{\pi}{2}B_{av} \cdot l\upsilon = \frac{1}{\sqrt{2}}\frac{\pi}{2}B_{av} \cdot l \cdot \frac{n \cdot 2p\tau}{60} = 2.22f_1\Phi_1 \qquad (2-11)$$

式中：B_{av} 为每极平均磁密；Φ_1 为每极基波磁通量。

（3）线圈电动势 E_{t1} 和节距系数 k_{y1}。

1）单匝整距线圈电动势 $E_{t(y=\tau)}$。

如图 2-41 所示，对于节距 $y_1 = \tau$ 的整距线匝，二根导体相隔 180° 电角度，则二根导体的电动势有 180° 的相位差，从图 2-41（b）有

$$\dot{E}_{t(y=\tau)} = \dot{E}_{t1} + (-\dot{E}'_{t2}) = 2\dot{E}_{t1}$$

因此，整距线匝电动势有效值为

$$E_{t(y_1=\tau)} = 2E_C = 4.44f_1\Phi_1 \qquad (2-12)$$

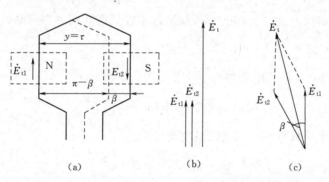

图 2-41　线匝及电动势相量图

（a）线匝；（b）整距线匝电动势相量图；（c）短距线匝电动势相量图

2）单匝短距线圈电动势 $E_{t(y<\tau)}$。

由于节距 $y < \tau$ 即二根导体相隔的电角度小于 180°，则短距线匝所缩短的电角度是 $\beta = \frac{\tau - y}{\tau} \times 180°$，从图 2-41（c）可得

$$E_{t(y_1<\tau)} = 2E_{t1}\cos\frac{\beta}{2} = 2E_{t1}\cos\left(90° - \frac{y}{\tau} \times 90°\right) = 2E_{t1}\sin\left(\frac{y}{\tau} \times 90°\right) \qquad (2-13)$$

故短距线匝电动势要比整距线匝小，若短距线匝基波电动势与该线匝整距时的基波电动势之比为 k_{y1} 则

$$k_{y1} = \frac{E_{t(y_1<\tau)}}{E_{t(y_1=\tau)}} = \cos\frac{\beta}{2} = \sin\left(\frac{y}{\tau} \times 90°\right) \qquad (2-14)$$

式（2-14）中，k_{y1} 称为基波节距系数，且 $k_{y1} < 1$。它表示因线圈采用短距，在电动势大小上的折扣系数。这是因为，短距线圈电动势是二根导体的矢量和，而整距线圈电动势是

二根导体的代数和。

因此，短距线匝基波电动势有效值可表示为

$$E_{t1(y<\tau)}=4.44f_1k_{y1}\Phi_1 \tag{2-15}$$

3）多匝线圈电动势 E_{y1}。

对于 N_C 匝数的短距线圈，其电动势应为单匝线圈电动势的 N_C 倍，即

$$E_{y1}=4.44f_1N_Ck_{y1}\Phi_1 \tag{2-16}$$

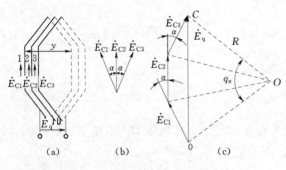

图 2-42　$q=3$ 的线圈组及电动势相量图
（a）线圈组；（b）线圈电动势相量；（c）线圈组电动势相量和

（4）线圈组电动势 E_{q1}。

由交流绕组构成规律可知，无论是单层绕组还是双层绕组，总是将属于同一相带范围内的 q 个线圈串联成线圈组。q 个线圈分布放置在相邻的 q 个槽中，它们在空间依次相距 α 电角度，从图 2-42 看出线圈组电动势 E_q 等于 q 个线圈电动势的相量和。设 $q=3$，则

$$\dot{E}_{q1(q>1)}=\dot{E}_{C1}+\dot{E}_{C2}+\dot{E}_{C3}$$

由于 q 个线圈电动势大小相等，依次差 α 电角度，因此 q 个相量相加，构成正多边形的一部分。设 R 为该正多边形外接圆的半径，由几何原理可知线圈电动势为

$$E_y=2R\sin\frac{\alpha}{2}$$

q 个线圈分布时，线圈组电动势为

$$E_q=2R\sin\frac{q\alpha}{2}$$

而将 q 个线圈集中放置时，则线圈组电动势为

$$E'_q=q\cdot E_y=2qR\sin\frac{\alpha}{2}$$

若将 q 个线圈分布时线圈组电动势与 q 个线圈集中放置时的电动势之比称为绕组基波分布系数 k_{q1}，则

$$k_{q1}=\frac{E_q}{E'_q}=\frac{2R\sin\frac{q\alpha}{2}}{2qR\sin\frac{\alpha}{2}}=\frac{\sin\frac{q\alpha}{2}}{q\sin\frac{\alpha}{2}} \tag{2-17}$$

基波分布系数 $k_{q1}<1$，它表示分布放置的线圈组电动势对应于集中放置的线圈组电动势所打的折扣。这是因为采用分布绕组时，线圈组电动势是 q 个线圈电动势的相量和，而集中时线圈组电动势是 q 个线圈电动势的代数和，于是线圈组的电动势可表示为

$$E_q=E'_qk_{q1}=qE_yk_{q1}=4.44f_1\Phi_1qN_Ck_yk_{q1}=4.44f_1qN_Ck_{w1}\Phi_1 \tag{2-18}$$

式中：k_{w1} 为基波绕组系数，$k_{w1}=k_{y1}\cdot k_{q1}$，表示因采用短距、分布绕组在电动势大小上的总折扣系数。

（5）相电动势 $E_{\varphi1}$ 和线电动势 E_1。

单层绕组每对极下每一相有一个线圈组，若电机有 p 对极，则每相共有 p 个线圈组，

如果每相有 $2a$ 条支路，因此相电动势为

$$E_{\Phi1}=\frac{p}{2a}E_{q1}=4.44\Phi_1 f_1 k_{w1}\frac{pqN_C}{2a}=4.44 f_1 k_{w1}N\Phi_1 \qquad (2-19)$$

式中：$N=\dfrac{pqN_C}{2a}$ 为单层绕组每相每条支路的串联匝数。

对于双层绕组，若电机有 p 对极，则每相有 $2p$ 个线圈组，如果每相有 $2a$ 条支路，则绕组基波相电动势为

$$E_{\Phi1}=\frac{2p}{2a}E_q=4.44 f_1\Phi_1 k_{w1}\frac{2pqN_C}{2a}=4.44 f_1 k_{w1}N\Phi_1 \qquad (2-20)$$

式中：$N=\dfrac{2pqN_C}{2a}$ 为双层绕组每相每支路的串联匝数。

上述说明，同步发电机在额定频率下运行时，其相电动势的大小与转子的每极磁通量成正比。若要调节同步发电机的电压，可以改变转子每极磁通量 Φ_1，即调节转子的励磁电流。

三相交流电机的绕组一般为 Y 或 △ 接法。（发电机均为 Y 接法，电动机为 Y 或 △ 接法。）

对三相 Y 接法时，线电动势 $E_l=\sqrt{3}E_\Phi$

对三相 △ 接法时，线电动势 $E_l=E_\Phi$

【例 2-1】　有一台三相同步发电机 $Z=36$ 槽，$f=50\text{Hz}$，$p=2$ 对极，线圈节距 $y_1=\dfrac{8}{9}\tau$，每个线圈的匝数 $N_C=9$，定子采用双层短距叠绕组，三相 Y 接法，$2a=1$ 每极磁通量 $\Phi_1=1.016\times10^{-2}\text{Wb}$，试求：

(1) 电机的额定转速 n_N 是多少？

(2) 该发电机的相绕组电动势 $E_{\Phi1}=$ ？

(3) 该发电机的线电动势 $E_l=$ ？

解：(1) 额定转速：　　　　$n_N=\dfrac{60f}{p}=\dfrac{60\times50}{2}1500$（r/min）

极距：　　　　　　　　　$\tau=\dfrac{Z}{2p}=\dfrac{36}{2\times2}=9$（槽）

槽距角：　　　　　　　$\alpha=\dfrac{p\times360°}{Z}=\dfrac{2\times360°}{36}=20°$

每极每相槽数：　　　$q=\dfrac{Z}{2pm}=\dfrac{36}{2\times2\times3}=3$（槽）

短距系数：　　$k_{y1}=\sin\left(\dfrac{y_1}{\tau}\times90°\right)=\sin\left(\dfrac{8}{9}\times90°\right)=0.9848$

分布系数：　　$k_{q1}=\dfrac{\sin\dfrac{q\alpha}{2}}{q\sin\dfrac{\alpha}{2}}=\dfrac{\sin\dfrac{3\times20°}{2}}{3\times\sin\dfrac{20°}{2}}=0.9598$

绕组系数：　　$k_{w1}=k_{y1}\cdot k_{q1}=0.9848\times0.9589=0.9452$

(2) 相电动势：

$$E_{\Phi1}=4.44 f\frac{2pqN_C}{2a}k_{w1}\Phi_1$$

$$=4.44\times50\times1.016\times10^{-2}\frac{2\times2\times3\times9}{1}\times0.9452=230.2(V)$$

（3）线电动势：

$$E_{l1}=\sqrt{3}E_{\Phi1}=\sqrt{3}\times230.2=400(V)$$

2. 高次谐波电动势及削弱方法

同步发电机的主极励磁磁场，实际上不是完全按正弦规律分布的，只能做到近似按正弦规律分布，即是说气隙磁场中还有极少量的 3 次及以上高次谐波。研究谐波电动势并尽可能予以削弱，或者设法消除某高次谐波电动势，电动势可获得满意的正弦波波形。

（1）同步电机气隙磁密分布及其引起的谐波电动势。

现以凸极同步发电机为例，图 2-43 表示一对磁极下的气隙磁通密度分布，沿气隙圆周的分布一般视为平顶波，应用傅里叶级数，可分解为基波和一系列的高次谐波。

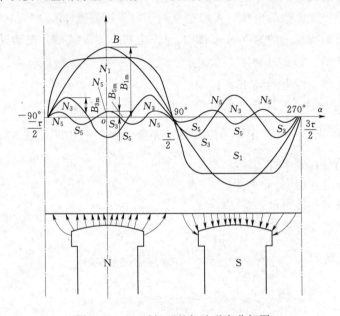

图 2-43 一对极下的气隙磁密分解图

即

$$B_\delta=B_{1m}\cos\frac{\pi}{\tau}x+B_{3m}\cos\frac{3\pi}{\tau}x+B_{5m}\cos\frac{5\pi}{\tau}x+B_{7m}\cos\frac{7\pi}{\tau}+\cdots+B_{vm}\cos\frac{\nu\pi}{\tau}x+\cdots$$

$$(2-21)$$

式中：ν 为谐波次数（$\nu=3$、5、7、…）。

由图 2-43 可知，ν 次谐波磁场与基波磁场之间存在以下关系：

$$p_v=\nu p$$

$$\tau_v=\frac{\tau}{\nu}$$

$$f_v=\nu f$$

类似于基波电动势，ν 次谐波电动势表达式应为

$$E_{\Phi v}=4.44f_v k_{wv}N\Phi_v \qquad (2-22)$$

$$k_{wv}=k_{yv}k_{qv}$$

式中：k_{wv} 为 ν 次谐波绕组系数；k_{yv} 为 ν 次谐波短距系数；k_{qv} 为 ν 次谐波分布系数。

由于谐波磁场的存在，就会在电枢绕组中感应高次谐波电动势。谐波电动势在很多方面会产生危害，对发电机而言，电动势波形畸变、杂散损耗增大、效率下降、温升增高；对电动机而言，电器设备附加损耗增大、运行性能变差、产生噪声；对临近通信造成电磁干扰等。因此，同步发电机的电动势波形尽量接近正弦波，是供电的质量标准之一。

（2）高次谐波电动势削弱方法。

为了改善电动势的波形，必须设法削弱高次谐波电动势，特别是影响较大的 3、5、7 次谐波电动势，常用的方法有以下几种。

1）转子方面改善主极（励磁）磁场分布，让主极磁密分布尽量接近正弦波。对凸极式同步发电机，采用非均匀气隙。对隐极同步发电机，可通过改善励磁绕组的分布范围，一般取每极范围内安放励磁绕组部分与极距之比在 0.70～0.80 范围内。小型同步发电机转子采用正弦绕组等。

2）三相绕组采用 Y 形或 △ 接法，可消除线电动势中的 3 次及 3 的奇数倍次谐波。

三相绕组采用 △ 形接法时，线电压中虽然不会出现 3 次谐波，但由于三相的 3 次谐波电动势同相位、同大小，会在闭合的三角形回路内产生环流，引起附加损耗，使电机效率降低、温升增加，所以同步发电机一般采用 Y 形接法。

3）采用短距绕组来削弱谐波电动势。只要选择适当的线圈节距，使某次谐波的短距系数等于或接近于零，就可消除或削弱该次谐波电动势。则可令

$$k_{yv} = \sin\left(\nu \times \frac{y}{\tau} \times 90°\right) = 0$$

则

$$\nu \times \frac{y}{\tau} \times 90° = K \times 180°$$

$$y = \frac{2K}{\nu}\tau \qquad (2-23)$$

若既要保证基波电动势尽可能大（短距对基波电动势也要削弱），又要节省用铜量，通常取 $2K = \nu - 1$，则消除 ν 次谐波电动势的线圈节距为

$$y = \frac{2K}{\nu}\tau = \frac{\nu-1}{\nu}\tau = \left(1 - \frac{1}{\nu}\right)\tau \qquad (2-24)$$

如要消除 5 次谐波电动势，应取 $y = \frac{4}{5}\tau$；要消除 7 次谐波电动势，应取 $y = \frac{6}{7}\tau$。图 2-44 说明了消除 5 次谐波电动势的本质在于，使线圈的有效边处在 5 次谐波磁场的两个同极性磁极下相对应的位置，让 5 次谐波电动势在线圈内正好相互抵消。

4）采用分布绕组来削弱谐波电动势。适当地增加每极每相槽数 q，就可使某次谐波的分布系数接近于零，从而削弱该次谐波电动势。从图 2-45 中可看出，两个互差一个角度的平顶波形电动势，叠加以后得到的合成电动势波形就更接近于正弦波了。一般当 $q > 6$ 时，削弱谐波电动势的作用将趋于不明显，而 q 值增大，槽数增多，会造成制造工时和材料消耗增多，所以现代交流电机一般取 $2 \le q \le 6$。

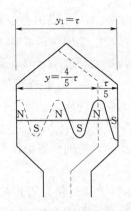

图 2-44 短距线圈消除 5 次
谐波电动势示意图

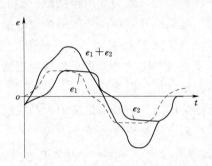

图 2-45 分布线圈电动势合成波形

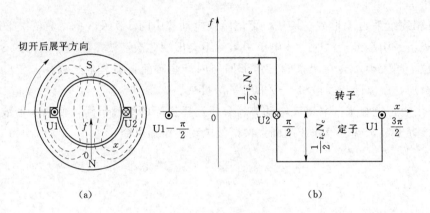

图 2-46 整距线圈的磁动势

(a) 磁场分布；(b) 磁动势分布波形

5）采用分数槽绕组。水轮发电机及低速交流电机由于极数较多，极距相对较小，每极每相槽数 q 就较小，不能充分利用绕组分布的方法来削弱由非正弦分布的磁场所感应的电动势中的高次谐波分量，同时 q 值较小时齿槽效应引起的齿谐波电动势次数较低而数值较大。解决上述两方面的问题，低速交流电机通常采用分数槽绕组的方法，所谓分数槽绕组是指一相的平均每极槽数是个分数，例如 $q=2\frac{1}{2}$，即表示每两个极距中，各相在一个极距内占有三个槽，在另一个极距内只占有两个槽。

（三）交流绕组的磁动势

交流电机中，当定子绕组流过交流电流时将产生磁动势，建立气隙磁场，它对电机能量转换和运行性能都有很大影响。与讨论相绕组中感应电动势相似，本节先分析最简单的单个线圈产生的磁动势，然后分析线圈组和相绕组的磁动势，最后分析三相绕组产生的合成磁动势。

1. 单相脉动磁动势

（1）单相基波脉动磁动势。

1）整距线圈的磁动势。

图 2-46 表示一台两极同步电机，假设其定、转子之间气隙均匀，铁芯中磁阻为零。

定子铁芯内有一个匝数为 N_c 的整距线圈，图 2-46 所示瞬间线圈中流过的交流电流为 i_c，并从 U2 端流入，U1 端流出。载流线圈建立起两极磁场，由右手螺旋法则，其方向如图中虚线所示。对定子来说，从定子内圆周表面穿出的磁场为 N 极，穿入定子内圆周表面的磁场为 S 极。由于电机结构对称，所以这个磁场的分布是对称于线圈轴线的。

根据全电流定律可知，闭合磁路的磁动势等于该磁路所包围的全部安匝数，所以，如图 2-46（a）所示磁路的磁动势应等于 $i_c N_c$。因假设铁芯的磁阻为零，则线圈的磁动势全部作用在两个均匀气隙上，则作用在每个气隙上的磁动势应等于线圈磁动势的一半，即 $\frac{1}{2} i_c N_c$。这个磁动势被称为气隙磁动势。

为了分析和作图的方便，可把气隙沿圆周展开成直线，并放在直角坐标系中。定子内圆展开的直线为横坐标，表示沿气隙圆周方向的距离；U1U2 线圈的轴线为纵坐标，坐标原点选在线圈轴线与定子内圆表面展开直线的正交处。假设电流从尾端 U2 流入，从首端 U1 流出作为电流的正方向，磁动势从定子到转子规定为正，从转子到定子规定为负。则可用图 2-46（b）所示曲线表示整距线圈磁动势沿气隙的空间分布。即整距线圈磁动势在气隙中的分布是一个矩形波，宽度为一个线圈的宽度。

若设 $i_c = \sqrt{2} I_c \cos\omega t$，则线圈磁动势的振幅为

$$f_c = \frac{1}{2} i_c N_c = \frac{1}{2}\sqrt{2} I_c N_c \cos\omega t \tag{2-25}$$

式（2-25）表明，当线圈中电流交变时，线圈磁动势在空间上沿气隙的分布是矩形波，且轴线固定不动，但其幅值随时间按余弦规律变化。也就是说，整个磁动势波不能移动只能脉动，脉动的频率即电流的频率。图 2-47 为不同瞬间的矩形脉动磁动势波形图。

线圈磁动势沿气隙分布的周期性矩形波，可用傅里叶级数分解为基波和一系列高次谐波。因为矩形波对于纵轴对称，只有余弦项；又因为矩形波对于横轴对称，只有奇数项，于是矩形波磁动势的傅里叶级数表达式为

$$f_c = F_{c1}\cos\frac{\pi}{\tau}x + F_{c3}\cos 3\frac{\pi}{\tau}x + \cdots + F_{cv}\cos\nu\frac{\pi}{\tau}x \tag{2-26}$$

式中　F_{c1}，F_{c3}，…，F_{cv} 为矩形波的基波、3 次谐波，…，ν 次谐波的幅值；$\frac{\pi}{\tau}x$ 为距原点 x 处的空间电角度。

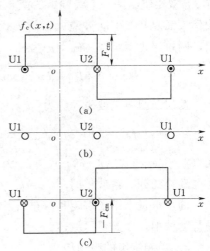

图 2-47　不同瞬间的脉动磁动势波
(a) $\omega t = 0°$，$i = I_m$；(b) $\omega t = 90°$，$i = 0$；(c) $\omega t = 180°$，$i = -I_m$

令 $\alpha = \frac{\pi}{\tau}x$，可得到各次谐波幅值的通用表达式

$$F_{cv} = \frac{1}{\pi}\int_0^{2\pi} F_c(a)\cos\nu\alpha \, d\alpha = \frac{1}{\nu} \cdot \frac{4}{\pi} \cdot \frac{\sqrt{2}}{2} N_c I_c \left(\sin\nu\frac{\pi}{2}\right)（\text{安匝}／\text{极}） \tag{2-27}$$

令式（2-27）中 $v=1$，则得到基波幅值

$$F_{c1}=\frac{4}{\pi}\cdot\frac{\sqrt{2}}{2}N_cI_c \tag{2-28}$$

式（2-28）说明，正弦波基波磁动势的幅值应为矩形波幅值的 $\frac{4}{\pi}$ 倍。

高次谐波磁动势与高次谐波电动势一样，在电机设计制造时要采取措施予以消除和削弱，在电机运行中起主要作用的是基波磁动势，下面只讨论基波磁动势。

将式（2-28）带入式（2-26），则得到基波磁动势的表达式

$$f_{c1}=\frac{4}{\pi}\frac{1}{2}\sqrt{2}I_cN_c\cos\omega t\cdot\cos\frac{\pi}{\tau}x=0.9I_cN_c\cos\omega t\cdot\cos\frac{\pi}{\tau}x$$

由于同步电机的线圈一般都是短距的，考虑到短距线圈对磁动势的削弱作用，则短距线圈的基波磁动势为

$$f_{c1}=0.9IN_ck_{y1}\cos\omega t\cdot\cos\frac{\pi}{\tau}x \tag{2-29}$$

式中：k_{y1} 为基波磁动势的短距系数，它的计算方法和物理意义与感应电动势的短距系数相同。

综上所述，线圈基波磁动势的特点为：磁动势沿电枢表面按余弦规律分布，其幅值随时间按余弦规律在正、负最大值之间脉动。

2）线圈组的磁动势。

在计算线圈组的磁动势时，要注意到线圈组的匝数。单层绕组的一个线圈组的匝数等于 qN_C，双层绕组的一个线圈组的匝数应包括上下两层线圈的匝数，即等于 $2qN_C$。将上述匝数代入线圈基波磁动势最大幅值公式 $0.9I_cN_ck_{y1}$，再考虑到分布式线圈对磁动势的削弱作用，则单层线圈组基波磁动势为

$$f_{q1}=0.9I_cqN_ck_{y1}k_{q1}\cos\omega t\cdot\cos\frac{\pi}{\tau}x=0.9I_cqN_ck_{w1}\cos\omega t\cdot\cos\frac{\pi}{\tau}x \tag{2-30}$$

双层线圈组基波磁动势为

$$f_{q1}=0.9I_c2qN_ck_{y1}k_{q1}\cos\omega t\cdot\cos\frac{\pi}{\tau}x=0.9I_cqN_ck_{w1}\cos\omega t\cdot\cos\frac{\pi}{\tau}x \tag{2-31}$$

式（2-30）与式（2-31）中：k_{q1} 为基波磁动势的分布系数，它的计算方法和物理意义与感应电动势的分布系数相同；$k_{w1}=k_{q1}\cdot k_{y1}$ 为基波磁动势的绕组系数。

同步电机采用了短距和分布以后，虽然使基波磁动势的幅值有所减少，但因此能改善磁动势的波形，在此不再叙述。

3）单相绕组的磁动势。

在一对磁极的电机中，双层绕组有两个线圈组，单层绕组有一个线圈组。事实上双层绕组两个线圈组的磁动势就是一相绕组的磁动势；单层绕组一相绕组的磁动势就是每对磁极下一个线圈组的磁动势。这是因为一相绕组的磁动势，并不是组成每相绕组的所有线圈组产生的合成，而是指这个绕组在一对磁极下的线圈组所产生的合成磁动势。其原因是在多对磁极的电机中，每对磁极有两个线圈组（双层）或一个线圈组（单层），但各对磁极下的磁动势和磁阻构成各自独立的分支磁路，电机若有 p 对磁极就有 p 条并联的对称分支磁路。因此，不论磁极对数的多少，对双层绕组，一相绕组的磁动势等于两个线圈组的磁动势；对单层绕

组，一相绕组的磁动势等于一个线圈组的磁动势。

一相绕组的磁动势常用相电流 I 和每相每支路串联匝数 N 来表示。若某相绕组的支路数为 $2a$，线圈中流过的电流为 $\dfrac{I}{2a}$，在双层绕组中每相有 $2pq$ 个线圈，每相串联匝数为

$$N=\frac{2pqN_{\mathrm{C}}}{2a}$$

则

$$2qN_{\mathrm{c}}=\frac{2a}{p}N$$

在单层绕组中。每相有 p 个线圈，每相串联匝数为

$$N=\frac{pqN_{\mathrm{C}}}{2a}$$

则

$$qN_{\mathrm{c}}=\frac{2a}{p}N$$

将上述关系式代入式（2-30）和式（2-31），便可得到单相绕组基波磁动势公式为

$$f_{\Phi 1}=0.9I_{\mathrm{c}}\frac{2a}{p}Nk_{\mathrm{w1}}\cos\omega t \cdot \cos\frac{\pi}{\tau}x=0.9\frac{Nk_{\mathrm{w1}}}{p}I\cos\omega t \cdot \cos\frac{\pi}{\tau}x=F_{\Phi 1}\cos\omega t \cdot \cos\frac{\pi}{\tau}x$$

$$(2-32)$$

式中：$F_{\Phi 1}=0.9\dfrac{Nk_{\mathrm{w1}}}{p}I$ 为相绕组脉动磁势的幅值。

综合上面的分析，可得以下结论。

1）单相绕组磁动势是一个幅值随时间交变的脉动磁动势。

2）此脉动磁动势频率包含着基波和一系列奇次谐波，各次谐波在空间呈余弦分布，脉动频率为电流的频率。

3）单相脉动磁动势即是一对极下一相线圈组的磁动势，对双层绕组一对极下含有两个线圈组，对单层绕组只有一个线圈组。

4）基波脉动基波磁动势的幅值为 $0.9\dfrac{NK_{\mathrm{w1}}}{p}I$，其幅值位置在相绕组的轴线上。

5）随着谐波幅值的增高，谐波振幅迅速减小，分布和短距都可削弱磁动势高次谐波。

（2）脉动磁动势的分解

根据三角函数积化和差公式，可将相绕组的脉动磁动势分解为

$$f_{\Phi 1}=F_{\Phi 1}\cos\omega t \cdot \cos\frac{\pi}{\tau}x=\frac{1}{2}F_{\Phi 1}\cos\left(\omega t-\frac{\pi}{\tau}x\right)+\frac{1}{2}F_{\Phi 1}\cos\left(\omega t+\frac{\pi}{\tau}x\right)$$

$$=f^{(+)}+f^{(-)} \tag{2-33}$$

式中：$f^{(+)}$ 为正转磁动势分量，$f^{(+)}=\dfrac{1}{2}F_{\Phi 1}\cos\left(\omega t-\dfrac{\pi}{\tau}x\right)$；$f^{(-)}$ 为反转磁动势分量，$f^{(-)}=\dfrac{1}{2}F_{\Phi 1}\cos\left(\omega t+\dfrac{\pi}{\tau}x\right)$。

由式（2-33）可知，单相交流绕组所产生的脉动磁动势可以分解为两个大小相等、转速相同、但转向相反的旋转磁动势，每一旋转磁动势的幅值是脉动磁动势最大幅值的一半，每一旋转磁动势的转速为同步转速 n_1，它决定于电机的磁极对数 p 和电流的频率 f_1，即 n_1

$=\dfrac{60f_1}{p}$。当脉动磁动势的幅值达最大时，两个旋转磁动势向量恰好与脉动磁动势的向量同向。

2. 三相基波旋转磁动势

由于电机定子绕组是三相对称绕组，各相绕组的轴线在空间互差 120° 电角度，下面讨论三相对称绕组流过三相对称交流电流时的合成磁动势。

(1) 数学分析法。

现将坐标原点（$X=0$）选在 U 相绕组的轴线上，设三相电流为

$$\left.\begin{aligned} i_U &= \sqrt{2}I\cos(\omega t)\\ i_V &= \sqrt{2}I\cos(\omega t-120°)\\ i_W &= \sqrt{2}I\cos(\omega t+120°) \end{aligned}\right\} \tag{2-34}$$

将式 (2-34) 代入式 (2-33)，则可得到定子 U、V、W 三相对称绕组的基波磁动势

$$\left.\begin{aligned} f_{U1} &= F_{\Phi 1}\cos\omega t \cdot \cos\frac{\pi}{\tau}x\\ f_{V1} &= F_{\Phi 1}\cos(\omega t-120°) \cdot \cos\left(\frac{\pi}{\tau}x-120°\right)\\ f_{W1} &= F_{\Phi 1}\cos(\omega t+120°) \cdot \cos\left(\frac{\pi}{\tau}x+120°\right) \end{aligned}\right\} \tag{2-35}$$

利用三角函数积化和差公式对式 (2-35) 进行分解

$$\left.\begin{aligned} f_{U1} &= \frac{1}{2}F_{\Phi 1}\cos\left(\omega t-\frac{\pi}{\tau}x\right)+\frac{1}{2}F_{\Phi 1}\cos\left(\omega t+\frac{\pi}{\tau}x\right)\\ f_{V1} &= \frac{1}{2}F_{\Phi 1}\cos\left(\omega t-\frac{\pi}{\tau}x\right)+\frac{1}{2}F_{\Phi 1}\cos\left(\omega t+\frac{\pi}{\tau}x-240°\right)\\ f_{W1} &= \frac{1}{2}F_{\Phi 1}\cos\left(\omega t-\frac{\pi}{\tau}x\right)+\frac{1}{2}F_{\Phi 1}\cos\left(\omega t+\frac{\pi}{\tau}x-120°\right) \end{aligned}\right\} \tag{2-36}$$

将式 (2-36) 中三式相加可知，由于上列三式中的第一项一样，即三相的正转分量在任何时候空间位置相同。而第二项互差 120°，即三相的反转分量在任何时候相互抵消，其和为零。于是得到三相合成磁动势基波为

$$f_1 = f_{U1}+f_{V1}+f_{W1} = \frac{3}{2}F_{\Phi 1}\cos\left(\omega t-\frac{\pi}{\tau}x\right) = F_1\cos\left(\omega t-\frac{\pi}{\tau}x\right) \tag{2-37}$$

三相合成磁动势基波幅值为 F_1，其表示式为

$$F_1 = \frac{3}{2}F_{\Phi 1} = \frac{3}{2}\cdot\frac{4}{\pi}\cdot\frac{\sqrt{2}}{2}\frac{Nk_{W1}}{p}\cdot I = 1.35\frac{Nk_{W1}}{p}\cdot I \tag{2-38}$$

即三相合成磁动势幅值，是一相脉振磁动势幅值 $F_{\Phi 1}$ 的 $\dfrac{3}{2}$ 倍。当电机制成之后，F_1 大小正比于通入的相电流 I 的大小，若电流不变，则幅值是恒定值。

$f_1 = F_1\cos\left(\omega t-\dfrac{\pi}{\tau}x\right)$ 是一个行波表示式，因此是一旋转磁场，它是时间 t 和空间 x 的函数。随着时间的推移，此余弦分布的磁动势波幅值大小和波形不变，朝着 x 的方向行进。若以空间矢量表示此旋转磁动势时，矢量端点的轨迹为圆形，故称为圆形旋转磁动势。

使用 $f_1 = F_1\cos\left(\omega t-\dfrac{\pi}{\tau}x\right)$ 的解析式，可以判定旋转磁动势的转速、转向和正幅值瞬时

所在位置。

当 $\omega t=0$ 时（U 相电流有最大值时刻），在 $x=0$ 处，$f_1=F_1$，即起始时刻三相磁动势正幅值在 U 相轴线处；当 $\omega t=120°$ 时（即 V 相电流有最大值时刻）观察幅值，即令

$$f_1=F_1\cos\left(\omega t-\frac{\pi}{\tau}x\right)=F_1$$

$$\cos\left(\omega t-\frac{\pi}{\tau}x\right)=1$$

所以

$$\frac{\pi}{\tau}x=\omega t=120°$$

表示此时刻三相磁动势幅值到达 V 相绕组轴线处。同理可证明，当 $\omega t=240°$ 时，$\frac{\pi}{\tau}x=\omega t=240°$，即三相磁动势幅值到达 W 相轴线处。由上分析再次论证了前述结论：当某相电流达最大值时，三相磁动势的正幅值到达该相绕组轴线处。因此，当改变通入三相绕组的电流相序时，例如改为 U→W→V，则可以改变旋转磁动势的旋转方向。

（2）图解分析法。

三相基波合成磁动势还可用较为直观的图解法来分析。

图 2-48 为对称三相交流电流的波形。三相对称绕组在电机定子中采用三个集中线圈表示，如图 2-49 所示。为了便于分析，假定某瞬间电流为正值时，电流从绕组的末端流入，首端流出；某瞬间电流为负值时则从绕组的首端流入，末端流出。电流流入绕组用 $\otimes$ 表示，流出绕组用 $\odot$ 表示。

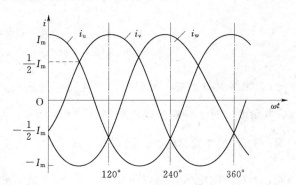

图 2-48　三相对称交流电流

前面已述，每相交流电流产生脉振基波磁动势的大小与电流成正比，其方向可用右手螺旋定则确定。每相基波磁动势的幅值位置均处在该相绕组的轴线上。

从图 2-48 可见，当 $\omega t=0$ 时，$i_U=I_m$，$i_V=i_W=-\frac{1}{2}I_m$。U 相基波磁动势向量 $\overline{F}_U$ 幅值为最大，等于 $F_{\Phi1}$，V、W 相基波磁动势的幅值等于 $-\frac{1}{2}F_{\Phi1}$，如图 2-49（a）所示。此时，U 相电流达到最大值，三相基波合成磁动势 $\overline{F}_1$ 的幅值恰好处在 U 相绕组的轴线上，将各相磁动势向量相加其幅值 $F_1=\frac{3}{2}F_{\Phi1}$。

按同样的方法，可得到 $\omega t=120°$、$240°$、$360°$ 几个瞬间的情况。当 $\omega t=120°$ 时，V 相电流达到最大值，三相基波合成磁动势 $\overline{F}_1$ 旋转到 V 绕组的轴线上，如图 2-49（b）所示。当 $\omega t=240°$ 时，W 相电流达到最大值，三相基波合成磁动势 $\overline{F}_1$ 旋转到 W 绕组的轴线上，如图 2-49（c）所示。当 $\omega t=360°$ 时，U 相电流又达到最大值，基波合成磁动势 $\overline{F}_1$ 旋转到 U 绕组的轴线上，如图 2-49（d）所示。从图中可见，无论哪一瞬时基波合成磁动势的幅值 F_1

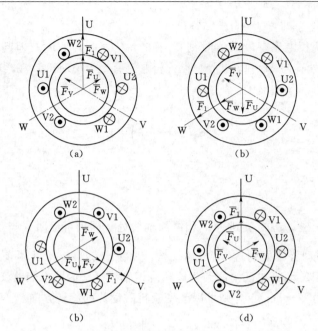

图 2 - 49　三相合成磁动势的图解

(a)　$\omega t = 0°$时；(b)　$\omega t = 120°$时；(c)　$\omega t = 240°$时；(d)　$\omega t = 360°$时

$= \dfrac{3}{2}F_{\Phi 1}$ 始终保持不变，同时电流变化每一个周期，基波合成磁动势 $\overline{F}_1$ 相应地在空间旋转了 $360°$电角度。对于一对极电机基波合成磁动势 $\overline{F}_1$ 也在空间旋转了 $360°$机械角度，即旋转了一周。对于 p 对极的电机，则基波合成磁动势 $\overline{F}_1$ 在空间旋转了 $\dfrac{360°}{p}$ 机械角度，即旋转 $\dfrac{1}{p}$ 周。

因此，p 对极的电机，当电流变化 f Hz 时，旋转磁动势在空间的转速 $n_1 = \dfrac{f}{p}$(r/s) $= \dfrac{60f}{p}$(r/min)，即为同步转速。图 2 - 49 中，电流的相序为 U→V→W，则合成磁动势旋转方向便沿着 U 相绕组轴线→V 相绕组轴线→W 相绕组轴线的正方向旋转，即从超前电流的相绕组轴线转向滞后电流的相绕组轴线。不难理解，若要改变电机定子旋转磁动势的转向，只要改变三相交流电流的相序，即把三相电源接到电机三相绕组的任意两根导线对调，三相绕组中的电流相序就将改变为 U→W→V，旋转磁动势随之改变为反向旋转。

综合上述分析，三相绕组产生的磁动势具有以下的特征。

(1) 三相对称绕组产生的磁动势是一单方向旋转磁动势，其幅值为单相基波脉动磁动势幅值的 $\dfrac{3}{2}$ 倍，当电流 I 恒定时，其幅值也有恒定的值。

(2) 当某相电流达最大值时，三相磁动势的幅值也转到该相绕组的轴线上。

(3) 磁动势转速为同步转速 $n_1 = \dfrac{60f}{p}$ (r/min)。

(4) 旋转磁动势的转向决定于电流的相序。

二、同步发电机的电枢反应

(一) 电枢反应的概念

同步发电机空载运行时，气隙中只有转子励磁磁动势产生的主极磁场，并在定子三相绕组中感应出三相感应电动势，称为励磁电动势$\dot{E}_0$。当定子电枢绕组连接三相对称负载后，电枢绕组将有三相对称电流流过，该电流产生的三相合成磁动势也是一个与转子主极磁场同向、速度相等的旋转磁场——电枢磁动势$\overline{F}_a$，两者保持"同步"，共同建立负载时气隙的合成磁动势，在定子绕组中产生感应电动势。由于电枢磁动势的存在，将使气隙磁动势的大小和位置发生改变，这种对称负载时，电枢磁动势基波对励磁磁动势基波的影响，称为电枢反应。

由于空载时励磁磁动势基波$\overline{F}_f$产生励磁磁通（主磁通）$\dot{\Phi}_0$使定子绕组感应电动势$\dot{E}_0$，而电枢磁动势基波$\overline{F}_a$是由定子电流$\dot{I}$建立的。而同步电机电枢反应性质本来决定于电枢磁动势基波$\overline{F}_a$和励磁磁动势基波$\overline{F}_f$在空间上的相对位置，现在可以归结到电动势$\dot{E}_0$与定子电枢电流$\dot{I}$（相电流）在时间上的相位差ψ角，即取决于以E_0作为电动势供电的相回路内总电抗与总电阻的比值，故ψ称之为同步电机内功率因数角。可见，电枢反应的性质（去磁、助磁或交磁），不仅与定子电流大小有关，而且与负载性质有关。所带负载性质不同，$\dot{E}_0$与$\dot{I}$之间的相位差ψ角也不同，电枢反应的性质也就不同。

（二）不同ψ时的电枢反应

由于转子主磁场与电枢磁场二者之间无相对运动，故取任一瞬时来研究电枢反应，其结果都可以代表电枢磁场对主磁场的作用和影响。而电枢磁动势的轴线始终位于电流最大相的轴线上，因此可以任选一相电流出现最大值的瞬间进行研究。下面选U相电流出现最大值的瞬间进行研究。

下面分四种情况来讨论。

1.$\psi=0°$时的电枢反应

当$\psi=0°$时，$\dot{I}$与$\dot{E}_0$同相位，而感应电动势$\dot{E}_0$滞后于主磁通$\dot{\Phi}_0$或$\overline{F}_f$90°，其相位关系如图2-50（b）所示。

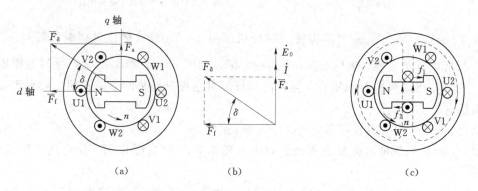

图2-50　$\psi=0°$时的电枢反应

（a）空间矢量图；（b）时间相量图；（c）交轴电枢磁场与转子电流的作用

当转子旋转到图2-50（a）位置时，U相的两个线圈边正好位于磁极中心，切割的磁感应强度最大，因此感应电动势最大，由于$\dot{I}$与$\dot{E}_0$同相位，此时U相电流也达到最大值，电枢磁动势$\overline{F}_a$轴线与U相绕组轴线重合，$\overline{F}_f$和$\overline{F}_a$合成了气隙磁动势$\overline{F}_\delta$。

这种电枢磁动势 $\overline{F}_a$ 位于 q 轴上，与主极励磁磁动势 $\overline{F}_f$ 轴线（d 轴）正交的电枢反应，称之为交轴电枢反应，与空载时仅有励磁磁动势相比，交轴电枢反应的影响是：

（1）使合成气体隙磁场 $\overline{F}_\delta$ 轴线位置较 $\overline{F}_f$ 轴线逆转向扭过了 δ 角，即改变了气隙磁场分布。

（2）使气隙合成磁动势较空载时略有增大，但气隙磁场会被削弱，起去磁作用。

$\psi=0°$ 时，通常可近似认为定子电流（负载电流）是有功电流，它产生的电枢磁动势是交轴电枢磁动势。而电枢磁动势与转子励磁绕组中的励磁电流产生电磁力作用力 f_1、f_2，电磁力 f_1、f_2 的方向可用左手定则确定，如图 2-50（c）所示，这时 f_1 和 f_2 将产生与发电机转子旋转方向相反的电磁制动转矩，对发电机转子旋转起阻碍（即制动）作用，使发电机的转速趋于下降，发电机的频率趋于下降。要想维持发电机保持同步运行，就必须相应地增大水轮机的进水量或汽轮机的进汽量。

2. $\psi=90°$ 时的电枢反应

当 $\psi=90°$ 时，$\dot{I}$ 滞后于 $\dot{E}_0$ $90°$，而感应电动势 $\dot{E}_0$ 仍然滞后于主磁通 $\dot{\Phi}_0$ 或 $\overline{F}_f$ $90°$，其相位关系如图 2-51（b）所示。

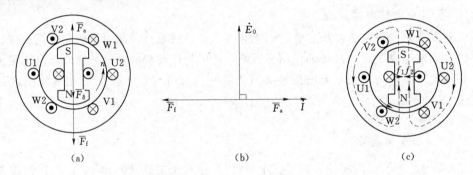

图 2-51　$\psi=90°$ 时的电枢反应
（a）时间相量图；（b）空间矢量图；（c）直轴去磁电枢磁场与转子电流的作用

由于 $\dot{I}$ 滞后于 $\dot{E}_0$ $90°$，这时需将转子磁极从如图 2-51（a）的位置逆时针转过 $90°$ 电角度，让 U 相电动势为零，电枢电流 $\dot{I}$ 达到最大值，如图 2-51（b）所示。此时电枢磁动势 $\overline{F}_a$ 与主极励磁磁动势 $\overline{F}_f$ 轴线重合，且方向相反，对主极磁动势起去磁作用，故称为纵轴去磁电枢反应。

总之，$\psi=90°$ 时，纵轴电枢反应的作用如下：

（1）$\psi=90°$ 的纵轴电枢反应磁动势对主极磁动势 $\overline{F}_f$ 起去磁作用，使合成气隙场变弱，端电压下降。

（2）合成气隙磁场 $\overline{F}_\delta$ 仍在 d 轴上与主极磁动势 $\overline{F}_f$ 同轴，因此二者间不产生切向作用力，从而不产生电磁转矩，也不能进行机电能量转换，如图 2-51（c）所示。

3. $\psi=-90°$ 时的电枢反应

当 $\psi=-90°$ 时，$\dot{I}$ 超前于 $\dot{E}_0$ $90°$，而感应电动势 $\dot{E}_0$ 仍然滞后于主磁通 $\dot{\Phi}_0$ 或 $\overline{F}_f$ $90°$，其相位关系如图 2-52（b）所示。

由于 $\dot{I}$ 超前于 $\dot{E}_0$ $90°$，这时需将转子磁极从如图 2-52（a）的位置顺时针转过 $90°$ 电角

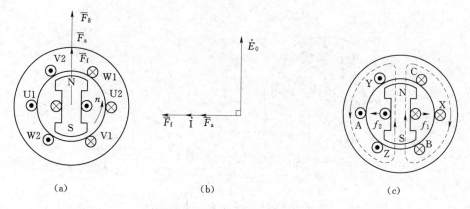

$$(a) \qquad\qquad (b) \qquad\qquad (c)$$

图 2 - 52 $\psi = -90°$时的电枢反应

(a) 空间矢量图;(b) 时间相量图;(c) 直轴助磁电枢磁场与转子电流的作用

度,让 U 相电动势为零,电枢电流 $\dot{I}$ 达到最大值,如图 2 - 52(b)所示。此时电枢磁动势 $\overline{F}_a$ 与主极励磁磁动势 $\overline{F}_f$ 轴线重合,且方向相同,对主极磁动势起增磁作用,故称为纵轴增磁电枢反应。

总之,$\psi = -90°$时,纵轴电枢反应的作用是:

(1)$\psi = -90°$的纵轴电枢反应磁动势对主极磁动势 $\overline{F}_f$ 起增磁作用,使合成气隙场增强,端电压升高。

(2)合成气隙磁场 $\overline{F}_\delta$ 仍在 d 轴上与主极磁动势 $\overline{F}_f$ 同轴,二者仍不能产生切向作用力和电磁转矩,也不能进行机电能量转换,如图 2 - 52(c)所示。

4. $0° < \psi < 90°$时的电枢反应

一般情况下,电力系统的负载呈感性,所以同步发电机通常向电阻、电感的混合性负载供电,电枢电流 $\dot{I}$ 滞后于 $\dot{E}_0$ 一个介于 $0° \sim 90°$ 之间的夹角,即 $0° < \psi < 90°$。此时可以利用正交分解法,将电枢电流 $\dot{I}$ 分解成沿 q 轴和 d 轴的两个分量 $\dot{I}_q$ 和 $\dot{I}_d$。$\dot{I}_q$ 是电枢电流 $\dot{I}$ 的有功分量,与 $\dot{E}_0$ 同向;$\dot{I}_d$ 是电枢电流 $\dot{I}$ 的无功分量,滞后于 $\dot{E}_0$ $90°$,如图 2 - 53 所示,其关系如下:

$$\left.\begin{array}{l} \dot{I} = \dot{I}_q + \dot{I}_d \\ I_q = I\cos\psi \\ I_d = I\sin\psi \end{array}\right\} \qquad (2-39)$$

电枢电流 $\dot{I}$ 分解后,电枢电流的有功分量 $\dot{I}_q$ 与 $\dot{E}_0$ 同相位,产生交轴电枢反应;电枢电流的无功分量 $\dot{I}_d$ 滞后于 $\dot{E}_0$ $90°$,将产生纵轴去磁电枢反应。

电枢电流产生的磁动势,也可以理解为电枢磁动势 $\overline{F}_a$ 按 ψ 角分解在交轴和纵轴磁路上的磁动势 $\overline{F}_{aq}$ 和 $\overline{F}_{ad}$,产生相应的电枢反应,如图 2 - 53 所示。

$$\left.\begin{array}{l} \overline{F}_a = \overline{F}_{aq} + \overline{F}_{ad} \\ \overline{F}_{aq} = \overline{F}_a\cos\psi \\ \overline{F}_{ad} = \overline{F}_a\sin\psi \end{array}\right\} \qquad (2-40)$$

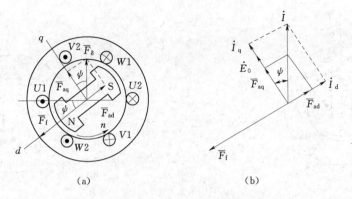

图 2-53　0°＜ψ＜90°时的电枢反应

(a) 时空矢量图；(b) 空间矢量图

综上所述，0°＜ψ＜90°时的电枢反应作用是：

(1) 交轴电枢反应磁动势 $\overline{F}_{aq}$ 将改变磁场分布，使气隙合成磁动势的轴线偏离 d 轴，从而产生定转子间的电磁转矩，并进行机电能量转换。

(2) 纵轴电枢反应磁动势 $\overline{F}_{ad}$ 将对主极励磁磁动势 $\overline{F}_f$ 起去磁作用，从而使气隙合成磁场幅值减小。

三、同步发电机的电动势方程式和相量图

本部分将讨论同步发电机对称稳定运行时的电动势方程式和相量图，由于对称运行时，发电机定子三相绕组电动势、电压和电流都是对称的，因此只需要分析一相的情况即可。

为使问题简化，分析时不考虑发电机磁路饱和的影响，因而可以应用叠加原理，即可以认为各种磁动势分别单独产生相应的磁通，并在电枢绕组中感应出相应的电动势。由于隐极同步发电机和凸极同步发电机的气隙不同，即使在相同励磁条件下，其气隙磁场也不相同，它们的电动势方程式和相量图也不相同，下面将分别进行讨论。

（一）隐极同步发电机的电动势方程式和相量图

1. 隐极同步发电机的电动势方程式

同步发电机负载运行时气隙中存在着两个旋转磁动势，转子励磁磁动势和定子电枢磁动势。转子励磁电流 I_f 产生的励磁基波磁动势 $\overline{F}_{f1}$ 及其产生的主极磁通 $\dot{\Phi}_0$ 单独感应出励磁电动势 $\dot{E}_0$；电枢电流 $\dot{I}$（三相）产生的电枢磁动势 $\overline{F}_a$ 及其产生的电枢反应主磁通 $\dot{\Phi}_a$ 单独感应出电枢反应电动势 $\dot{E}_a$；而电枢电流 $\dot{I}$ 产生的电枢漏磁通 $\dot{\Phi}_\sigma$ 单独感应出漏电动势 $\dot{E}_\sigma$。不计磁路饱和的影响，根据叠加原理，从而得到各相的合电动势。合电动势与每相的电压 $\dot{U}$ 及绕组电阻压降 $\dot{I} \cdot r_a$ 相平衡，如图 2-54 所示。

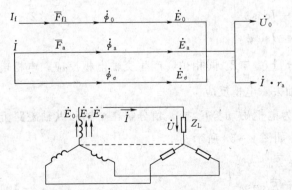

图 2-54　同步发电机相绕组中各电量的正方向

从图 2-54 可以看出同步发电机各

106

物理量规定的正方向，根据基尔霍夫第二定律，便可得出发电机一相绕组的电动势平衡方程式为

$$\dot{E}_0 + \dot{E}_a + \dot{E}_\sigma = \dot{U} + \dot{I} \cdot r_a \tag{2-41}$$

一般电枢绕组的电阻 r_a 很小，忽略电枢绕组电阻压降 $\dot{I} \cdot r_a$ 的电动势平衡方程式为

$$\dot{E}_0 + \dot{E}_a + \dot{E}_\sigma = \dot{U} \tag{2-42}$$

其中，$E_a = 4.44 f_1 N k_{w1} \Phi_a$。

在不计磁路饱和时，$F_a \propto \Phi_a$，而 $I \propto F_a$，所以 $I \propto E_a$。如果将每相感应的电枢反应电动势 E_a 与电枢电流 I 之比用 x_a 表示，则有

$$\frac{E_a}{I} = x_a$$

式中：x_a 为同步发电机电枢反应电抗。

电枢反应电抗是表征电枢磁场对各相绕组影响的一个参数，与磁路的特性有关。

在相位关系上，$\dot{E}_a$ 落后 $\dot{\Phi}_a 90°$ 电角度，而 $\dot{\Phi}_a$ 与 $\overline{F}_a$ 同相位，$\overline{F}_a$ 与 $\dot{I}$ 同相位。故 $\dot{E}_a$ 落后 $\dot{I} 90°$ 电角度，则 $\dot{E}_a$ 可以表示为

$$\dot{E}_a = -j\dot{I} x_a$$

同理，定子电枢绕组漏磁感应电动势可以表示为

$$\dot{E}_\sigma = -j\dot{I} x_\sigma$$

式中：x_σ 为电枢漏磁电抗，简称电枢漏抗，$x_\sigma = \dfrac{E_\sigma}{I}$。

电枢漏抗也是表征电枢漏磁场对各相绕组影响的一个参数，为一常数。

将上述关系代入式（2-43）可得

$$\dot{E}_0 = \dot{U} + j\dot{I} x_a + j\dot{I} x_\sigma = \dot{U} + j\dot{I}(x_a + x_\sigma) = \dot{U} + j\dot{I} x_t \tag{2-43}$$

式中：x_t 为隐极同步发电机的同步电抗，$x_t = \dfrac{E_a + E_\sigma}{I} = x_a + x_\sigma$。

同步电抗等于电枢反应电抗和电枢绕组漏抗之和。同步电抗是表征电枢磁场和漏磁场对发电机每相绕组影响的一个综合参数，其反映三相对称电枢电流所产生的全部磁通在定子一相绕组中感应的总电动势（$E_a + E_\sigma$）与相电流 I 之比，其大小反映单位电枢电流产生电枢磁场的强弱。

同步电抗是同步发电机的一个重要参数，它的大小直接影响发电机的运行特性和在大电网中并列运行的稳定性。

2. 隐极同步发电机的等值电路

根据式（2-43）可以作出隐极同步发电机的等值电路（忽略电枢电阻），如图2-55所示。它表示隐极同步发电机可视为具有一个内电抗 x_t（就是同步电抗）的电源。

3. 隐极同步发电机的相量图

根据式（2-43）可以作出隐极同步发电机带感性负载时的相量图，如图2-56所示，其作图步骤如下：

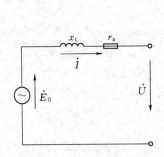 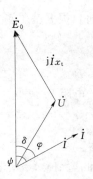

图 2-55　不计饱和时隐极同步　　　　图 2-56　不计饱和时隐极同步
　　　发电机的等值电路　　　　　　　　　发电机的相量图

（1）选电压 $\dot{U}$ 作为参考相量。

（2）根据负载功率因数角 φ，画出滞后 $\dot{U}$ 的电流相量 $\dot{I}$。

（3）在电压相量 $\dot{U}$ 端点作超前 $\dot{I}$ 90°的同步电抗压降 $\mathrm{j}\dot{I}x_{\mathrm{t}}$。

（4）电压 $\dot{U}$ 与同步电抗压降 $\mathrm{j}\dot{I}x_{\mathrm{t}}$ 相量之和，便是电动势相量 $\dot{E}_0$。

图 2-56 中，$\dot{U}$ 与 $\dot{I}$ 之间的夹角 φ 为功率因数角；$\dot{E}_0$ 与 $\dot{I}$ 之间的夹角 ψ 为内功率因数角；$\dot{E}_0$ 与 $\dot{U}$ 之间的夹角则称为功角 δ。

从图 2-56 可见，同步发电机带感性负载时，其 $U < E_0$，这是因为感性负载时，电枢反应产生去磁作用，使端电压降低。

（二）凸极同步发电机的电动势方程式和相量图

凸极同步发电机的磁路与隐极同步发电机相比更复杂，但前面已经分析过，对于凸极同步发电机，可以采用所谓的"双反应理论"将电枢反应磁动势 $\overline{F}_{\mathrm{a}}$ 分解为直轴分量 $\overline{F}_{\mathrm{ad}}$ 和交轴分量 $\overline{F}_{\mathrm{aq}}$；它们分别在直轴和交轴磁路上建立各自的磁场 $\dot{\Phi}_{\mathrm{ad}}$ 和 $\dot{\Phi}_{\mathrm{aq}}$。

直轴磁路的磁阻较之交轴磁路的磁阻小得多，这是因为交轴气隙很大，故正常运行时交轴磁路处于不饱和的状态，而直轴磁路的情况与隐极同步发电机的主磁路相似。

1. 凸极同步发电机的电动势方程式

对凸极同步发电机按同样理论，可分别讨论励磁磁动势 $\overline{F}_{\mathrm{f}}$ 和电枢反应磁动势 $\overline{F}_{\mathrm{ad}}$、$\overline{F}_{\mathrm{aq}}$ 单独作用时产生的磁通和每一相电动势，同时也注意到漏磁场的作用。这样，将电枢电流 $\dot{I}$ 分解为 $\dot{I}_{\mathrm{q}}$ 和 $\dot{I}_{\mathrm{d}}$，凸极同步发电机的各有关电磁物理量之间的关系如下：

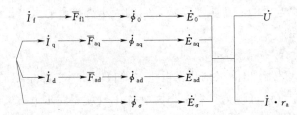

其中，$\dot{\Phi}_{\mathrm{aq}}$ 为电枢反应交轴主磁通；$\dot{E}_{\mathrm{aq}}$ 为电枢反应交轴电动势；$\dot{\Phi}_{\mathrm{ad}}$ 为电枢反应直轴主磁通；$\dot{E}_{\mathrm{ad}}$ 为电枢反应直轴电动势。

则凸极同步发电机电动势平衡方程为

$$\dot{E}_0 + \dot{E}_{aq} + \dot{E}_{ad} + \dot{E}_\sigma = \dot{U} + \dot{I} r_a \qquad (2-44)$$

令 $\dfrac{E_{aq}}{I_q} = x_{aq}$，且 $\dot{E}_{aq} = -\mathrm{j}\dot{I}_q x_{aq}$

式中：x_{aq} 为凸极同步发电机的交轴电枢反应电抗。

同理，令 $\dfrac{E_{ad}}{I_d} = x_{ad}$，且 $\dot{E}_{ad} = -\mathrm{j}\dot{I}_d x_{ad}$。

式中：x_{ad} 为凸极同步发电机的直轴电枢反应电抗。

将上述关系代入式（2-44），且忽略绕组电阻 r_a，凸极同步发电机的电动势方程式为

$$
\begin{aligned}
\dot{E}_0 &= \dot{U} + \mathrm{j}\dot{I}_q x_{aq} + \mathrm{j}\dot{I}_d x_{ad} + \mathrm{j}\dot{I} x_\sigma \\
&= \dot{U} + \mathrm{j}\dot{I}_q x_{aq} + \mathrm{j}\dot{I}_d x_{ad} + \mathrm{j}(\dot{I}_q + \dot{I}_d) x_\sigma \\
&= \dot{U} + \mathrm{j}\dot{I}_q (x_{aq} + x_\sigma) + \mathrm{j}\dot{I}_d (x_{ad} + x_\sigma) \\
&= \dot{U} + \mathrm{j}\dot{I}_q x_q + \mathrm{j}\dot{I}_d x_d \qquad (2-45)
\end{aligned}
$$

式中：x_q 为交轴同步电抗，$x_q = x_{aq} + x_\sigma$；x_d 为直轴同步电抗，$x_d = x_{ad} + x_\sigma$。

凸极同步发电机的同步电抗的标幺值 $x_d^* > x_q^*$，一般 $x_q^* \approx 0.6 x_d^*$ 左右。隐极机可看成是凸极电机的一种特例，即有 $x_d^* = x_q^* = x_t^*$。

据式（2-45）可作出凸极同步发电机带感性负载时的相量图（忽略定子电阻 r_a），如图 2-57 所示。

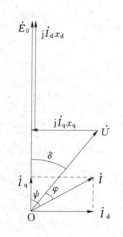

图 2-57 凸极同步发电机
简化相量图

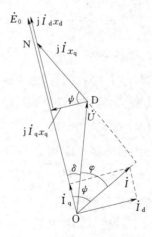

图 2-58 凸极同步发电机
相量图的绘制

实际上，内功率因数角 ψ 无法测量，因而无法将 $\dot{I}$ 分解为 $\dot{I}_q$ 和 $\dot{I}_d$，电动势相量图也就无法完成。为确定 ψ 角，可在图 2-57 的相量中，通过 $\dot{U}$ 的端点 D 作 $\dot{I}$ 的垂线，该垂线交相量 $\dot{E}_0$ 于 N 点，得线段 $\overline{DN}$，可以看出 $\overline{DN}$ 与相量 $\mathrm{j}\dot{I}_q x_q$ 的夹角就为 ψ，如图 2-58 所示。于是有

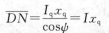

$$\overline{DN}=\frac{I_q x_q}{\cos\psi}=I x_q$$

可得 ψ 角的计算公式（忽略定子电阻 r_a）为

$$\psi=\arctan\frac{I x_q+U\sin\varphi}{U\cos\varphi} \qquad (2-46)$$

此外，从图 2-58 可得励磁电动势 E_0 的计算式为

$$E_0=U\cos(\psi-\varphi)+I_d x_d \qquad (2-47)$$

2. 不计磁路饱和时凸极同步发电机的相量图

其作图步骤如下：

（1）以端电压 $\dot{U}$ 作为参考相量，先作出电压相量 $\dot{U}$。

（2）根据负载功率因数 φ 角，画出电流相量 $\dot{I}$。

（3）在相量 $\dot{U}$ 端画出超前 $\dot{I}$ 90°的相量 $j\dot{I}x_q$，把相量 $j\dot{I}x_q$ 端点 N 与原点 O 连接并延长就可确定 $\dot{E}_0$ 的方向，即 $\dot{E}_0$ 的位置应在 $\overline{OC}$ 延长线上，ψ 角便可确定。

（4）按 ψ 角将 $\dot{I}$ 分解为 $\dot{I}_q$ 和 $\dot{I}_d$。

（5）由 $\dot{U}$ 顶端作出相量 $j\dot{I}_q x_q$，并从 $j\dot{I}_q x_q$ 顶端画出超前 $\dot{I}_d$ 90°的相量 $j\dot{I}_d x_d$。

（6）连接原点 O 和相量 $j\dot{I}_d x_d$ 的顶端，即可得 $\dot{E}_0$。

【例 2-2】　一台水轮发电机，定子三相绕组 Y 接法，额定电压 $U_N=10.5kV$，额定电流 $I_N=165A$，$\cos\varphi_N=0.8$（滞后），已知 $x_d^*=1.0$，$x_q^*=0.6$，$r_a=0$。

试求：额定运行时的 ψ、I_d、I_q、E_0（不计饱和影响）。

　　解：$\psi=\arctan^{-1}\dfrac{I^* x_q^*+U^*\sin\varphi}{U^*\cos\varphi}=\arctan^{-1}\dfrac{1\times0.6+1\times0.6}{1\times0.8}=56.31°$

$I_q^*=I^*\cos\psi=1\times\cos56.31°=0.5547$

$I_d^*=I^*\sin\psi=1\times\sin56.31°=0.8321$

$I_q=I_d^* \quad IN=0.5547\times165=91.53$（A）

$I_d=I_d^* \quad IN=0.8321\times165=137.3$（A）

$E^*0=U^*\cos(\psi-\varphi_N)+I_d^* x_d^*=1\times\cos(56.31°-36.87°)+0.8321\times1=1.775$

$$E_0=E_0^* U_N=1.775\times10.5/\sqrt{3}=10.76\text{（kV）}$$

四、同步发电机的运行特性

同步发电机的运行特性，是指转速不变的条件下，分析运行参数 U、I、I_f 中某两个物理量之间的函数关系。同步发电机的运行特性主要有空载特性、短路特性、外特性和调整特性，其中空载特性已在前面做了介绍，下面介绍同步发电机的其他几个特性。

（一）同步发电机的空载运行与空载特性

1. 同步发电机空载运行时的磁场

同步发电机定子三相对称绕组开路，转子励磁绕组上通入直流励磁电流 I_f，产生转子励磁磁场，并由原动机拖动转子旋转到额定转速时的运行状态，称为空载运行。空载运行时定子绕组没有电流，发电机气隙中只有转子励磁磁动势 $\overline{F}_f$。

图 2-59 所示为一台凸极同步发电机的空载磁路，图中转子励磁磁动势 $F_f = I_f N_f$ 产生的磁通可分成两部分，一部分是同时和定、转子绕组交链的磁通，称为励磁磁通 Φ_0，也称主磁通。另一部分是只和转子励磁绕组本身交链，不起到定、转子间能量交换作用的主极漏磁通 $\Phi_{f\sigma}$。当转子由原动机拖动到额定转速 n_N，转子主磁通 Φ_0 将在气隙中旋转，从而使定子三相绕组分别切割主磁通感应出三相对称电动势，也称励磁电动势。

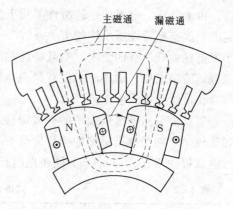

图 2-59　凸极同步发电机的空载磁路

每相励磁电动势 E_0 的大小为

$$E_0 = 4.44 f k_{w1} N \Phi_0$$

电动势频率为

$$f = \frac{p n_N}{60}$$

2. 空载特性

当原动机转速恒定时，f 为恒定值，改变转子励磁电流 I_f 大小，就相应改变了励磁磁通 Φ_0 的大小，因而每相感应电动势 E_0 大小也改变。只要测得不同 I_f 时的 E_0，可作出关系曲线 $E_0 = f(I_f)$。该曲线表示了在额定转速下，发电机空载电动势 E_0 与励磁电流 I_f 之间的函数关系，称为发电机的空载特性，如图 2-60 所示。

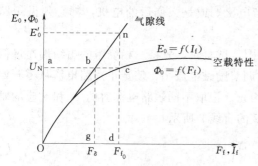

图 2-60　同步发电机的空载特性

由于 $E_0 \propto \Phi_0$，$I_f \propto F_f$，因此将空载特性坐标换成比例尺就可得到 $\Phi_0 = f(F_f)$ 的关系曲线，称为发电机的磁化曲线，即当发电机转子励磁磁动势 F_f 改变时，气隙中励磁磁通 Φ_0 大小的变化规律。由图 2-60 可见，当磁通 Φ_0 较小时，磁路中的铁磁部分未饱和，因而铁磁部分所消耗的磁动势很小，此时励磁磁动势 F_f 绝大部分消耗在气隙中，曲线下部呈直线，其延长线 On，称为气隙线。On 表示在电机磁路不饱和情况下，气隙励磁磁通 Φ_0 大小随励磁磁动势 F_f 大小的变化规律。然而，当主磁通 Φ_0 较大时，在电机闭合磁路中铁磁部分会出现饱和，铁磁部分所消耗的磁动势较大，Φ_0 将不再随 F_f 值成正比例增大，故空载特性逐渐弯曲，呈现"饱和"现象。为充分利用铁磁材料，一般在设计电机时，使空载电动势 $E_0 = U_N$ 时的 F_{f0} 处在空载特性曲线的转弯处，如图 2-60 中的 c 点，此时电机转子的励磁磁动势 $F_{f0} = I_{f0} \cdot N_f = \overline{ac}$，消耗在气隙中的部分为 $F_{f\sigma} = \overline{ab} = I_{f\sigma} \cdot N_f$，定义电机磁路的饱和系数 K_μ 为

$$K_\mu = \frac{\overline{ac}}{\overline{ab}} = \frac{F_{f0}}{F_{f\sigma}} = \frac{I_{f0}}{I_{f\sigma}} = \frac{\overline{dh}}{\overline{dc}} > 1 \tag{2-48}$$

通常 $K_\mu = 1.1 \sim 1.25$ 左右。从图 2-60 可看出，要获得同样的电动势 $E_0 = U_N$，若磁路不饱和，只需 $F_{f\sigma}$，磁路饱和时则需 F_{f0}，其中 $(F_{f0} - F_{f\sigma})$ 消耗在铁磁部分。磁路越饱和铁磁部分消耗的磁动势也就越大。

由上分析，电机的空载特性实质上反映了电机磁路的磁饱和状况，是由电机磁路特性决定的。故空载特性所反映的 $E_0 = f(I_f)$ 或 $\Phi_0 = f(I_f)$ 函数关系，不仅适用于空载，也适用于发电机负载运行的情况。空载特性是发电机的一个基本特性，对已制成的电机，可通过作空载试验来求取，试验时应注意励磁电流 I_f 的调节只能单向进行，否则铁磁物质的磁滞作用会使试验数据产生误差。

实践中采用标幺值表示的空载特性（$I_f^* = I_{f8}/I_{f0}$，$E_0^* = E_0/U_N$），可以与标准空载特性相比较，以判断电机磁路饱和程度是否适当。设计电机时，其标幺值表示的空载特性应与标准空载特性相近。表 2-2 为同步电机标准的空载特性。

表 2-2　　　　　　　　　　　　同步发电机标准空载特性

I_f^*	0.5	1.0	1.5	2.0	2.5	3.0	3.5
$U_0^* = E_0^*$	0.58	1.0	1.21	1.33	1.40	1.46	1.51

（二）短路特性和短路比

1. 短路特性

短路特性是指额定转速运行时，定子三相绕组出线端短接，稳态短路电流与励磁电流的关系，即 $n = n_N =$ 常数、$U = 0$，$I_k = f(I_f)$。

短路特性是同步发电机的又一项基本特性。短路特性可通过同步发电机的短路试验方法来求取，求取短路特性的试验称为短路试验。短路试验既是电机型式试验的一个项目，也是电机检查的一个项目。因此，无论是制造好的新电机，或是大修后的电机，都必须做短路试验。

图 2-61 为同步发电机的短路试验接线原理图，试验时，先将三相绕组的出线端通过低阻抗的导线短接。驱动转子保持额定转速不变，调节励磁电流 I_f，使定子短路电流从零开始逐渐增大，直到短路电流为额定电流的 1.25 倍为止。记取不同短路电流时的 I_k 和对应的励磁电流 I_f，作出短路特性 $I_k = f(I_f)$，如图 2-62 的直线 2 所示。

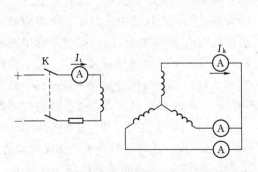

图 2-61　同步发电机的短路试验原理接线

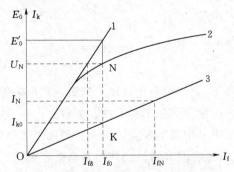

图 2-62　求不饱和电抗 X_d、短路比 K_C
1—不饱和的空载特性；2—空载特性；3—短路特性

稳态短路试验时，因为电机端电压 $U = 0$，发电机的合成电动势全部作用在内部阻抗上。由于定子绕组的电阻 r_a 远小于同步电抗 x_d，所以短路时的发电机定子绕组回路可以认为是一个纯电感性电路。短路电流 $\dot{I}_k$ 滞后 $\dot{E}_0 90°$，即 $\psi = 90°$，即只有纵轴去磁电枢反应，故有

$F_{aq}=0$，$I_q=0$，$\dot{I}_k=\dot{I}_d$，无论是隐极机还是凸极机，电动势方程式为

$$\dot{E}_0=\mathrm{j}\dot{I}\,x_d$$

由于短路电流很大，纵轴去磁电枢反应的结果，使气隙合成磁动势很小，所产生的气隙磁通也很小，磁路处于不饱和状态，E_0 与 I_f 之间为线性关系，故短路特性 $I_k=f(I_f)$ 为一条直线。

2. 利用不饱和空载特性和短路特性求 x_d 的不饱和值

将发电机空载、短路特性作在同一张图上，可求出 x_d 的值。如图 2-62 所示。N 点表示发电机的励磁电流为 I_{f0} 时，$U_0=U_N$，若此时发生三相稳态短路，可由短路特性查得短路电流 I_{k0}（K 点），电动势方程为

$$\dot{E}_0=\mathrm{j}\dot{I}_{k0}x_d$$

根据前面分析，短路时发电机处于不饱和状态，$E_0\propto I_f$，故可查得 E_0（在空载特性气隙线上），进而求得 x_d 的不饱和值为

$$x_d=\frac{E_0}{I_{k0}}$$

正常运行的电机，随着磁路饱和程度增加，磁路磁导减小，x_d 会减小。

3. 短路比 K_C 的确定

短路比 K_C 是同步电机设计或试验中常常用到的一个参数，其定义为空载时建立额定电压所需的励磁电流 I_{f0} 与短路时产生短路电流为额定电流所需的励磁电流 I_{fN} 比值。见图 2-62，短路比用 K_C 表示，根据三角形相似关系，有

$$K_C=\frac{I_{f0}}{I_{fN}}=\frac{I_{k0}}{I_N} \tag{2-49}$$

短路比 K_C 与电机同步电抗有直接关系，设 x_d 为同步电抗的不饱和值，则 $x_d=\dfrac{E_0}{I_{k0}}$，代入式（2-49），得

$$K_C=\frac{E_0'/x_d}{I_N}=\frac{E_0'/U_N}{\dfrac{I_N x_d}{U_N}}=\frac{E_0'}{U_N}\times\frac{1}{x_d^*}=K_\mu\frac{1}{x_d^*} \tag{2-50}$$

式（2-50）表明：短路比 K_C 等于 x_d 值的标幺值的倒数乘以饱和系数 K_μ。短路比 K_C 是影响到同步发电机技术经济指标好坏的一个重要参数，其大小对电机的影响如下。

（1）影响电机的尺寸和造价。短路比大，即 x_d^* 小，意味着气隙大，要在电枢绕组中产生一定的励磁电动势，则励磁绕组的安匝数势必增加，导致电机的用铜量、尺寸和造价都增加。

（2）影响电机的运行性能的好坏。短路比大，即 x_d^* 小，发电机具有较大的过载能力、运行稳定性较好。x_d^* 小，负载电流在 x_d 上的压降小，负载变化时引起发电机端电压波动的幅度较小；但 x_d^* 小，发电机短路时的短路电流则较大。

所以设计合理的同步发电机，其短路比 K_C 数值的选用要兼顾到制造成本和运行性能两个方面。国产的汽轮发电机 $K_C=0.47\sim0.63$，水轮发电机 $K_C=0.8\sim1.3$。

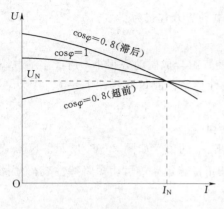

图 2-63 同步发电机的外特性

1. 外特性

外特性是指发电机保持额定转速，转子励磁电流和负载功率因数不变时，发电机的端电压 U 与负载电流 I 之间的关系，即 $n=n_N$、$I_f=$ 常数、$\cos\varphi=$ 常数时，$U=f(I)$。

不同的负载功率因数有不同的外特性，如图 2-63 所示，从图中可以看出，在带纯电阻负载和带感性负载时，外特性曲线都是下降的。这是因为这两种情况时电机内部的电枢反应都有去磁作用的，随负载电流 I 的增大，电枢磁场也增强，去磁作用更显著；加之定子绕组的电阻和漏电抗压降随负载电流 I 的增大而增大，致使发电机的端电压下降［见曲线 $\cos\varphi=1$ 和 $\cos\varphi=0.8$（滞后）］。当发电机带容性负载时，ψ 为负值，电枢反应一般为助磁作用，即随负载电流 I 的增大，端电压 U 是升高的［见曲线 $\cos\varphi=0.8$（超前）］。

2. 电压变化率

外特性曲线表明了发电机端电压随负载的变化情况，而电压变化率则用于定量表示发电机端电压的波动程度。

电压变化率是指单独运行的同步发电机，保持额定转速和励磁电流（额定负载时维持额定电压的励磁电流）不变，发电机从额定负载变为空载，端电压的变化量与额定电压的比值，用百分数表示，即

$$\Delta U=\frac{E_0-U_N}{U_N}\times100\%$$

电压变化率表征同步发电机运行性能的数据之一，现代的同步发电机多数装有快速自动调压装置，ΔU 要求已放宽。但为了防止突然甩负荷时电压上升过高而危及绕组绝缘，最好 $\Delta U<50\%$，一般汽轮发电机的 ΔU 为 $30\%\sim48\%$，水轮发电机的 ΔU 为 $18\%\sim30\%$。（均指 $\cos\Phi=0.8$ 滞后的情况）

3. 同步发电机的调整特性

从外特性曲线可知，当负载变化时，发电机的端电压也随之变化，为了保持发电机电压不变，必须随负载的变化相应调节励磁电流。

所谓调整特性就是指发电机保持额定转速、端电压和负载的功率因数不变，励磁电流 I_f 与负载电流 I 的关系，即 $n=n_N$、$U=U_N$、$\cos\varphi=$ 常数时，$I_f=f(I)$ 曲线，如图 2-64 所示。

图中表示出不同负载功率因数的调整特性曲线。对于纯电阻性和感性负载，为了补偿负载电流形成电枢反应的去磁作用、绕组电阻和漏电抗压降，保持发电机的端电压不变，就必需随负载电流 I 的增大相应增大励磁电流 I_f，因此调整特性曲线是上升

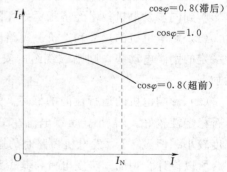

图 2-64 同步发电机的调整特性

的。如图中 $\cos\varPhi=1$ 和 $\cos\varPhi=0.8$（滞后）的曲线所示。而对于容性负载，为了抵消电枢反应磁场的助磁作用，保持发电机的端电压不变，一般就应随负载电流的增大相应地减少励磁电流 I_f，因此它的调整特性曲线是下降的。

能力检测

1. 短距系数和分布系数的物理含义是什么？采用短距线圈和分布绕组，对绕组的电动势和磁动势有何影响？

2. 试说明一相交流绕组基波感应电动势的频率、波形及大小与哪些因素有关？

3. 额定转速为 3000r/min 的同步发电机，若将转速调整为 3060r/min 运行（其他条件不变），问定子绕组三相电动势的大小、频率、波形及各相电动势相位差有何改变？

4. 试比较单相交流绕组与三相交流绕组产生的磁动势的特点。

5. 一台 50Hz 交流电机，今通入 60Hz 的三相对称交流电流，设电流大小不变，问此时基波合成磁动势的幅值大小，转速和转向将如何变化？

6. 为什么同步发电机的电枢磁动势 $\overline{F_a}$ 的转速 n_1 总是与转子转速 n 相同？

7. 解释同步电机的"同步"的含义。

8. 何谓同步发电机的电枢反应？电枢反应的性质与什么因素有关？

9. 试比较同步电动机内功率因数角 ψ 和功率因数角 φ 之差异。

10. 什么是同步电抗？它的物理意义是什么？试分析下面几种情况对同步电抗的影响：电枢绕组匝数增加；铁芯饱和程度增加；气隙减小；励磁绕组匝数增加。

11. 同步发电机电枢反应性质主要是取决于什么？在下列情况下各产生什么性质的电枢反应：三相对称电阻负载；容抗 $x_c^*=0.8$ 的电容负载（设发电机的同步电抗 $x_t^*=1.0$）；感抗 $x_L^*=0.7$ 的感性负载。

12. 为什么隐极同步发电机只有一个同步电抗 x_t？而凸极同步发电机有交轴同步电抗 x_q 和直轴同步电抗 x_d 之分呢？

13. 试写出隐极同步发电机的电动势方程式（$r_a=0$），并分别作出带纯电阻负载时和带纯感性负载时的相量图。

14. 为什么同步发电机带感性负载时 $\cos\varphi=0.8$（滞后），外特性曲线是下降的？调整特性曲线是上升的？而带容性负载时 $\cos\varphi=0.8$（超前），外特性曲线是上升的？调整特性曲线是上降的？

15. 若同步电机定子上加三相对称的恒定电压，转子不加励磁以同步速旋转和将转子抽出，这两种情况下，定子的电流哪种情况大？为什么？

16. 同步发电机短路比的大小会产生哪些影响？

17. 有一台三相汽轮换同步发电机，额定频率 $f=50$Hz，转子磁极对数 $p=1$、定子槽数 $Z=54$，线圈节距 $y=22$ 槽，匝数 $N_c=1$，绕组为三相双层短距叠绕组，Y 接法，每相的支路数 $2a=1$，该发电机空载运行时磁通量 $\varPhi_1=0.9945$Wb，试求：相绕组电动势的基波有效值 $E_{\varPhi1}$。

18. 有一台水轮同步发电机，$f=50$Hz，$n_N=1000$r/min，采用短距双层分布绕组，$q=3$，线圈节距 $y=\dfrac{5}{6}\tau$，每相串联匝数 $N=72$ 匝，每相的支路数 $2a=1$，三相 Y 接法，磁通量 $\varPhi_1=8.9\times10^{-3}$Wb，试求：电机的极对数 p、定子槽数 Z、相电动势 $E_{\varPhi1}$。

19. 国产三相汽轮发电机，额定功率 $P_N = 6000\text{kW}$，极对数 $p=1$，$f=50\text{Hz}$，额定电压 $U_N = 6.3\text{kV}$，Y 接法，$\cos\varphi_N = 0.8$（滞后），$Z=36$，双层短距绕组，线圈节距 $y=15$ 槽，线圈匝数为 $N_C = 2$ 匝，每相有二条支路即 $2a=2$。试求额定运行时：相绕组所产生的基波磁动势的幅值？三相基波磁动势的幅值、转速？

20. 一台汽轮发电机 $U_N = 10500\text{V}$，Y 接法，每相同步电抗 $x_t = 10.4\Omega$，忽略电枢绕组的电阻，试求额定负载且 $\cos\varphi_N = 0.8$（滞后）时的 E_0、ψ、δ 和 ΔU？

21. 有一台 $P_N = 300\text{MW}$、$U_N = 18\text{kV}$、Y 接法、$\cos\varphi_N = 0.8$（滞后）的汽轮发电机，已知 $x_t^* = 2.28$，电枢电阻略去不计，试求额定负载下的励磁电动势 E_0 和 δN？

22. 有一台水轮发电机 $P_N = 72500\text{kW}$、$U_N = 10500\text{V}$、Y 接法，$\cos\varphi_N = 0.8$（滞后），参数为：$x_q = 0.9493\Omega$，$x_d = 1.528\Omega$，电枢电阻略去不计，试求额定负载下的励磁电动势 E_0、I_q、I_d、ψ 和 δ_N？

23. 一台水轮发电机，$x_q^* = 0.554$，$x_d^* = 0.854$，电枢电阻略去不计，$\cos\varphi_N = 0.8$（滞后）。试求额定负载下的励磁电动势 E_0^*、E_0、δ_N 和 ΔU？

任务三 同步发电机的运行维护

【任务描述】

同步发电机的运行特性包括发电机主要损耗的构成和效率、水轮发电机的开机、并列及并列后有功功率和无功功率的调节、同步发电机的运行监视内容、同步发电机的异常运行及处理、同步发电机日常维护等内容。

【任务分析】

了解同步发电机主要损耗的构成和效率。掌握水轮发电机的开机过程。掌握同步发电机准同步并列条件及准同期并列操作；掌握同步发电机并列运行时有功功率的调节和静态稳定概念；掌握同步发电机并列运行时无功功率功角特性；了解同步发电机的调相运行及调相机。掌握解列的操作过程。了解同步发电机的运行监视内容，掌握同步发电机发生短路时的暂态过程，理解短路电流的影响。掌握同步发电机异常运行的后果及处理方法。了解水轮同步发电机日常维护内容。

【任务实施】

一、同步发电机的损耗和效率

（一）损耗的种类

同步发电机在将机械能转换为电能的过程中，会产生各种损耗。损耗不仅消耗了有用的电能，降低了发电机的效率，而且最终都转变为热能，使电机温度升高，影响电机的出力。

1. 机械损耗 p_{mec}

包括轴承和集电环和摩擦损耗及通风损耗。机械损耗约占总损耗的 $30\% \sim 50\%$。

2. 定子铁损耗 p_{Fe}

指主磁通在定子铁芯所引起的磁滞和涡流损耗。

3. 定子铜损耗 p_{Cu}

指三相电流流过定子绕组所引起直流电阻损耗。

4. 励磁损耗 p_{Cuf}

指整个励磁回路中的所有损耗，如励磁绕组的直流电阻损耗，变阻器损耗和电刷损耗等。

5. 附加损耗 p_{ad}

主要是定子漏磁通和定、转子磁场的高次谐波在电枢绕组、磁路以及其他金属结构件中所引起的损耗，它又分为空载附加损耗和负载附加损耗两类。

（二）效率

类似于其他电机，同步发电机效率为

$$\eta = \frac{P_2}{P_1} \times 100\% = \frac{P_2}{P_2 + \sum P} \times 100\% \qquad (2-51)$$

式中：$\sum P$ 为总损耗，$\sum P = p_{mec} + p_{Fe} + p_{Cu} + p_{Cu}f + p_{ad}$；$P_1$ 为输入功率；P_2 为输出功率。

效率是同步发电机运行性能的重要数据之一，反映发电机运行的经济性。现代大型汽轮发电机 $\eta = 94\% \sim 97.8\%$，大型水轮发电机 $\eta = 96\% \sim 98.5\%$，中小型的比上述数据小些。

二、同步发电机的并联运行

（一）水轮发电机的开机过程

1. 接到开机命令后，进行开机前的检查和准备

水轮发电机组开机前，除了试运行前的一部分必须检查的项目外，还必须检查以下几项。

（1）所有电器设备和电器元件无破损和异常；各引线、连接线绝缘无破损；所有短路线和临时接地线应拆除。

（2）导水叶处于全关状态。

（3）制动闸落下。

（4）断路器在断开位置。

（5）灭磁开关未合。

（6）机组无事故。

（7）测定发电机定子绕组及励磁回路绕组的绝缘电阻值，应符合规定要求。

（8）在发电机磁场回路中，将变阻器放在最大位置。

2. 开机

（1）开辅机。

1）退出调速器锁定，打开调速器总供油阀。

2）开启发电机通风机，打开冷却水，若出现冷却水中断信号，经过延时，投入备用冷却水，若仍无冷却水信号，发出冷却水中断信号。

3）开密封水，若延时后无密封水信号，发出密封水故障信号。

（2）启动发电机。

1）起动水轮机加速至额定转速的 50% 并维持转速不变，如果轴承温度正常，机组运行得很平稳，就可以逐渐增加导叶开度使转速达到额定转速。

2）在运行中，水轮机和调速器的各种检查和调整应该按常规进行。再调节磁场变阻器

使发电机端电压达到额定值。

3）机组空载运行数分钟，检查仪表盘上的各种仪表指示、所有配电装置、调速器及其他自动装置均正常后，投入自动励磁装置和自动调速器。

（3）按机组的不同运行方式，向用户或系统供电。

1）单机运行机组，先合上刀开关，再合上主开关，然后合上各支路开关，开始向外送电。此时会出现电压和频率下降情况，可继续调节磁场变阻器和导叶开度，使电压和频率达到额定值。

2）并列运行机组，按机组并列的要求，将水轮发电机组并入电网运行。然后，调节导叶开度，增加水轮机进水量，使发电机带上负荷。

（4）检查。检查机组各部分的运行情况，并做好记录。

（二）同步发电机的并列运行

现代电力系统都是将许多发电厂中的发电机并列运行向用户供电，然后根据负荷的变化来进行调剂，以使电能的生产和分配更为合理，这不仅可以提高机组的运行效率，减少机组的备用容量，而且能提高整个电力系统的稳定性、经济性和可靠性。

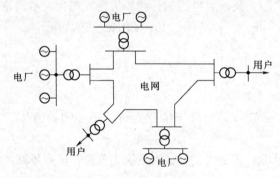

图 2-65　电力系统示意图

由许多发电厂的发电机组并列运行，共同向用户供电的强大电力系统，当系统中某个负荷变化，或改变系统内某台发电机运行状态时，对系统的电压及频率影响都极小，近似认为不变。我们把这种电压和频率为常数、综合阻抗为零的电网，称之为"无穷大电网"，如图 2-65 所示。

同步发电机投入电力系统并列运行，必须具备一定的条件，否则可能造成严重的后果。本章先讨论同步发电机的并列条件和方法，然后分析运行时有功功率和无功功率的调节。

1. 同步发电机并列运行的方法和条件

为了避免并联投入瞬间产生冲击电流及其引起的电机内部机械力的冲击及并网后能稳定运行，投入电网的同步发电机需要满足一定的并列条件。根据待并发电机励磁情况的不同，并列的方法和条件也不同，目前，并列的方法有两种，一种是准同步法，另一种是自同步法。现代同步发电机在正常时一般均采用准同步法。

（1）准同步法并列的条件。

准同步法并列的待并发电机首先应处在空载励磁状态下工作，然后调节发电机使其满足以下条件方可并入电网，并列条件是：

1）待并发电机的端电压 U_F 与系统电压 U 大小相等，即 $U_F=U$，且波形相同。

2）待并发电机电压与系统电压同相位。

3）待并发电机的频率 f_F 等于系统频率 f，即 $f_F=f$。

4）待并发电机三相电压相序与系统三相电压相序一致。

满足上面四个条件后，发电机端电压的瞬时值与电网电压的瞬时值就完全相同，并联合闸瞬间才不会产生冲击电流。而在这些条件中，波形由电机制造厂通过结构改进来满足，而发电机电压相序决定于发电机的旋转方向，只要在安装时或大修后与电网的各相对应连接即可。因此，实际并联投入时，只要调节待并发电机的电压大小、相位和频率，保证与电网电压相同，即满足并联运行条件。

(2) 条件不满足时并列。

1) 待并发电机的电压 U_F 与系统电压 U 大小不等。

现以隐极机为例，如图 2-66 (a) 所示。合闸前，待并发电机的电压 $\dot{U}_F = \dot{E}_0$，若 $U_F \neq U$，则在并列开关 S 两端存在着电压差 $\Delta\dot{U} = \dot{U}_F - \dot{U}$。合闸瞬间，将在发电机与电网间产生冲击电流。根据图示各物理量的正方向，冲击电流为

$$\dot{I}_h = \frac{\Delta\dot{U}}{\mathrm{j}x''} = \frac{\dot{U}_F - \dot{U}}{\mathrm{j}(x''_d + x''_t)} \tag{2-52}$$

式中：x''_d 为发电机合闸过渡过程中的次暂态电抗；x''_t 为电网电抗，可认为几乎为零。

于是表达式为

$$\dot{I}_h = \frac{\dot{U}_F - \dot{U}}{\mathrm{j}x''_d}$$

由于 $x''_d \ll x_d$，即使 ΔU 较小，也会产生很大的冲击电流，并在定子绕组间很大的电磁作用力，严重时会使绕组端部受到损坏。同时暂态电磁转矩也会引起机组扭振，可能使其转轴损伤。

根据隐极电机的电动势方程式 $\dot{E}_0 = \dot{U} + \mathrm{j}\dot{I}_h x$，可作出相量图，如图 2-66 (b) 所示。

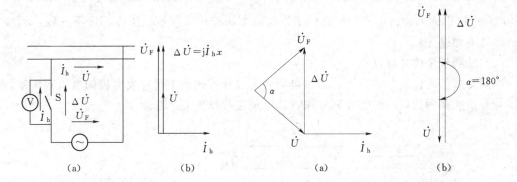

图 2-66 $U_F \neq U$ 时的并列
(a) 并列单线图；(b) 相量图

图 2-67 电压相位不同时并列
(a) 相位差 $\alpha < 180°$ 时；(b) 相位差 $\alpha = 180°$ 时

2) 待并发电机电压相位与系统电压的相位不同。

在发电机与电网所构成的回路中，电压相位的不同也会产生电压差，在并列合闸时产生冲击电流，如图 2-67 所示。当 $\dot{U}_F$ 和 $\dot{U}$ 相位差为 180° 时 ΔU 最大，冲击电流也为最大，约为额定电流的 20~30 倍，巨大的冲击电磁力将损坏发电机。

3) 待并发电机的频率 f_F 与系统频率 f 不等。

当频率不等时，$\dot{U}_F$ 和 $\dot{U}$ 两相量会因为旋转的角速度不同而出现相对运动，若以电网电压 $\dot{U}$ 作为参考相量，则 $\dot{U}_F$ 将以 $\Delta\omega = \omega_F - \omega$ 的角速度旋转，两相量之间的相位差在 0°~360°

之间变化，其大小也将随时间在（0～2）U 之间不断变化的量，这个变化的电压称为拍振电压。在拍振电压的作用下将产生大小和相位都不断变化的拍振电流 $\dot{I}_h$，$\dot{I}_h$ 的有功分量与转子磁场作用所产生的电磁转矩也时大时小，将导致发电机发生振动。

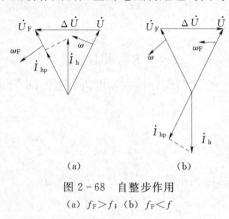

图 2-68　自整步作用
(a) $f_F > f$；(b) $f_F < f$

实际并列操作时，若待并发电机与电网频率相差很小，合闸后，可通过同步发电机自身的"自整步"特性，将发电机拉入与电网同步。

当 $f_F > f$ 时，说明输入的机械功率稍大，此时 $\omega_F > \omega$，如图 2-68（a）所示，$\dot{U}_F$ 超前 $\dot{U}$，$\dot{I}_h$ 与 $\dot{U}_F$ 相位差小于 90° 发电机输出有功功率，电流有功分量对发电机产生制动的电磁转矩，使发电机减速而逐步拉入与电网同步。

当 $f_F < f$ 时，说明输入的机械功率稍小，此时 $\omega_F < \omega$，如图 2-68（b）所示，$\dot{U}_F$ 滞后 $\dot{U}$，$\dot{I}_h$ 与 $\dot{U}_F$ 相位差大于 90° 发电机吸收有功功率，此时电流有功分量对发电机产生驱动的电磁转矩，使发电机加速而拉入与电网同步。

必须指出：同步发电机与电网的频率相差较大时，由于电流 $\dot{I}_h$ 及其产生的转矩变化太快及转子的惯性作用，就无法利用发动机的"自整步"作用将其拉入同步。

4）相序不一致。

如果发电机的相序错误，则会在发电机的某两相与电网的某两相之间产生电压差 $\Delta U = \sqrt{3}U$，将产生很大的冲击电流，同时同步发电机无法被拉入同步，所以相序不一致，同步发电机绝对不允许并列运行。

（3）准同步法的并列操作。

准同步法是在仪表的监视下，通过自动或半自动方式调节待并发电机的电压和频率，使之符合与系统并列的条件时的并列操作。其原理接线如图 2-69 所示。

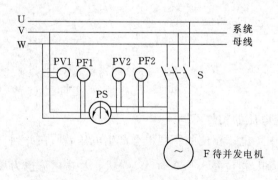

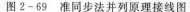

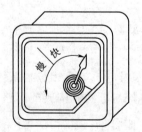

图 2-69　准同步法并列原理接线图　　　　图 2-70　同步表外形

电网电压和待并发电机电压分别由电压表 V1 和 V2 监视，通过调节待并发电机励磁电流，使其电压与电网电压相同。电网频率和待并发电机频率分别由频率表 Hz1 和 Hz2 监视，通过调节待并发电机频率即原动机转速，使其接近电网的频率。图 2-70 的同步表 S 是用来监视发动机与电网间的频率和相位关系。若同步表的指针向"快"的方向旋转时，表明待并发电机频率高于系统频率，此时应减小原动机转速，反之亦然。同步表的指针与表盘红线刻度线之间的夹角，则反映这瞬间待并发电机与电网电压的相位关系。并列操作时，调节待并发电机励磁电流和转速，使仪表 V1 和 V2、Hz1 和 Hz2 的读数相同，同步表 S 的指针转动缓慢，当指针超前红线一定夹角（与指针旋转速度和合闸速度有关）时，应迅速合闸，完成并列操作。

在并列过程中，若电压、频率的调节及合闸操作由运行人员手动完成，称为手动准同期。若由自动装置来完成，则称为自动准同期。

（4）自同步法。

准同步法并列虽然可避免并列瞬间过大的冲击电流，但操作过程复杂，需要较长的时间进行调整。尤其当电网发生故障时，电网电压和频率均处在变化状态，采用准同步法并列较为困难。此时，为将发动机很快并入电网，应采用自同步法。

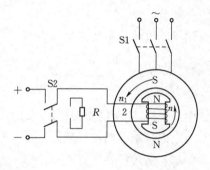

图 2-71　自同步法并列原理接线图

自同步法的接线如图 2-71 所示。其中的 R 为灭磁电阻，其大小一般为励磁绕组电阻值的 10 倍。合闸时，灭磁电阻能避免定子绕组的冲击电流产生的定子磁场在转子励磁绕组中感应出高电动势而形成的大电流，起限流作用。

自同步法进行并列操作时，首先检查相序是否对应；再将发电机的转子励磁绕组经一灭磁电阻 R 闭合，在发电机不加励磁的情况下，调节发电机的转速接近同步转速（与电网频率相差在 $\pm5\%$ 以内），然后合闸，并迅速加上直流励磁，此时依靠发电机"自整步"作用将发电机拉入与系统同步。

需注意的是，采用自同步法并列操作投入电力系统时，发电机转子励磁绕组也不能开路，以免合闸时励磁绕组产生的高电压击穿绕组绝缘。

自同步法并列操作简单、迅速，不需增加复杂设备，但合闸瞬间，发电机定子绕组会产生较大冲击电流，故一般只用于系统故障时的并列操作。

（二）并列运行时有功功率的调节和静态稳定

同步发电机并入系统后，就应向电网输送有功功率和无功功率，当电力系统的功率不平衡时，系统的电压和频率将会引起波动。

1. 有功功率的调节

（1）功率平衡和转矩平衡。

1）功率平衡方程式。负载运行的同步发电机，原动机从轴上输入给发电机的机械功率 P_1（称为输入功率），扣除发电机的机械损耗 p_{mec}、铁耗 p_{Fe}、附加损耗 p_{ad} 和励磁损耗 p_{Cuf} 后，其余的通过气隙磁场电磁感应作用转换为定子三相绕组中的电磁功率 P_M，电磁功率 P_M 扣除定子电枢绕组的铜耗 p_{Cua} 后，便得到发电机输出的电功率 P_2。其能量转换过程如图 2-72 所示。则有

$$P_M = P_1 - (p_{mec} + p_{Fe} + p_{ad} + p_{Cuf}) = P_1 - p_0$$
$$P_1 = P_0 + P_M$$

$$(2-53)$$

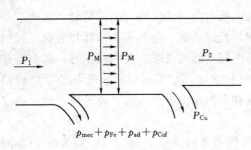

图 2-72　发电机能量流程示意

式中：p_0 为空载损耗，发电机空载运行时就已存在，$p_0 = p_{mec} + p_{Fe} + p_{ad} + p_{Cuf}$。

$$P_2 = P_M - p_{Cu}$$

因定子电枢绕组的电阻很小，一般可略去其铜耗 p_{Cu}，则

$$P_M \approx P_2 = mUI\cos\varphi$$

式中：m 为相数。

2）转矩平衡方程式。

将式（2-53）两边同除以转子角速度 Ω，得到发电机转矩平衡方程式为

$$\frac{P_1}{\Omega} = \frac{P_0}{\Omega} + \frac{P_M}{\Omega}$$

$$T_1 = T_0 + T \tag{2-54}$$

式中：T_1 为发电机输入转矩（驱动性质）；T_0 为发电机空载损耗对应的转矩（制动性质）；T 为电磁转矩（制动性质）。

（2）功角特性。

由凸极式同步发电机的简化相量图 2-60 可知，$\Phi = \psi - \delta$，因此

$$\begin{aligned} P_M \approx P_2 &= mUI\cos\varphi = mUI\cos(\psi - \delta) \\ &= mUI\cos\psi\cos\delta + mUI\sin\psi\sin\delta \\ &= mUI_q\cos\delta + mUI_d\sin\delta \end{aligned} \tag{2-55}$$

从相量图可知，$I_q x_q = U\sin\delta$，$I_d x_d = E_0 - U\cos\delta$ 则

$$I_q = \frac{U\sin\delta}{x_q}$$

$$I_d = \frac{E_0 - U\cos\delta}{x_d}$$

将上两关系代入式（2-55），并整理得

$$P_M = m\frac{E_0 U}{x_d}\sin\delta + m\frac{U^2}{2}\left(\frac{1}{x_q} - \frac{1}{x_d}\right)\sin 2\delta = P_M' + P_M'' \tag{2-56}$$

其中

$$P_M' = m\frac{E_0 U}{x_d}\sin\delta$$

$$P_M'' = m\frac{U^2}{2}\left(\frac{1}{x_q} - \frac{1}{x_d}\right)\sin 2\delta$$

式中：P_M' 为基本电磁功率；P_M'' 为附加电磁功率。

附加电磁功率与励磁电流无关，它是由于交轴与直轴磁路的磁阻不同（$x_q \neq x_d$）而引起的，故也称磁阻功率。

而对于隐极发电机，因 $x_q = x_d = x_t$，则

$$P_M = m\frac{E_0 U}{x_t}\sin\delta = f(\delta) \tag{2-57}$$

通过以上分析发现，电磁功率 P_M 和电磁转矩 T 可以表示为功角 δ 的函数，称为功角特性 $P_M = f(\delta)$ 或 $T = f(\delta)$，利用功角特性可以分析发电机的运行状态。将功角特性在直角

坐标系中绘制成曲线，则称为功角特性曲线，图2-73为凸极同步发电机的功角特性曲线，图2-74为隐极同步发电机的功角特性曲线。

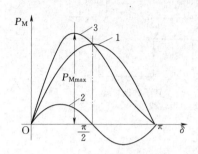

图2-73 凸极同步发电机功角特性曲线
1—基本电磁功率；2—附加电磁功率；3—凸极同步
发电机的功角特性曲线图

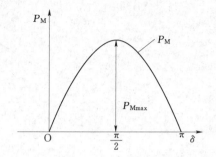

图2-74 隐极同步发电机的功角特性曲线

现以隐极同步发电机为例来进一步分析其功角特性。当发电机与系统并列运行时，认为端电压U是恒定的，若励磁电流不变，则励磁电动势也是不变的，因此其电磁功率（即近似发出的有功功率）是关于功角δ的正弦函数。

当功角在$0 < \delta < 90°$区间，电磁功率随δ的增大而增大。

当功角$\delta = 90°$时，电磁功率为最大，即为PM_{max}，此值称发电机功率极限值，说明发电机并列运行时，其输出功率是有限的，并不会随着输入功率的增大而无限增大。

当功角在$90° < \delta < 180°$区间，电磁功率随δ的增大反而减小，$\delta = 180°$时电磁功率为0。

当功角$\delta > 180°$时，电磁功率由正变为负值，说明发电机不再向系统输出有功功率，反而向系统吸收有功功率，即由发电机状态变为电动机状态。

功角δ有双重的物理意义：①励磁电动势$\dot{E}_0$和端电压$\dot{U}$两个时间相量之间的夹角；②励磁磁动势$\overline{F}_{fl}$和合成等效磁动势$\overline{F}_\delta$两个空间矢量之间的夹角（由于$\overline{\Phi}_0$对应于$\overline{F}_{fl}$，$\overline{\Phi}_\delta$对应于$\overline{F}_\delta$），$\overline{F}_{fl}$超前$\dot{E}_0$90°，端电压$\dot{U}$与合成等效磁动势$\overline{F}_\delta$相对应，同样$\overline{F}_\delta$超前$\dot{U}$90°。因此，它们有如图2-75（a）所示的关系。夹角δ的存在使得转子磁极和合成等效磁极间的通过气隙的磁力线被扭斜了，产生了磁拉力，这些磁力线像弹簧一样有弹性地将两磁极联系在一起，如图2-75（b）所示。在励磁电流不变时，功角δ越大，则磁拉力也越大，相应的电磁功率和电磁转矩也越大。

从以上分析看出，功角δ是研究同步发电机并列运行的一个重要物理量，它不仅反应了转子主磁极的空间位置，也决定着并列运行时输出功率的大小。功角的变化势必引起同步发电机的有功功率和无功功率的变化。

（3）有功功率的调节。

为了简化分析，以并列在无穷大容量电力系统的隐极同步发电机为例，不考虑磁路饱和及定子绕组电阻的影响，且保持励磁电流不变，来分析有功功率的调节过程。

当发电机并列于系统作空载运行时，$\dot{E}_0 = \dot{U}$、$\delta = 0°$、$P_2 = P_M = 0$，运行在功角特性的0点，见图2-76（a）、（c）。从式$P_M = m\dfrac{E_0 U}{x_t}\sin\delta$可知，要使发电机输出有功功率$P_2$，就必

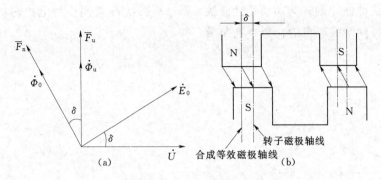

图 2-75 功角的含义
(a) 时空矢量、相量；(b) 功角空间示意

须使 $\delta\neq0$。这就需要增大原动机输入的机械功率（增大汽门或增大水门），这时原动机的驱动转矩大于发电机的空载制动转矩，于是转子开始加速，主磁极的位置就逐渐开始超前气隙合成等效磁极轴线，故 $\dot{E}_0$ 将超前 $\dot{U}$ 一个功角 δ，电压差 $\Delta\dot{U}$ 将产生输出的定子电流 $\dot{I}$，如图 2-76（b）所示。显然，随功角 δ 的增大使电磁功率 P_M（即输出的有功功率 P_2）也随之增大，对应制动性质的电磁转矩也随之增大，当电磁制动转矩增大到与增大的驱动转矩相等时，转子就停止加速。这样，发电机输入功率和输出功率达到一个新的平衡状态，便在功角特性曲线上新的运行点稳定运行，如图 2-76（c）功角特性上的 A 点。

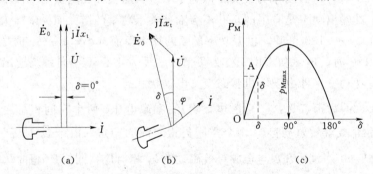

图 2-76 并列运行的发电机有功功率的调节
(a) 空载运行时相量图；(b) 负载运行时相量图；(c) 有功调节后的 A 点运行

由此可见，要调节与系统并列运行的发电机输出的有功功率，应调节原动机输入的机械功率来改变发电机的功角，使输出功率改变。还需指出，并不是无限制地增大原动机输入的机械功率，发电机的输出功率都会相应增大，这是因为发电机有一个极限功率（即 PM_{max}）的问题，而该极限功率决定于励磁电流和发电机同步电抗的大小。

2. 静态稳定

并列到电网的同步发电机，经常会受到来自系统或原动机方面的小而短暂的干扰，导致发电机功率的波动，如果同步发电机能在干扰消失后恢复到原来稳定运行状态，就称为发电机处在"静态稳定"状态，否则，处在"静态不稳定"状态。

为使分析问题简便，略去空载损耗，即假设 $P_1 = P_M$。仍以隐极发电机为例，发电机原稳定运行在 a 点，对应的功角为 δ_a，此时对应的电磁功率为 P_{Ma} 与输入的机械功率相平衡，

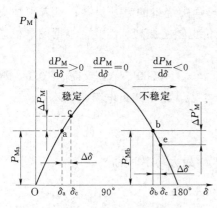

图 2-77　同步发电机静态稳定分析

如图 2-77 所示。由于某种原因，原动机输入的功率瞬间增加了 ΔP_1，则转子加速，功角将从 δ_a 增大到 δ_c $= \delta_a + \Delta\delta$，相应电磁功率增加 ΔP_M，发电机工作点移到 c，电磁功率为 P_{Mc}。当干扰消失后（即 $\Delta P_1 = 0$），发电机的功角仍为 δ_c，发电机的电磁功率 P_{Mc} 大于输入的功率 P_1，转子减速，功角又由 δ_c 回到 δ_a，输出与输入功率得到平衡，发电机重新稳定运行在 a 点。

若发电机原先在 b 点运行，此时输出功率与输入功率平衡，即 $P_1 = P_{Mb}$，由于某种原因，原动机输入的功率瞬间增加了 ΔP_1，则功角将从 δ_b 增大到 $\delta_e = \delta_b + \Delta\delta$ 时，电磁功率反而减小了 $\Delta P'_M$，此时的电磁功率 P_{Me} 小于输入的功率 $P_1 + \Delta P_1$，即使干扰很快消

失，仍有电磁功率 P_{Me} 小于输入的功率 P_1，使转子加速。功角继续增大，电磁功率 P_M 将进一步减小，输出与输入功率得不到平衡，所以，发电机在 b 点无法稳定运行，最终导致转子主磁极与气隙合成等效磁极失去同步。这种现象称发电机"失步"。

综上所述，从功角特性曲线上可看出，凡是运行在电磁功率随功角增大而增大部分（即曲线上升部分），发电机的运行是静态稳定的，此状态用数学式表示为

$$\frac{dP_M}{d\delta} > 0 \tag{2-58}$$

也就是同步发电机静态稳定的条件。

反之，电磁功率随功角增大而减小部分（即曲线下降部分），即 $\frac{dP_M}{d\delta} < 0$，发电机的运行

是静态不稳定的。并可知，$\frac{dP_M}{d\delta} = 0$ 处，就是同步发电机的静态稳定极限。

显然，$\frac{dP_M}{d\delta}$ 所具有的大小及其正、负数值，表征了发电机抗扰动保持静态稳定的能力，

我们把它称为比整步功率，用 P_{syn} 表示。隐极同步发电机的比整步功率为

$$P_{syn} = \frac{dP_M}{d\delta} = \frac{dm\dfrac{E_0 U}{x_t}\sin\delta}{d\delta} = m\frac{E_0 U}{x_t}\cos\delta \tag{2-59}$$

式（2-59）说明功角 δ 越小，比整步功率越大，发电机的稳定性越好。

可见，功角在 $0 < \delta < 90°$ 区域，发电机是静态稳定的，$\delta > 90°$ 是静态不稳定的。因此，发电机正常运行时能发出多大的功率，不但要考虑发电机本身温升的限制，而且还要考虑发电机的稳定性要求。因此，实际中，要求发电机的功率极限值 P_{Mmax} 比额定功率 P_N 大一定的倍数，这个倍数称为静态过载能力，即

$$K_m = \frac{P_{Mmax}}{P_N} = \frac{m\dfrac{E_0 U}{x_t}}{m\dfrac{E_0 U}{x_t}\sin\delta_N} = \frac{1}{\sin\delta_N} \tag{2-60}$$

一般要求 $K_m = 1.7 \sim 3$，与此对应的发电机额定运行时的功角 $\delta_N = 25° \sim 35°$ 左右，K_m 越大发电机的稳定性越好，但是要增大 K_m 值，额定功角 δ_N 必须减小，而减小 δ_N 的途径：①增

大 E_0；②减小同步电抗 x_t。前者需增大励磁电流，引起励磁绕组的温升提高；后者须加大气隙，导致励磁安匝数的增加，电机尺寸加大，电机造价也随之提高。因此，根据发电机运行提出的要求，设计制造发电机时应综合考虑。

【例 2 - 3】 有一台凸极式同步发电机，数据如下：$S_N = 8750 \text{kVA}$，$\cos\varphi_N = 0.8$（滞后），Y接法，$U_N = 11\text{kV}$，每相同步电抗 $x_q = 9\Omega$，$x_d = 17\Omega$，定子绕组电阻略去不计。

试求：（1）同步电抗的标幺值。

（2）该机在额定运行时的功角 δ_N 及励磁电动势 E_0。

（3）该机的最大电磁功率 P_{Mmax}，过载能力 K_m 及产生最大功率时的 δ。

解：（1）额定电流：$I_N = \dfrac{S_N}{\sqrt{3}U_N} = \dfrac{8750\times10^3}{\sqrt{3}\times11\times10^3} = 459.3$（A）

$\qquad$ 阻抗基值：$Z_N = \dfrac{U_{N\Phi}}{I_N} = \dfrac{11\times10^3/\sqrt{3}}{459.3} = 13.83$（$\Omega$）

$\qquad$ 同步电抗的标幺值：$x_q^* = \dfrac{x_q}{Z_N} = \dfrac{9}{13.83} = 0.651$

$$x_d^* = \dfrac{x_d}{Z_N} = \dfrac{17}{13.83} = 1.229$$

（2）$\qquad \psi = \arctan\dfrac{I^* x_q^* + U^*\sin\varphi}{U\cos\varphi} = \arctan\dfrac{1\times0.651+1\times0.6}{1\times0.8} = 57.4°$

$$\delta_N = \psi - \varphi_N = 57.4° - 36.9° = 20.5°$$

$$E_0 = U_{N\varphi}\cos\delta_N + I_d x_d = \dfrac{11\times10^3}{\sqrt{3}}\times\cos20.5° + 459.3(\sin57.4°)\times17 = 12530（V）$$

$$E_0^* = \dfrac{E_0}{U_{N\Phi}} = \dfrac{12530}{11\times10^3/\sqrt{3}} = 1.973$$

（3）$\qquad P_M^* = \dfrac{E_0^* U^*}{x_d^*}\sin\delta + \dfrac{U^{*2}}{2}\left(\dfrac{1}{x_1^*} - \dfrac{1}{x_d^*}\right)\sin2\delta$

$$= \dfrac{1.973\times1}{1.229}\sin\delta + \dfrac{1}{2}\left(\dfrac{1}{0.651} - \dfrac{1}{1.229}\right)\sin2\delta = 1.605\sin\delta + 0.3612\sin2\delta$$

令 $\dfrac{dP_M^*}{d\delta} = 0$，则有

$$\dfrac{dP_M^*}{d\delta} = 1.605\cos\delta + 0.7224\cos2\delta = 1.445\cos^2\delta + 1.605\cos\delta - 07224 = 0$$

$$\cos\delta = \dfrac{-1.605\pm\sqrt{1.605^2 + 4\times1.445\times0.7224}}{2\times1.445} = \dfrac{-1.605\pm2.598}{2.89}$$

发电机运行时：$0 < \delta < 90°$，$0 < \cos\delta < 1$，故分子应取正号，于是

$\cos\delta = \dfrac{0.993}{2.89} = 0.3436$ 得 $\delta = 69.9°$ 并代入 P_M^* 则

$$P_{\text{Mmax}}^* = \dfrac{E_0^* U^*}{x_d^*}\sin\delta + \dfrac{U^{*2}}{2}\left(\dfrac{1}{x_q^*} - \dfrac{1}{x_d^*}\right)\sin2\delta$$

$$= \dfrac{1.973\times1}{1.229}\sin\delta + \dfrac{1^2}{2}\left(\dfrac{1}{0.651} - \dfrac{1}{1.229}\right)\sin2\delta = 1.605\sin\delta + 0.3612\sin2\delta$$

$$= 1.605\sin69.9° + 0.3612\sin(2\times69.9°) = 1.745$$

因此最大电磁功率为：

$$P_{Mmax}=P_{Mmax}^*\times S_N=1.745\times8750=15269(kW)$$

该发电机的过载能力：$K_m=\dfrac{P_{Mmax}}{P_N}=\dfrac{15269}{8750\times0.8}=2.181$

（三）并列运行时无功功率的调节和 U 形曲线

电力系统中存在有功负荷和无功负荷，这要求同步发电机与系统并列运行时，不但要向电网输出有功功率，而且还要向电网供给无功功率。系统的无功功率不平衡时，会导致系统电压的波动。

为简便起见，仍以隐极同步发电机为例，假设同步发电机并列到一个无穷大电网，并忽略定子绕组的电阻，说明并列运行时发电机无功功率的调节。

1. 无功功率的功角特性（也称无功特性）

同步发电机输出的无功功率为

$$Q=mUI\sin\varphi \tag{2-61}$$

图 2-78 为隐极发电机不计定子绕组电阻时的相量图，由图可见

$$Ix_t\sin\varphi=E_0\cos\delta-U=mUI\sin\varphi$$

或

$$I\sin\varphi=\frac{E_0\cos\delta-U}{x_t} \tag{2-62}$$

将式（2-62）代入式（2-61）得

$$Q=m\frac{E_0U}{x_t}\cos\delta-m\frac{U^2}{x_t} \tag{2-63}$$

式（2-63）隐极同步发电机的无功功率 Q 与功角 δ 之间的关系 $Q=f(\delta)$ 称为无功功率的功角特性。其曲线如图 2-79 所示。为便于比较，图中还画出了有功功角特性 $P_M=f(\delta)$ 曲线。

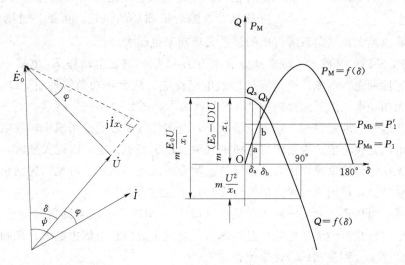

图 2-78　隐极发电机的相量图　　图 2-79　隐极发电机的有功功率和无功功率的功角特性

从图 2-79 可以看出，当励磁电流保持不变时，有功功率的调节会引起无功功率变化。

127

如发电机原运行在功角特性的 a 点，此时的功角为 δ_a，输出的电磁功率为 P_{Ma} 与输入功率 P_1 相平衡，且此时输出的无功功率为 Q_a。现输入功率增大为 P_1'，则功角增大为 δ_b，输出的电磁功率相应增大为 P_{Mb} 与 P_1' 平衡，然而输出的无功功率减小为 Q_b。由此可见，保持励磁电流不变，输出的有功功率增大时，会引起输出的无功功率减小；反之，输出的有功功率减小时，会引起输出的无功功率增大。

2. 无功功率的调节

从无功功角特性可以看出，当调节励磁电流改变励磁电动势，就能改变同步发电机发出的无功功率大小和性质。

（1）有功输出为零时无功功率的调节。

隐极式同步发电机不计定子绕组电阻时的电动势平衡方程式为

$$\dot{E}_0 = \dot{U} + j\dot{I}x_t$$

1）当发电机并列于系统作空载运行时，$\dot{E}_0 = \dot{U}$，$\dot{I} = 0$。

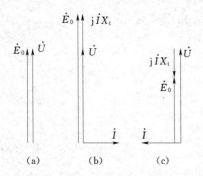

图 2-80　$P=0$ 时无功功率的调节
(a) 正常励磁状态；(b) 过励状态；(c) 欠励状态

2）如图 2-80（a）所示。输出的有功功率 $P=0$，输出的无功功率 $Q=0$，这时励磁电流为 I_{f0}，称为正常励磁电流。

3）在正常励磁的基础上，增大励磁电流，即 $I_{f1} > I_{f0}$，励磁电动势 E_0 增大，电枢绕组向系统输出纯感性的无功电流，产生直轴去磁电枢反应，从无功功角特性看，$Q>0$，向电网输出感性的无功功率，此时的励磁称"过励"状态，如图 2-80（b）所示。

从电磁角度解释，即发电机并列于无穷大系统，电压是恒定的，则要求发电机的气隙合成磁场也恒定，因此过励时，发电机只有发出感性的无功电流起去磁作用，才能维持气隙合成磁场的恒定。可见，过励越多，则发出的感性电流也越大，即向系统发出的感性无功功率也越大。

4）在正常励磁的基础上，减小励磁电流为 $I_{f2} < I_{f0}$，励磁电动势 E_0 也减小，电枢绕组向系统输出容性的无功电流，产生直轴增磁电枢反应，从无功功角特性看，$Q<0$，向系统输出容性的无功功率，此时的励磁称"欠励"状态，如图 2-80（c）所示。

同样，从电磁角度解释为：励磁电流减小，企图使气隙合成磁场减小，发电机并列于无穷大系统，电压是恒定的，则要求发电机的气隙合成磁场也恒定。因此欠励时，发电机只有发出容性的无功电流起助磁作用，才能维持气隙合成磁场的恒定。可见，欠励越多，则发出的容性电流也越大，即向系统发出的容性无功功率也越大。

综合上述，可以得出，发电机不带负载（即 P_2）情况下，正常励磁时，输出电流 $I=0$ 为最小；过励时输出感性无功电流，过励越多，则发出的感性电流也越大；欠励时发容性无功电流，欠励越多，则发出的容性电流也越大。

（2）带有功负载时无功的调节。

如图 2-81 所示，设发电机原运行在功角特性的 $P_2 = f(\delta)$ 的 a 点，此时的功角为 δ_a，输出的有功功率为 P_a 与输入的机械功率 P_1 相平衡，相应输出的无功功率为 Q_a。现维持原

动机输入功率 $P_2 = f(\delta)$ 不变，而只增大励磁电流，励磁电动势 E_0 随之增大，有功特性和无功特性的幅值随之增大，如图中的特性曲线 $P_2' = f(\delta)$ 和 $Q = f(\delta)$，发电机的功角将从 δ_a 减小到 δ_b，对应有功功率 $P_b = P_a$，但输出的无功功率增大为 $Q_b > Q_a$。反之亦然。

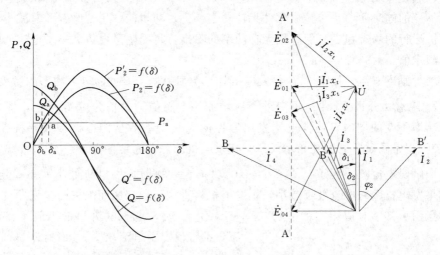

图 2-81　励磁电流改变时的　　　　图 2-82　P＝常数、调节
有功、无功功角特性　　　　　　　励磁时相量图

上述说明，调节无功功率时，对有功功率不会产生影响，这是符合能量守恒的。但调节无功功率将改变发电机的功率极限值和功角大小，从而影响发电机并列运行的静态稳定性。增大励磁电流可提高发电机的稳定性，所以，一般同步发电机都运行在过励状态。

3. 同步发电机的 U 形曲线

上述说明，在 P_2、U 保持不变时，通过改变励磁电流调节无功功率，发电机的无功电流及定子电流也会随之发生变化。由于发电机输出的定子电流 I 随励磁电流 I_f 变化的关系曲线形似 U 字，故称为同步发电机的 U 形曲线。下面通过相量图来分析隐极发电机的 U 形曲线（图 2-82）。

因为

$$P_2 = mUI\cos\varphi = 常数$$

$$P_2 \approx P_M = m\frac{E_0 U}{x_t}\sin\delta = 常数$$

所以

$$\left.\begin{aligned}I\cos\varphi &= 常数 \\ E_0\sin\varphi &= 常数\end{aligned}\right\} \tag{2-64}$$

式（2-64）表明，无论励磁电流如何变化，定子电流 $\dot{I}$ 在 $\dot{U}$ 坐标上的投影不变，则 $\dot{I}$ 的端点轨迹必须在 B-B′ 上；电动势 $\dot{E}_0$ 的端点轨迹必须在 A-A′ 上。图 2-82 中画出了四种不同励磁电流时的情况，现分别讨论如下。

（1）当励磁电流 $I_f = I_{f1}$ 时，发电机处于正常励磁状态，相应的电动势为 $\dot{E}_{01}$，此时的定子电流 $\dot{I}_1$ 与端电压 $\dot{U}$ 同相位，即 $\cos\varphi = 1$，定子电流中只有有功分量，其值达到最小，只输出有功功率。

（2）增大励磁电流，使 $I_{f2} > I_{f1}$，发电机处于过励状态，$E_{02} > E_{01}$，功率因数变为滞后，定子电流 $\dot{I}_2$ 除有功分量 $I_2\cos\varphi_2$ 不变外，还增加了一个滞后的无功分量 $I_2\sin\varphi_2$，即在输出有功功率不变的同时还向系统输出感性无功功率。此时功角较"正常励磁"时减小了，这将提高发电机运行的静态稳定。但感性无功功率的输出，将受励磁电流和定子电流的限制，均不得超过额定值。

（3）减少励磁电流，使 $I_{f3} < I_{f1}$，发电机处于欠励状态，$E_{03} < E_{01}$，功率因数变为超前，定子电流 $\dot{I}_3$ 除有功分量 $I_3\cos\varphi_3$ 不变外，还增加一个超前的无功分量 $I_3\sin\varphi_3$，即发电机在输出有功功率不变的同时，还向电网发出容性的无功功率或从向电网吸收感性无功功率。"欠励"较"正常励磁"时的功角增大了，使发电机的静态稳定性变差。

（4）当励磁电流减小为 I_{f4}，使 $\dot{E}_0$ 与 $\dot{U}$ 的功角 $\delta = 90°$ 时，发电机处于静态稳定的极限，此时，如果发电机励磁电流继续减小，则发电机将进入不稳定区而失去同步。

从相量图可知，对应给定的有功功率，$\cos\varphi = 1$ 时，定子电流为最小值，调节励磁电流，都将使定子电流增大。如图 2-83 所示的 U 形曲线，对应于不同的有功功率，有不同的 U 形曲线。有功功率越大，曲线越往上移。各条曲线的最低点为 $\cos\varphi = 1$ 时的情况，连接各条 U 形曲线的最低点得一略往右倾斜的曲线，曲线向右倾斜的原因是：当有功功率增大时，会引起无功率的变化，要保持 $\cos\varphi = 1$，必须相应增加一些励磁电流。在这条曲线的右方，发电机处于过励状态，功率因数是滞后的，发电机向系统发出感性的无功功率；曲线的左方，发电机处于欠励状态，功率因数是超前的，发电机向系统发出容性的无功功率（即向系统吸收感性的无功功率）。

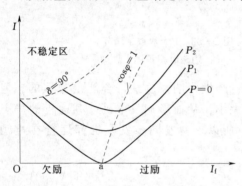

图 2-83 同步发电机的 U 形曲线

现代的同步发电机额定运行时，一般处于过励状态，一般额定功率因数为 0.8～0.85（滞后）。

由图 2-83 可见，正常励磁电流并不是指励磁电流某一个固定值，而是指输出的定子电流 $\dot{I}$ 与电压同相位，即 $\cos\varphi = 1$ 时的励磁电流。

【例 2-4】 一台汽轮发电机的铭牌如下：$P_N = 300MW$，$U_N = 18000V$，$\cos\varphi_N = 0.85$（滞后），定子绕组 Y 接法。已知发电机的同步电抗 $x_t^* = 2.28$，用准同步法将发电机并列于系统。

试求：（1）并列后，增加转子励磁电流，使发电机带上 $50\%I_N$，问此电流是何性质的？输出的有功功率、无功功率是多少？画出此时的相量图。

（2）保持（1）时的励磁电流不变，增大原动机输入的机械功率，使发电机带上 120000kW 有功负载，求此时发电机输出的无功功率 Q、定子电流 I 及发电机此时运行的功率因数 $\cos\varphi$ 并画出此时的相量图。

（3）发电机在额定状态运行时的励磁电动势 E_0、功角 δ_N 及过载能力 K_m。

解：（1）增大励磁电流，此时 E_0 上升，$E_0 > U$，此时的相量图如图 2-84 所示，发电机向系统输出感性的无功电流。此时 $\varphi = 90°$，$\delta = 0°$，该发电机的额定电流

$$I_N = \frac{P_N}{\sqrt{3}\,U_N \cos\varphi_N} = \frac{300000 \times 10^3}{\sqrt{3} \times 18000 \times \cos 31.89°} = 11321(A)$$

此时输出有功功率：$P = \sqrt{3}\,UI\cos\varphi = \sqrt{3} \times 18000 \times 5661 \times \cos 90° = 0$

输出无功功率：$Q = \sqrt{3}\,UI\sin\varphi = \sqrt{3} \times 18000 \times 5661 \times \sin 90° = 176500$（kvar）

由相量图知：$\dot{E}_0^* = \dot{U}^* + j\dot{I}^* x_t^* = 1 + 0.5 \times 2.28 = 2.14$

（2）当励磁电流不变时，E_0 不变，增大发电机输入转矩 T_1 使发电机带上有功负载，于是 $\dot{E}_0$ 的相位往前移，超前 $\dot{U}$ 一个功角 δ，相量图如图 2-85 所示。

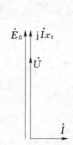

图 2-84　增大励磁电流发电机
输出感性无功电流

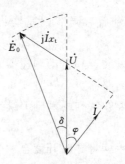

图 2-85　增大 T_1 发电机
带感性负载时的相量图

据题意，
$$P_M = P_2 = 120000\text{kW}$$

即
$$P_M^* = \frac{P_M}{S_N} = \frac{120000}{300000/0.85} = 0.34$$

$$P_M^* = \frac{E_0^* U^*}{x_t^*}\sin\delta$$

据
$$\delta = \arcsin\frac{P_M^*}{E_0^* U^*/x_t^*} = \arcsin\frac{0.34}{(2.14 \times 12.28)} = 21.24°$$

得
$$Q^* = \frac{E_0^* U^*}{x_t^*}\cos 21.24° - \frac{U^{*2}}{x_t^*} = \frac{2.14 \times 1}{2.28}\cos 21.24° - \frac{1^2}{2.28} = 0.4362$$

则此时输出的无功功率为
$$Q = Q^* S_N = 0.4362 \times 300000/0.85 = 154000(\text{kvar})$$

较原来的 176500（kvar）小。

定子电流标幺值：
$$I^* = S^* = \sqrt{P_M^{*2} - Q^{*2}} = \sqrt{0.34^2 - 0.4362^2} = 0.5531$$

定子电流实际值：$I = I^* I_N = 0.5531 \times 11321 = 6262$（A）

此时的功率因数：$\cos\phi = P^*/S^* = 0.34/0.5531 = 0.6147$

（3）当发电机额定运行时，$\cos\phi_N = 0.85$，故 $\phi_N = 31.79°$

以电压$\dot{U}$作为参考相量，即$\dot{U}^* = 1\angle 0°$，则$\dot{I}^* = 1\angle -31.79°$

$$\dot{E}_0^* = \dot{U}^* + j\dot{I}^* x_t^* = 1 + j1\angle -31.79° \times 2.28 = 2.926\angle 41.36°$$

即额定功角 $\delta_N = 41.36°$

$$\dot{E}_0 = E_0^* \dot{U}_{N\varphi} = 2.926 \times \frac{18000}{\sqrt{3}} = 30410(V)$$

过载能力　　　　　　　$$K_m = \frac{1}{\sin\delta_N} = \frac{1}{\sin41.36°} = 1.513$$

（四）解列的操作过程

解列就是将发电机退出与电网的并网运行，解列通常包含转移发电机负荷和操作断路器等步骤。

（1）接到停机命令后，调节调速器将有功功率减为零，通过励磁调节让无功负荷减为零。

（2）停用自动励磁装置和自动调速器。

（3）断开发电机断路器。

若是停机，还需要在解列的基础上继续完成以下操作。

（1）灭磁。

（2）操作调速器手柄将导叶开度至"全关"。

（3）待转速降至规定值时，将制动和复归开关切至"制动"位置，进行机组制动（刹车）。待机组停稳后再切至"复归"位置回复制动器。

（4）检查制动器是否落下。

（5）关闭供油总阀，投入调速器锁锭。

（6）关闭冷却水，关闭通风机。

三、同步发电机的运行监视，异常运行及其处理

同步发电机正常运行时，各相物理量不仅对称，且大小应在允许范围内。当同步发电机运行时出现物理量异常、三相严重不对称、无励磁运行或振荡等现象，均属于异常运行。出现异常运行的原因是多方面的，诸如发电机合闸、跳闸、突然增负荷或甩负荷、短路故障、负荷不对称、励磁断线等。

发电机的异常运行对发电机本身和电力系统的影响均很大，所以应引起重视。

（一）同步发电机的运行监视

像所有的机器一样，要使发电机安全和长期运行必须要正确地使用和经常性的维护。

运行中的水轮发电机必须定期进行巡回检查（一般是1次/h），监视发电机运行情况，记录各仪表指示，写好运行日志。巡视中要精力集中，仔细观察，及时发现问题，以保证机组安全发电。

1. 温度监视

发电机的绕组、铁芯、轴承应经常监视温度。其值不能超过规定的数值，如果温度发生迅速或倾向性的变化（局部过热或突然升高），应及时停机检查并找出原因进行处理。

2. 轴承油面监视

轴承油面应定期检查、经常监视，如油面高出正常油面，可能是由于油冷却器漏水引

起；如果油面低于正常油面，可能是油槽漏油或是管路阀门没有关好引起。

3. 振动与音响监视

发电机在运行中应定期测量振动和音响，所测数值应不超过规定数值，如果振动和音响发生变化（强烈振动，噪声和摆度显著加大）应停机检查并处理。

4. 绝缘监视

应定期检查发电机绕组的绝缘电阻，如果发电机绝缘电阻发生显著变化，如异常下降、转子一点接地时，应停机检查和修理。

5. 电流引出装置监视

应经常查看刷下火花、电刷工作情况（电刷和集电环接触情况、磨损量、电刷在刷握内移动灵活情况）和集电环的表面情况（有无烧伤、磨出沟槽、锈蚀或积垢等情况）。如发现异常情况应及时处理。

电刷磨损后应换同样牌号和同样尺寸的新电刷，为了使集电环的磨损程度均衡，每年应调换 1～2 次集电环的极性。

6. 冷却器监视

冷却器应经常检查，如发现冷却器流量减少或堵塞，冷却后的空气或油温明显升高应及时处理。

发电机在运行中，推力轴承的油温应为 20～40℃，导轴承的油温允许至 45℃，对于温度过高，应用调节冷却水流量的办法使轴承各轴瓦和油的温差保持在 20℃ 左右。当发电机起动时应注意轴承油槽内的温度不低于 10℃，以免引起不容许的轴瓦热变形。停机时应关闭冷却器的进水阀门，对油冷却器而言是为避免引起轴瓦过分变形；对空气冷却器而言是为避免引起空气冷却器过分结露。

7. 制动系统监视

经常检查制动器，尤其在每次起动前必须检查制动器系统是否正常。当制动系统不正常或在升起情况下（有压力），是不允许起动发电机。在停机 24h 以上再起动机组前，一般须用制动器顶起转子 5～10min，然后将制动器压力去掉使制动器的制动块返回到原来位置后再起动。

（二）同步发电机三相突然短路

同步发电机三相突然短路，系指发电机在原来正常稳定运行的情况下，出线端发生三相突然短路。

稳态时，同步发电机的同步电抗数值较大，其稳态短路电流并不太大，但当发生突然短路时，受定、转子绕组之间的相互影响，定子电枢绕组的电抗减小，其短路电流将出现一个冲击值，其峰值常可达额定电流的十几倍以上，该冲击值虽经 1～2s 的暂态过程就达到稳定短路电流值，但因为会在发电机内产生极大地冲击力，对电机及电力系统的运行将带来严重的影响。

1. 超导体闭合回路磁链守恒原理

图 2-86 表示一电阻为零的超导体闭合回路，当电磁铁通电时，超导体闭合回路交链磁链 ϕ_0，由电磁感应定律可知，在该闭合回路将产生感应电动势 e_0，e_0 在回路中产生的电流 i 又会引起自感磁链 ϕ_L 和自感电动势 e_L，其正方向规定如图 2-86 所示。

根据基尔霍夫第二定律，该超导体闭合回路的电动势方程式为

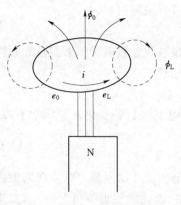

图 2-86　超导体闭合回路

$$\sum e = e_0 + e_L = -\frac{d\phi_0}{dt} - \frac{d\phi_L}{dt} = 0$$

即

$$\frac{d(\phi_0 + \phi_L)}{dt} = 0$$

所以

$$\phi_0 + \phi_L = 常数 \tag{2-65}$$

式（2-65）说明，无论外磁场与它所交链的磁链如何变化，超导体闭合回路所交链的总磁链是保持不变的，这就是超导体闭合回路的磁链守恒原理。

研究同步发电机的暂态过程时，可以把定子绕组、励磁绕组和阻尼绕组看成是超导体闭合回路，然后再计入上述各绕组电阻的影响，引入各绕组的衰减时间常数，分析短路电流的衰减过程。

2. 突然短路时定子绕组电抗的变化

（1）稳态电抗 x_d。

稳态短路时的相量图如图 2-87 所示。从相量图可知，稳态短路时的定子电流 $\dot{I}_k$ 滞后 $\dot{E}_0$ 90°相位，其电枢反应磁通 Φ_{ad} 起去磁作用，并与转子励磁磁通 Φ_0 方向相反，其磁通的分布如图 2-88 所示。由图 2-88 可见，电枢反应 Φ_{ad} 经转子铁芯闭合，所遇到的磁阻较小，相应的电枢反应电抗 x_{ad} 较大，即 $x_d = x_{ad} + x_\sigma$ 较大，说明三相稳态短路电流受到较大的电枢反应电抗 x_{ad} 和定子漏电抗 x_σ 的限制，根据同步发电机电动势平衡方程式，稳态短路电流并不大。此时，励磁绕组和阻尼绕组仅交链励磁磁通 Φ_0。

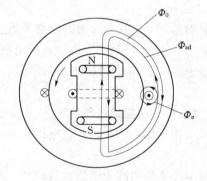

图 2-87　稳态短路时的相量图　　　图 2-88　稳态短路时磁通的情况

（2）次暂态电抗 x_d''。

阻尼绕组和励磁绕组也是两个各自封闭的回路，超导体闭合回路的磁链守恒原理同样适用。突然短路后短路电流产生的电枢反应 Φ_{ad} 会受到阻尼绕组和励磁绕组中感应电流的反磁通的抵制，而被排挤到阻尼绕组和励磁绕组外侧的漏磁路径，如图 2-89 所示。电枢反应磁链所经路径的磁阻明显增多，与之相对应的直轴次暂态电枢反应电抗（用 x_{ad}'' 表示）比稳态短路时 x_{ad} 小得多，加上定子绕组漏磁链及其定子漏电抗 x_σ 的影响，此时定子绕组直轴次暂态电抗为 $x_d'' = x_{ad}'' + x_\sigma$，由于定子漏电抗 x_σ 不变，所以 $x_d'' \ll x_d$，此时的短路电流很大，其值可达额定电流的 10~20 倍。

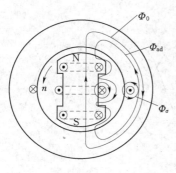
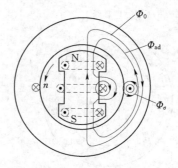

图 2-89　次暂态时的磁通情况　　　　图 2-90　暂态时的磁通情况

(3) 暂态电抗 x'_d。

由于同步发电机的各个绕组都有电阻，阻尼绕组和励磁绕组中的感应电流都要衰减为零。(阻尼绕组衰减为零，因无能量维持；励磁绕组衰减为 I_f，由励磁电源提供)。阻尼绕组匝数少，电感很小。可认为阻尼绕组的感应电流衰减到零时（约 $0.03\sim0.1s$），励磁绕组中的感应电流才开始衰减。所以，电枢反应磁通 Φ_{ad} 可穿过阻尼绕组，但仍被排挤在励磁绕组外侧的漏磁路，如图 2-90 所示。此时电枢反应磁通 Φ_{ad} 经过的磁阻明显小于次暂态时的磁阻。因此相对应的电抗 x'_{ad} 比 x''_{ad} 大，此时的直轴暂态电抗为 $x'_d=x'_{ad}+x_\sigma$，也较次暂态时的 x''_d 大些。这时短路电流虽有所减小，但仍很大。

当励磁绕组的感应电流衰减为零时（注意：即衰减到 I_f），电枢反应磁通 Φ_{ad} 可穿过励磁绕组，发电机进入稳态短路，这时发电机的电抗就是正常运行的直轴同步电抗 $x_d=x_{ad}+x_\sigma$，突然短路电流也相应减小到稳态短路电流值。

综上所述，同步发电机在突然短路发生后，定子绕组的电抗有一个从小变到大的过程，因此，短路电流相应也有一个从大变到小的过程。次暂态电抗 x''_d 最小，暂态电抗 x'_d 稍大，但它们都比稳态运行时的直轴同步电抗 x_d 小得多。

一般同步发电机的次暂态电抗 x''_d、暂态电抗 x'_d 及直轴同步电抗 x_d 的标幺值范围如表 2-3 所示。

表 2-3　　　同步发电机的次暂态电抗 x''_d、暂态电抗 x'_d 及直轴同步电抗 x_d 的标幺值

电 机 类 型	x''_d	x'_d	x_d
汽轮发电机	$0.10\sim0.15$	$0.10\sim0.24$	$0.32\sim2.19$
有阻尼绕组的水轮发电机	$0.14\sim0.26$	$0.20\sim0.35$	$0.76\sim1.20$
无阻尼绕组的水轮发电机	$0.23\sim0.41$	$0.26\sim0.45$	$0.76\sim1.20$

3. 突然短路电流

三相突然短路初始瞬间，由于定子各相绕组交链励磁磁通的数值不同，各相绕组的突然短路电流的大小也不同。现以转子磁极的轴线与 U 相绕组轴线重合的瞬间，如图 2-91 所示，来讨论发电机发生三相突然短路时的短路电流。

发电机主磁链 Φ_0 在三相定子绕组中将交链按正弦规律变化的磁链，如图 2-92 所示，其瞬时值为

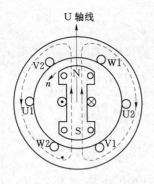

U 轴线

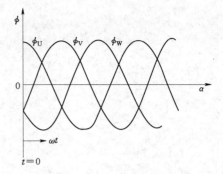

图 2-91　当 α=0°时突然短路转子位置　　　图 2-92　定子各相绕组磁通

$$\left.\begin{array}{l}\Phi_{U0}=\Phi_0\cos(\omega t+\alpha_0)\\ \Phi_{V0}=\Phi_0\cos(\omega t+\alpha_0-120°)\\ \Phi_{W0}=\Phi_0\cos(\omega t+\alpha_0+120°)\end{array}\right\} \qquad (2-66)$$

则突然短路瞬间（$t=0$），U 相所交链的磁链初始值为

$$\Phi_{U0}(0)=\Phi_0\cos\alpha_0$$

同样可得到 V 相和 W 相的表达式，为简化和便于理解突然短路时的过渡过程，在后面讨论三相的有关方程式时只列出 U 相。

由于突然短路后，转子仍以同步转速旋转，所以各相绕组所交链的主磁链仍按式（2-66）所表示的正弦规律变化，如果把定子绕组看作超导体闭合回路，那么短路初瞬各相绕组所交链的磁通均应保持不变，且等于短路初瞬时所交链的恒定磁链。所以，三相定子绕组将产生电枢反应交变磁链 Φ_{Ui}、Φ_{Vi}、Φ_{Wi} 以便抵消三相定子绕组所交链的主磁链 Φ_{U0}、Φ_{V0}、Φ_{W0} 的变化，故 U 相

$$\Phi_{U0}+\Phi_{Ui}=\Phi_{U0}(0)=\Phi_0\cos\alpha_0$$

或

$$\Phi_{Ui}=\Phi_0\cos\alpha_0+[-\Phi_0\cos(\omega t+\alpha_0)]$$

由此可见，突然短路后各相绕组交链的电枢反应磁链包含两个分量，如图 2-93（a）所示，则与此磁链对应的突然短路电流也必然包含两个分量：一个是三相对称的交变磁链相对应的三相突然短路电流的交流分量，用 i_{U-}、i_{V-}、i_{W-} 表示，它们共同建立一个旋转磁

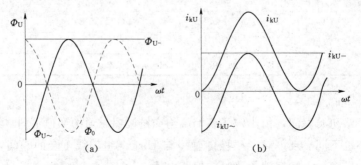

(a)　　　　　　　　　　　　(b)

图 2-93　$\alpha_0=0$°U 相绕组磁通和短路电流
(a) U 相绕组磁通的变化；(b) U 相绕组不考虑衰减的短路电流

场；另一个是短路初瞬时各相绕组所交链的磁链初始值相对应的三相突然短路电流的直流分量，用 $i_{U\sim}$、$i_{V\sim}$、$i_{W\sim}$ 表示，它们共同建立一个静止磁场。显然，突然短路电流的直流分量和交流分量的幅值大小相等方向相反，以保持短路电流不发生突变。

装有阻尼绕组的同步发电机，若突然短路各相短路电流的交流和直流分量的幅值为 I''，由于电动势 E_0 完全为电抗压降所平衡，E_0 是不变的，故短路电流的交流分量就由次暂态电抗限制，其幅值为 $I''_m = \dfrac{\sqrt{2}E_0}{x''_d}$，于是

$$i_{U\sim} = i''_{U\sim} = -I''_m \cos(\omega t + \alpha_0) = -\frac{\sqrt{2}E_0}{x''_d}\cos(\omega t + \alpha_0)$$

式中：$i''_{U\sim}$ 为 U 相次暂态短路电流的交流分量。

相应地，U 相短路电流的交流分量起始值为

$$i_{U-} = I''_m \cos\alpha_0 = \frac{\sqrt{2}E_0}{x''_d}\cos\alpha_0$$

于是，U 相的合成电流为

$$i_U = i_{U\sim} + i_{U-} = \frac{\sqrt{2}E_0}{x''_d}\left[\cos\alpha_0 - \cos(\omega t + \alpha_0)\right] \tag{2-67}$$

从式 (2-67) 和图 2-93 (b) 可见，不考虑电流的衰减，当 $\alpha_0 = 0°$ 发生短路后 $\omega_t = \pi$ 时（即过了 0.01s），短路电流将达最大值，其值为

$$i_{Kmax} = 2\sqrt{2}\frac{E_0}{x''_d}$$

如果 $E_0^* = U_N^* = 1$，取 $x''^*_d = 0.127$，则短路电流的最大值（也称冲击值）为

$$i_{Kmax} = \frac{E_0^*}{x''^*_d} = 2\sqrt{2}\frac{1}{0.127} = 22.27 \tag{2-68}$$

式 (2-68) 说明发电机发生突然短路后的 0.01s，短路电流的冲击值可达额定电流的 22.27 倍。实际上由于衰减，通常只有额定电流的 20 倍左右。《大中型水轮发电机基本技术条件》（SL 321—2005）规定，同步发电机能承受 105% 额定电压下三相突然短路电流的冲击。

由于实际绕组总是有电阻的，而电阻上需要消耗能量，使线圈的电流和磁链都要发生衰减，如果是一个独立线圈，其衰减时间常数 T 为

$$T = \frac{L}{r} \tag{2-69}$$

式中：r 为该绕组的电阻；L 为该绕组与其他绕组有磁耦合情况下的等效电感。

另外，突然短路瞬间，短路电流交流分量的幅值也可看成是由次暂态部分 $\left(\dfrac{\sqrt{2}E_0}{x''_d} - \dfrac{\sqrt{2}E_0}{x'_d}\right)$、暂态部分 $\left(\dfrac{\sqrt{2}E_0}{x'_d} - \dfrac{\sqrt{2}E_0}{x_d}\right)$ 和稳态部分 $\left(\dfrac{\sqrt{2}E_0}{x_d}\right)$ 组成。其中次暂态部分由阻尼绕组中感应电流的直流分量引起，它将按阻尼绕组的时间常数 T''_d 衰减，而暂态部分是由励磁绕组中感应电流的直流分量引起的，它将按励磁绕组的时间常数 T'_d 衰减。

定子绕组直流分量电流的衰减取决定子绕组的时间常数 T_d；$\dfrac{E_0}{x_d}$ 是稳态短路电流，它由

励磁电流感应而产生的，是不会衰减的。图 2-94 示出了电流衰减的情况。近代同步发电机时间常数的大致范围列于表 2-4。

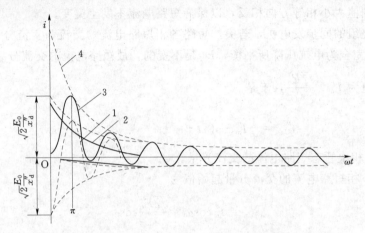

图 2-94　$\alpha_0=0°$、$\Phi_U(0)=\Phi_m$，U 相短路电流

1—交流分量；2—直流分量；3—短路电流；4—包络线

表 2-4　　　　　　　　　　近代同步发电机时间常数的大致范围　　　　　　　　　单位：s

类　　型	时　间　常　数		
	T''_d	T'_d	T_d
汽轮发电机	0.03～0.1	1.0～1.5	0.1～0.2
有阻尼绕组的水轮发电机	0.03～0.1	1.5～2.0	0.1～0.2
无阻尼绕组的水轮发电机	0.03～0.1	1.5～2.0	0.1～0.2

因此考虑衰减，从式（2-70）知，U 相短路电流的表达式为

$$i_{kU}=-\sqrt{2}\left[\left(\frac{E_0}{x''_d}-\frac{E_0}{x'_d}\right)e^{-\frac{t}{T''_d}}+\left(\frac{E_0}{x'_d}-\frac{E_0}{x_d}\right)e^{-\frac{t}{T'_d}}+\frac{E_0}{x_d}\right]\cos(\omega t+\alpha_0)+\sqrt{2}\frac{E_0}{x''_d}\cos\alpha_0\,e^{-\frac{t}{T_d}}$$

$$(2-70)$$

i_{kV}、i_{kW} 在此就不予列出。

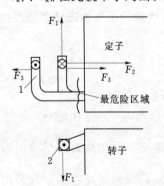

图 2-95　短路时定、转子绕组
端部受力分析

1—定子绕组端部；2—转子绕组端部

4. 突然短路对发电机的影响

（1）冲击电流的电磁力。突然短路发生时，总有一相的磁通接近最大值，所以，该相的冲击电流幅值最大可达 $20I_N$ 左右，将产生很大的冲击电磁力，对绕组的端部造成破坏。定子绕组端部将受到以下几个电磁力的作用，如图 2-95 所示。

1）定子绕组端部与转子绕组端部间的斥力 F_1。

2）定子绕组端部与定子铁芯间的吸力 F_2。

3）相邻定子绕组端部之间的作用力 F_3，相邻导体中电流方向相同为吸力，方向相反为斥力。

（2）突然短路的电磁转矩。电磁转矩按其形成的原因可分为两类：一类是短路后供定子绕组和转子各绕组中（感应电流）电阻损耗所产生的单向冲击转矩，对发电机来说，它是阻转矩；另一类是定子短路电流所建立的静止磁场与转子主极磁场相互作用引起的交变转矩，数值较前一类转矩更大，此转矩对转子时而制动、时而驱动，可能引起电机的振动。

（3）绕组发热。突然短路时各绕组都出现较大的电流，铜耗增加更多，因为短路电流衰减很快，绕组温升增加并不多。

5. 突然短路电流对电力系统的影响

（1）破坏电力系统运行的稳定性。线路上发生突然短路时，由于电压降低（短路点电压降至零），发电机的功率送不出去，而原动机的拖动转矩暂时降不下来，导致作用在转子上的转矩失去平衡，使发电机转子转速升高，甚至失去同步，破坏了系统的稳定性。

（2）产生过电压。在不对称的突然短路中，发电机的三相线、相电压也将出现严重的不对称，其中没有短路的相绕组会出现过电压现象，其数值可以达到额定电压的 $2\sim3$ 倍左右，这是造成电力系统内过电压的一个因素。

（3）对通信线路产生高频干扰。当短路是不对称时，定子绕组中的电流将产生一系列高次谐波分量，这些高频电流在输电线路上产生的高频电磁场，对附近通信线路产生干扰作用，不过当故障切除后，干扰就立即停止。

（三）同步发电机不对称运行

前面所讨论的都是同步发电机三相对称稳态运行的问题。实际上，从电网上的负载来看，三相动力负荷一般都是对称负载，而民用电中，虽然照明和家用电器都是单相负载，但配电部门可通过负荷分配，尽量保持三相对称。但电网中有时也会出现较大的单相负载，如电气铁路采用单相电源供给牵引机车、冶炼企业使用单相电炉等；另外，电力设备有时会出现故障，如输电线路一相断开或发生不对称短路故障等，都会引起较严重的三相不对称运行。

1. 不对称运行的分析

发电机在不对称运行时，其定子电流和电压均不对称。我们通常采用对称分量法，即将不对称的三相系统，分解为三组对称的正序、负序、零序分量。然后分别找出每个分量的基本方程式及等值电路，最后根据叠加原理求得不对称系统的各物理量。为此，首先要搞清各相序电动势、相序电抗（因电阻较小可忽略）的物理概念。

（1）相序电动势。转子励磁磁场按规定的方向旋转，在定子绕组中感应的三相励磁电动势定为正序，故正序电动势就是正常运行时的励磁电动势即空载电动势 E_0。由于发电机不存在反转的转子励磁磁场，所以不会有负序空载电动势，也不会有零序空载电动势。

（2）相序电抗。相序电抗包括正序电抗、负序电抗、零序电抗，均属于同步发电机不对称运行时的内阻抗。由于各序电阻相对很小，下面讨论序阻抗时可不予考虑。

1）正序电抗 x_+。正序电流流过定子绕组时遇到的电抗即为正序电抗。由于正序电流流过定子绕组时产生的旋转磁场与转子同速同向旋转，在空间与转子相对静止，不会在转子绕组中感应电动势，所以正序电抗就是发电机正常运行时的同步电抗，即 $x_+ = x_t$。

2）负序电抗 x_-。负序电流流过定子绕组时遇到的电抗即为负序电抗。三相负序电流流过定子绕组时，除产生负序漏磁场外，还产生反向旋转的负序电枢磁场。相应地，分别有一个负序漏抗 x_σ 和负序电枢反应电抗 x_a 与其对应。

负序漏磁场与正序电流流过定子绕组时产生的漏磁场完全一样，因而漏电抗也完全一

样，即

$$x_{\sigma-}=x_{\sigma+}=x_\sigma \qquad (2-71)$$

负序电枢磁场的转速也为同步转速，但其转向与转子的转向相反，以两倍同步速切割转子上的励磁绕组和阻尼绕组，而感应出两倍频率的电动势和电流，励磁绕组和阻尼绕组的感应电流会建立反磁动势，将负序磁通排斥到励磁绕组和阻尼绕组的漏磁路去通过，这与突然短路时转子方面对电枢反应磁动势的作用相类似，因而负序磁场所遇到的磁阻增大。

当转子上有阻尼绕组时，负序电抗的平均值为

$$x_-=\frac{x_d''+x_q''}{2} \qquad (2-72)$$

对于没有阻尼绕组的同步发电机，负序电抗的平均值为

$$x_-=\frac{x_d'+x_q}{2} \qquad (2-73)$$

负序电抗的大小与转子结构及铁芯的饱和程度有关，其数值范围为 $x_\sigma<x_-<x_d$。

3）零序电抗 x_0。零序电流流过定子绕组时所遇到的电抗，即为零序电抗。由于各相零序电流大小相等，相位相同，流过三相绕组时，三相零序在空间互差120°，它们互相抵消不形成旋转磁场。所以，零序电流只产生定子漏磁场。

零序电抗的数值与绕组节距有关。对于单层和双层整距绕组，任一瞬间每槽内线圈边中电流方向总是相同的，如图2-96（a）所示，故零序电抗等于正序漏电抗。对于双层短距绕组，有一些槽的上、下层线圈边属于不同相，它们流过的电流大小相等、方向相反，这些槽的零序漏磁通互相抵消，如图2-96（b）所示，所以零序漏电抗小于正序漏电抗，即 $x_0<x_\sigma$。同步发电机的负序电抗和零序电抗的标么值列于表2-5。

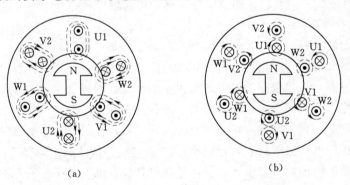

图 2-96 零序电流的槽漏磁通分布示意图
（a）整距绕组；（b）短距绕组图

表 2-5 同步发电机的负序电抗和零序电抗的标么值范围

电 机 型 式	x_-^*	x_0^*
二极汽轮发电机	0.134～0.18	0.015～0.08
有阻尼绕组的水轮发电机	0.13～0.35	0.02～0.20
无阻尼绕组的水轮发电机	0.30～0.70	0.04～0.25

（3）相序电动势方程式和等值电路。

对任意一相，各序电动势方程式为

$$
\left.
\begin{aligned}
\dot{E}_0 &= \dot{U}_+ + \mathrm{j}\dot{I}_+ x_+ \\
0 &= \dot{U}_- + \mathrm{j}\dot{I}_- x_- \\
0 &= \dot{U}_0 + \mathrm{j}\dot{I}_0 x_0
\end{aligned}
\right\}
\tag{2-74}
$$

式（2-75）中，已忽略定子绕组的电阻。根据式（2-75），可得各序等值电路，如图 2-97 所示。

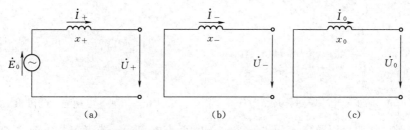

图 2-97　同步发电机各序等值电路

(a) 正序等值电路；(b) 负序等值电路；(c) 零序等值电路

因 $\dot{U}_+ + \dot{U}_- + \dot{U}_0 = \dot{U}$，可得三相端电压

$$
\left.
\begin{aligned}
\dot{U}_\mathrm{U} &= \dot{E}_{0\mathrm{U}} - \mathrm{j}\dot{I}_{\mathrm{U}+} x_+ - \mathrm{j}\dot{I}_{\mathrm{U}-} x_- - \mathrm{j}\dot{I}_{\mathrm{U}0} x_0 \\
\dot{U}_\mathrm{V} &= \dot{E}_{0\mathrm{V}} - \mathrm{j}\dot{I}_{\mathrm{V}+} x_+ - \mathrm{j}\dot{I}_{\mathrm{V}-} x_- - \mathrm{j}\dot{I}_{\mathrm{V}0} x_0 \\
\dot{U}_\mathrm{W} &= \dot{E}_{0\mathrm{W}} - \mathrm{j}\dot{I}_{\mathrm{W}+} x_+ - \mathrm{j}\dot{I}_{\mathrm{W}-} x_- - \mathrm{j}\dot{I}_{\mathrm{W}0} x_0
\end{aligned}
\right\}
\tag{2-75}
$$

如果发电机采用 Y 形连接，且中性点不接地，则电流中不存在零序分量，各相电流、各序电流及其产生的电动势，如图 2-98 所示。

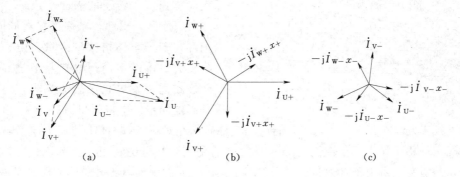

图 2-98　不对称电流的对称分量及产生的电动势

(a) 三相不对称电流及其分量；(b) 正序电流及电动势；(c) 零序电流及电动势

故式（2-76）可改写成

$$
\left.
\begin{aligned}
\dot{U}_\mathrm{U} &= \dot{E}_{0\mathrm{U}} - \mathrm{j}\dot{I}_{\mathrm{U}+} x_+ - \mathrm{j}\dot{I}_{\mathrm{U}-} x_- \\
\dot{U}_\mathrm{V} &= \dot{E}_{0\mathrm{V}} - \mathrm{j}\dot{I}_{\mathrm{V}+} x_+ - \mathrm{j}\dot{I}_{\mathrm{V}-} x_- \\
\dot{U}_\mathrm{W} &= \dot{E}_{0\mathrm{W}} - \mathrm{j}\dot{I}_{\mathrm{W}+} x_+ - \mathrm{j}\dot{I}_{\mathrm{W}-} x_-
\end{aligned}
\right\}
\tag{2-76}
$$

根据式（2-76）可作出发电机不对称运行时的相量图，如图2-99所示。此外，同时可作出不对称运行时的相电压$\dot{U}_U$、$\dot{U}_V$、$\dot{U}_W$和线电压$\dot{U}_{UV}$、$\dot{U}_{VW}$、$\dot{U}_{WU}$的相量图，如图2-100所示。从图2-100中可见，三相的相电压和线电压都出现不对称的情况。显然，造成电压不对称的原因是发电机存在负序电抗压降$j\dot{I}_{-}x_{-}$。

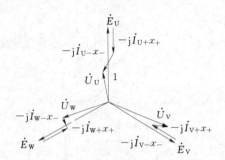
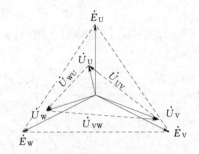

图2-99 同步发电机不对称运行时的相量图　　　图2-100 电动势、电压相量图

电压的不对称度，以负序电压占额定电压的百分值表示，或者三相电流之差占额定电流的百分值表示，如果这个值太大，作为负载的异步电动机、照明等电气设备将不能正常工作，甚至被破坏。同时也会对发动机的正常运行带来不利影响。

2. 不对称运行对发电机和电力系统的影响

不对称运行对发电机的影响主要有：转子表面发热、引起发电机振动及对电力系统通信干扰等。

（1）引起转子表面发热。发电机不对称运行时，负序电流产生的负序旋转磁场以两倍的同步转速扫过转子，在转子铁芯表面槽楔、励磁绕组、阻尼绕组及转子的其他金属构件中感应出两倍工频的电流。因频率较高，趋肤效应较强，在转子的表面形成环流，如图2-101所示，引起转子表面损耗同时在齿、护环与转子本体搭接的区域，由于接触电阻较大，将产生局部过热甚至烧坏。这在隐极式同步发电机中较为突出，温升的上升影响同步发电机的出力。

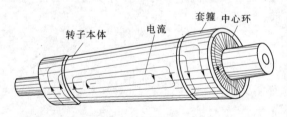

图2-101 负序磁场引起的转子表面环流

（2）引起发电机振动。不对称运行时的负序磁场相对转子以两倍同步速旋转，与转子的正序励磁磁场相互作用，在转子上产生100Hz的交变附加电磁转矩，引起机组的振动并产生噪声。凸极发电机由于直轴和交轴磁阻的不同，交变的附加电磁转矩作用使机组振动更为严重。

（3）对电力系统的影响。不对称运行导致电力系统三相电压不对称，电网上的各种电气设备将运行在非额定值下，电气设备极易受到损害，特别是异步电动机的气隙中也产生负序旋转磁场，从而降低出力，并引起过热；同时同步发电机的负序磁场在定子绕组中产生一系列高次谐波电流，这将对附近的通信产生影响。

同步发电机要减少不对称运行的不良影响，就必须尽量削弱负序磁场的作用。为此在发电机转子极面上装设阻尼绕组，该绕组电阻小、漏抗小，又装置在极靴表面，负序磁场将在该绕组中感应很强的电流，其形成的磁场对负序磁场起去磁作用，能有效地削弱负序磁场，同时，还能对励磁绕组起到屏蔽的作用。另外，阻尼绕组的存在，使发电机的负序电抗变小，使得不对称运行引起的电压不对称度也减小，从而进一步改善了不对称运行带来的不良影响。

按照运行规程规定，对于汽轮发电机不对称度的允许值由发热条件决定，水轮发电机不对称度的允许值则由振动的条件决定。按国家标准规定，若每相电流均不超过额定值，汽轮发电机不对称度不大于 8％，水轮发电机不对称度不大于 12％，发电机应能长期工作。

（四）同步发电机的失磁运行

同步发电机正常运行时，转子上是有由励磁绕组通以直流电流所形成的励磁磁场。但当灭磁开关受振动而跳闸或励磁回路因某种原因而断路时，将造成发电机励磁磁场消失，这种失磁后继续运行的方式，称为发电机的失磁运行。

1. 失磁的物理过程

同步发电机在正常运行时，原动机输入的驱动转矩和发电机的电磁转矩相平衡。失磁时，转子磁场将迅速减弱，感应电动势 E_0 将减小，电磁转矩随之减小。而当电磁转矩上述时间很短，原动机来不及自动调节，转矩失去平衡。由于原动机驱动转矩远大于电磁转矩，电机转速将升高而脱出同步。与此同时，由于感应电动势 E_0 的减小，发电机进入欠励状态，通过从电网吸收无功功率，以维持气隙磁场。

由于转子与定子磁场存在相对速度（转速差），在励磁绕组、阻尼绕组、转子表面等处将感应出交变电流，该电流在定子磁场作用下产生另一种制动性质电磁转矩，即异步电磁转矩。这时，原动机的驱动转矩就在克服异步转矩的过程中做功，使机械能转变为电能，因而发电机得以继续向电网送出有功。因为异步转矩随转速差的增大而增大（在一定范围内），而原动机又因转速升高调速器动作而减少输给发电机的机械功率，所以，当驱动转矩和异步转矩相等时，达到新的平衡。此时，发电机处于异步运行状态。

在失磁运行状态下，发电机能送出多少有功功率，这和它的异步转矩特性以及原动机调速特性有关。如果在很小的转差下就能产生较大的异步转矩，这样发电机就能送较大的有功功率。反之，若在很大的转差下才能产生不大的异步转矩，此时要想得到较大异步转矩则很可能转子转速升得过高，影响发电机安全，发电机便不能再带更多有功负载。

根据实验报道，一般转子外冷的汽轮发电机，无励磁运行时可带 50％～60％额定功率；水内冷转子的发电机可带 40％～50％额定功率。水轮发电机，由于凸极式结构所产生的异步转矩小，可否在无励磁情况下带负载运行，还需试验确定。

2. 无励磁运行时发电机的表计现象

发电机控制盘上有用以监视电机运行的各种表计。发电机失磁后，随着电机内部电磁关系的变化，表计指示也会相应地变化。

（1）转子电流表的指示等于零或接近于零。转子电流（励磁电流）表有无指示，和励磁回路情况及失磁原因有关。若励磁回路断开，转子电流表指示为零；若励磁绕组经灭磁电阻或励磁机电枢绕组闭路，电流表就可能有指示。但由于该电流为交流，直流电流表只指示很小的数值（接近于零）。

（2）定子电流表的指示升高并摆动。由于失磁后发电机既要输出有功功率，又从电网吸收很大的感性电流来维持气隙磁场，所以定子电流将增大。电流表的摆动是因为转矩的变化引起的。发电机在异步运行时，转子上感应出交流电流。该电流产生脉动磁场。脉动磁场又可以分解为两个向相反方向旋转的磁场。其中一个旋转磁场逆转子转向旋转，与定子磁场相对静止。它与定子磁场作用，对转子产生制动作用的异步转矩。另一个旋转磁场沿转子转向旋转，它与定子磁场作用，产生交变的异步转矩，从而使定子电流波动。

（3）有功电力表的指示降低并摆动。有功功率和驱动转矩直接有关。发电机失磁时，转速升高，引起调速器动作，自动将汽门或导水翼开度关小。这样，驱动转矩减小，输出有功功率减小，故有功电力表指示降低。其摆动原因与定子电流的摆动原因一样。

（4）发电机的母线电压表的指示降低并摆动。因发电机失磁后，需向系统吸收感性的无功电流来建立定子磁场，电流大，线路的压降增大，导致母线电压降低。电压表指示摆动的原因是电流摆动引起的。

（5）功率因数表指示进相（超前），无功表指示为负值。同步发电机在正常运行时，一般都运行于滞后情况，即向电网输出有功功率和感性的无功功率来满足系统的需要。失磁后，发电机需向电网吸收感性的无功功率，功率因数从滞后变为超前。

3. 失磁运行的不良影响

（1）对发电机的影响。发电机失磁后变为异步运行，定子磁场在转子表面及阻尼绕组和励磁绕组（若为短接）中产生的差频电流，将引起附加温升，另定子电流增大，使定子绕组损耗增大，这都使发电机的温度升高。

（2）对系统的影响。对系统的影响主要是使系统的电压下降，因发电机失磁后，不但不向系统输出感性无功功率，反而向系统吸取感性无功功率，势必造成系统的感性无功功率不足，尤其是大容量的发电机，引起系统电压降低较多。还可能引起其他发电机过电流，降低其他发电机的输送功率的极限，容易导致系统失去稳定。

4. 发电机失磁后的处理方法

对不允许失磁运行的发电机应立即从系统解列。对允许失磁运行的发电机应降低有功功率的输出，且注意定子电流不超过额定值，发电机的温升不超出允许值，在规定无励磁运行的允许时间内，仍无法恢复励磁时，应将发电机从系统解列。

（五）同步发电机的振荡

同步发电机正常稳定运行时，相对静止的合成等效磁场与转子磁场之间依靠磁力线弹性联系。当负载增加时，功角 δ 将增大，这相当于把磁力线拉长；当负载减少时，功角 δ 将减小，这相当于磁力线缩短。当负载突然改变时，由于磁力线的弹性作用，δ 角不能立即达到新的稳定值，而要经过多次的周期性的往复摆动才能稳定下来，这种周期性的往复摆动称为同步发电机的振荡。在振荡时，随着功角的往复摆动，发电机的定子电流、电压、功率以及转矩也将发生周期性的变化，而不再是恒值。振荡现象有时会导致发电机失去同步。因此，研究同步发电机的振荡具有重要的意义。

1. 振荡现象

当发电机并列在大容量电力系统上稳定运行时，其输入功率与电机损耗及输出功率相平衡，原动机输入驱动转矩与电磁转矩相平衡。此时，电机的功角 δ 有一确定的数值。在发电机运行过程中，假如其输入或输出功率发生了变化，则发电机应由原来的稳定运行状态转入到另一个新的稳定运行状态，而功角 δ 的值也必然做相应的改变，但由于发电机组的转动系统具有一定的惯性，因此其功角 δ 的变化不可能从原来的稳定运行状态所对应的功角 δ，立即变到与新的稳定运行状态相对应的功角 δ，而是围绕着新的功角 δ_1 多次往复摆动之后才能渐趋稳定。如图 2-102 所示，振荡过程中功角 δ 最大达到 $\delta_1 + \Delta\delta$，最小为 $\delta_1 - \Delta\delta$。

同步发电机当输入或输出功率改变时，振荡可能发生两种情况：一种是由于存在阻尼作用，振荡幅值将逐渐衰减，最后转子磁极在新的平衡状态下与气隙磁场同步稳定运行，称为同步振荡；另一种是功角 δ 的摆动越来越大，直至脱出稳定范围，使发电机失步，称为非同步振荡。

发电机受到较大的干扰后，经过短暂的振荡恢复并保持稳定的同步运行，称之为同步发电机的动态稳定，否则为动态不稳定。

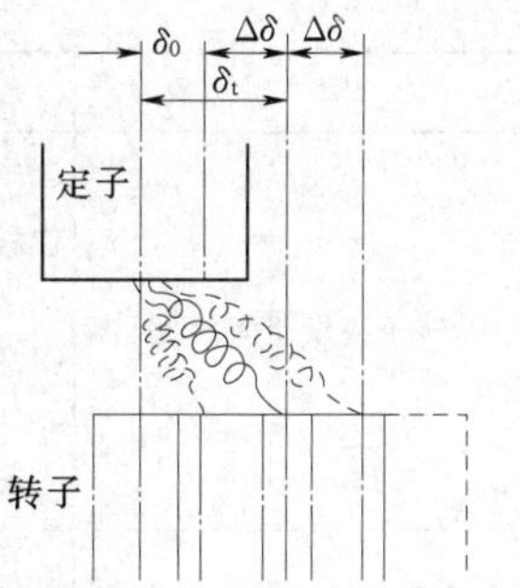

图 2-102 同步发电机振荡的物理模型

2. 发电机出现振荡失步时各物理量的变化及防止振荡的措施

当发电机产生同步振荡时，转子磁场与定子磁场并不同步，功角 δ 忽大忽小，这将引起定子电流、电压和功率周期性变化，励磁电流在正常值附近有微小的波动。如果振荡发展导致电机事故时，将出现定子电流、电压和有功负荷大幅度摆动，转子电流也有较大幅度的摆动。同时发电机发出不是恒速转动的声音变化，并与表盘上指针的摆动频率相对应。

发电机振荡失步时，应通过增加励磁电流和减少发电机的有功负载来消除，这都是有助恢复同步的有效措施。

在发电机转子上装设阻尼绕组，对抑制发电机的振荡是较为有效的。因为振荡时阻尼绕组中的感应电流与定子磁场所产生的阻尼转矩将是阻碍转子摆动的。

在采取恢复同步的措施后，仍不能抑制住振荡时，为使发电机免遭持续过电流的损害，应在 2min 之内将发电机与系统解列。

（六）同步发电机常见故障

同步发电机的故障原因是多方面的，但主要多是由于制造上的缺陷、安装和检修质量不良、绝缘老化、运行人员的误操作、大气过电压和操作过电压以及外部短路所造成。较常见的故障有转子绕组故障、定子绕组故障、定子铁芯故障，以及冷却系统故障等。现将产生的原因和处理方法列于表 2-6。

表 2-6　　　　　　　　　　同步发电机常见故障、原因和处理方法

故 障 现 象	故 障 原 因	处 理 方 法
发电机起动后升不起电压	发电机或励磁机转子铁芯剩磁消失	开机充磁
	定子绕组到配电盘之间的连接线头有油泥或氧化物，接线螺丝松脱，连接线断线，定子绕组断线	清除接线头的油泥或氧化物，拧紧接线螺丝。对于断线部位，可用万用电表或试灯法查出，予以修复
	励磁机励磁绕组或励磁回路断线或接触不良	查出励磁绕组或磁场变阻器断线处，予以修复。对于接线头脱焊，磁场变阻器或灭磁开关接触不良的，要重焊接线头，磨光变阻器或灭磁开关的触点
转子绕组绝缘电阻降低或绕组接地	①长期停用受潮； ②灰尘积淀在绕组上； ③滑环下有碳粉和油污堆积； ④滑环、引线绝缘损坏； ⑤转子绝缘损坏	①进行干燥处理； ②进行检修清扫； ③清理油污并擦拭干净； ④修补或重包绝缘； ⑤修补或更换绝缘

故障现象	故障原因	处理方法
转子绕组匝间短路	①匝间绝缘因振动或膨缩被磨损、脱落或位移； ②匝间绝缘因膨胀系数与导线不同，破裂或损坏； ③垫块配置不当，使绕组产生变形； ④通风不良，绕组过热，绝缘老化损坏	①进行修补； ②进行修补； ③重新配垫块和对绕组进行修复； ④修补绝缘、疏通通风
定子槽楔和绑线松弛	①槽楔干缩； ②行中的振动或经短路电流的冲击力的作用； ③制造工艺和制造质量的缺陷	①更换槽楔； ②在槽内加垫条打紧； ③重新绑扎
定子绕组过热	①冷却系统不良，冷却及通风管道堵塞； ②绕组端头焊接不良； ③铁芯短路	①检修冷却系统，疏通管道； ②重新焊接好； ③清除铁芯故障
定子绕组绝缘击穿	①雷电过电压或操作过电压； ②绕组匝间短路、绕组接地引起的局部过热； ③绝缘受潮或老化； ④绝缘受机械损伤； ⑤制造工艺不良	①更换被击穿的线棒； ②消除引起绝缘击穿的原因； ③修复被击穿的绝缘和被击穿时电弧灼伤的其他部分
定子绝缘老化	①自然老化 ②油浸蚀，绝缘膨胀； ③却介质温度变化频繁，端部表面漆层脱落； ④组温升太快，绕组变形使绝缘裂缝	①复性大修，更换全部绕组； ②除油污、修补绝缘、表面涂漆； ③面涂漆； ④部修补绝缘或更换故障线圈，表面涂漆
电腐蚀	①定子线棒与槽壁嵌合不紧存在气隙（外腐蚀）； ②线棒主绝缘与防晕层黏合不良存在气隙（内腐蚀）	①槽内加半导体垫条； ②采用黏合性能好的半导体漆
铁芯硅钢片松动	①铁芯压的不紧和不均匀； ②片间绝缘层破坏或脱落； ③长期振动	在铁芯缝中塞进绝缘垫或注入绝缘漆、消除振动的原因
定子铁芯短路	硅钢片间绝缘因老化、振动磨损或局部过热而被破坏	清除片间杂质和氧化物，在缝中塞进绝缘垫或注入绝缘漆、更换损坏的硅钢片
氢冷发电机漏氢	①制造中的缺陷； ②检修质量不良； ③绝缘垫老化； ④冷却器泄漏	查漏、堵漏、更换绝缘垫
水冷发电机漏水	①接头松动； ②绝缘引水管老化破裂； ③转子绕组引水管弯脚处折裂； ④焊口开裂； ⑤空心掉线质量不良； ⑥冷却器泄漏	①拧紧接头、更换铜垫圈； ②更换引水管； ③更换引水弯脚； ④焊补裂口； ⑤更换线棒； ⑥检查堵漏
空气冷却器漏水	水管腐蚀损坏	少量水管漏水时将该管两头堵死，大量水管漏水时更换空气冷却器

四、同步发电机日常维护内容及规定

除在日常运行过程中对发电机进行监视、及时处理缺陷外，还应经常性地对发电机进行全面的检查和维护。发电机的日常维护，一般分为日常维护和主要部件的维护。

（一）同步发电机运行的日常维护

发电机日常维护项目及质量标准，见表 2-7。

表 2-7　　　　　　　　　　发电机维护项目及质量标准

序号	项　目	质　量　标　准
1	各部轴承检查	油面合格，油色正常，轴承无异声，瓦温正常，无漏油甩油，冷却器水流通畅
2	机组外观检查	振动、声响无异常
3	测量导轴承摆渡	符合规定标准，无异常增大
4	制动器外观检查	无异状、无漏油
5	表计检查	指示正确，无渗漏
6	发电机冷却水管预备水源检查	各阀位置正确，无漏水现象

（1）做好记录是电站必须进行的工作。记录应包括仪表的读数，如负荷、温度、流量及磨损零件的更换等，还应记录运行中的干扰、故障和修理故障的措施说明。

（2）水轮发电机的运行必须符合国标《水轮发电机基本技术条件》（GB 7894—2009）。

（3）发电机在运行中盖板应保持密闭，防止外部灰尘、潮气进入发电机内部。

（4）当发电机长期停机时，必须使用电加热器来维持发电机内部温度不低于 5℃。

（5）发电机的冷却水应清洁，不能有泥沙、杂草或其他污物存在。

（6）轴承油槽的初始油温不能低于 10℃。

（7）轴承润滑油的参数应符合有关规程要求。

（8）发电机发生过速或飞逸转速后，应检查发电机转动部件是否松动或被损坏。

（9）制动器顶起转子的最大行程不能超过 20min。

（10）制动器发生故障时发电机不能起动。

（11）厂房内不得有危害发电机绝缘的酸、碱性气体。

（12）停机 3～5d 以上的发电机，在起动前应进行绝缘电阻的测量，其值不得小于规定数值，否则，应进行烘干处理，达到要求后才可投入运行。

（13）当出现下列情况之一时，运行中的水轮发电机应立刻进行停机。

具体为：发电机发生异常声响和剧烈振动；发电机飞逸，电压急剧上升；发电机定、转子或其他电气设备冒烟起火；发电机电刷或集电环处产生强烈火花，经处理无效；推力轴承或导轴承瓦温突然上升发生烧瓦事故。

水轮发电机紧急停机后，要及时将事故情况作好记录并报告。同时要迅速查明原因，以消除故障，待一切正常后，方可重新开机。

（14）经常保持厂房和发电机的清洁，定期擦抹各部件表面灰尘。对发电机外露的金属加工面，应经常涂抹黄油，以防锈蚀。

（15）防止电气元件受潮。

（二）发电机运行主要部件的维护

1. 定子

（1）定子绕组的检查与维护。检查定子绕组端部是否发生变形，并清扫绕组上的灰尘和污物；检查端箍的绑扎是否发生松动；检查槽楔是否松动；检查定子绕组绝缘老化情况。检查绝缘是否有损伤，如果有损伤应予以修理。

（2）定子铁芯的检查与维护。检查定子通风沟内是否有灰尘、污物等，并用干燥的压缩空气吹干净；检查齿压片、齿压板与铁芯间有无松动锈蚀；如果压指与压板为点焊结构，应检查焊点是否开裂，压指是否歪斜或突出；还要检查压指的颜色，是否有因温度过高形成的蓝色。

2. 转子

（1）检查转子零部件固定情况。转子上所有固定螺母是否紧固并锁定。如果松动，应查明原因并紧固锁定；检查磁轭键、磁极键是否松动，如松动应打紧并点焊锁定；转子上所有焊缝有无开裂现象。

（2）检查磁极绕组。绕组间的磁极连接线和转子引线的连接是否完好；检查匝间及对地绝缘，如果磁极绕组的对地绝缘电阻低于 $0.5M\Omega$，应找出原因并修理；清扫磁极绕组上面的灰尘和污物，保持磁极绕组清洁干燥；检查制动环的摩擦面是否有损害；检查风扇应牢固无松动及变形；检查转子与定子铁芯之间的间隙应均匀符合规定要求。

3. 推力轴承

（1）检查推力轴承瓦面，如果发现瓦面有明显的磨损，应及时修理并找出原因。

（2）测量轴承绝缘电阻，其值不应小于 $0.2M\Omega$（油槽充油后）。

（3）检查镜板摩擦面应无划痕及其他缺陷，并检查与推力头组合面的质量。

（4）用反光镜检查推力头表面的质量。

4. 导轴承

（1）检查导轴承瓦面，如果发现瓦面有明显的磨损，应及时修理并找出原因。

（2）测量导轴承绝缘电阻，其值不应小于 $4M\Omega$。

（3）测量导轴承瓦与滑转子之间的间隙应符合要求，支柱螺栓第一次运行三个月后必须紧固一次，并调整好间隙。

5. 润滑油

润滑油应该定期抽样检查，一般是每年检查一次。润滑油的质量可以通过颜色、气味、混浊度、泡沫和水分含量等方面来检查。

油的颜色除了稍有一点加深外应无其他改变化，颜色的加深不能再发展下去。

油的气味不应有腐败或烧焦味。

润滑油使用一定时间后会发生老化而逐渐变质，一般经过 50000h 后必须更换新油。

6. 冷却器

（1）所有冷却器必须定期清洗。一般用 1.2 倍额定工作水压反向冲洗或用压缩空气吹干净管内的泥沙杂物，对于直管的空气冷却器最好在铁丝上捆绑布条来回拉动将管内壁黏附物清除掉。在来回拉动捆绑布条时要防止铁丝拉断将布条留在管内使管子堵塞。

（2）所有冷却器管内的水垢应及时清洗以免影响冷却效果。

7. 集电环和电刷

(1) 集电环外表应保持干净。如出现不圆、偏心、粗糙或烧灼现象时应及时处理；应定期测量集电环绝缘电阻，其值不应小于1MΩ。为了避免集电环不均匀磨损，应该经常倒换集电环的极性。

(2) 经常检查电刷弹簧的压力，可采用平衡弹簧来测量，其电刷表面压强应为15～20kPa。如果不符，应仔细调整电刷弹簧的压力。

(3) 检查刷盒的底边离集电环表面的距离，一般为3～4mm；如果不符，应调整刷握。

(4) 电刷在刷盒内应能自由移动，电刷必须保持清洁以免电刷下产生火花。更换新电刷时应使用相同牌号和尺寸的电刷，并将细砂布放在电刷和集电环中间反复摩擦电刷表面，使电刷磨成圆弧形，达到电刷底面全部与集电环良好接触。

8. 制动器及管路

(1) 经常检查制动器及所有管路是否漏油和漏气。

(2) 检查制动器活塞是否在气缸内自由移动；如果发现卡死，应及时处理。

(3) 检查制动器的制动块厚度，如果制动块的厚度小于15mm时，就必须更换新的制动块。

(4) 制动器将转子顶起后应加以锁定，防止水轮机导叶漏水使水轮发电机组转动而造成事故。

9. 上盖板和上挡风板

(1) 检查上盖板和上挡风板的全部螺栓、螺母是否松动，如果松动应重新紧固锁定，以防止松动掉下造成事故。

(2) 检查挡风圈与风扇之间的距离，其值应大于顶起转子的高度。

能力检测

1. 试简述水轮发电机的开机步骤。

2. 用准同步法将同步发电机并列电力系统时，应满足哪些条件？条件不满足时会产生什么问题？

3. 比较准同步和自同步并列的优缺点。

4. 单机运行的同步发电机，其电压和频率由什么因素决定，并列于无穷大电网时它们又由什么决定？

5. 功角δ是电角度还是机械角度？说明功角δ的双重物理含义。

6. 同步发电机功率极限取决于什么？如何提高？

7. 什么是正常励磁、过励、欠励？同步发电机一般运行在什么励磁状态下？为什么？

8. 一台并联于无穷大的电网的同步发电机，若保持励磁电流不变，在$\cos\phi=1$的情况下减小输出有功功率，此时功角和功率因数如何变化？

9. 试比较下列情况下同步发电机的静态稳定性：正常励磁、过励、欠励；轻载运行和满载运行。

10. 试述φ、ψ、δ三个角度代表什么意义？同步电机的运行状态与哪个角有关？

11. 一台同步发电机单独供给一对称负载，且发电机转速保持不变，问定子电流功率因数由什么决定？当与无穷大容量电网并联运行时，定子电流的功率因数又由什么决定？

12. 并列在电力系统的同步电机从发电机状态向电动机状态过渡时，功角 δ、电流 I 和电磁转矩的大小和方向有何变化？

13. 为改善供电功率因数而增设调相机，在用户较近和较远两种情况下，调相机应装设在何处比较合适？为什么？

14. 下图为隐极同步发电机的 U 形曲线，试画出图中各点对应的相量图，并指出其运行状态。

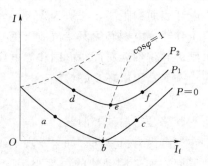

能力测试 14 图

15. 试从磁路角度分析同步发电机三相突然短路电流大的原因？

16. 试从电路角度分析同步发电机三相突然短路电流大的原因？

17. 同步发电机稳态短路电流不很大的原因是什么？

18. 同步发电机转子装设阻尼绕组与不装设阻尼绕组时，负序电抗有何不同？

19. 一台同步发电机定子施加恒定的三相对称交流低电压，计及转子阻尼作用：①转子以同步速正转，励磁绕组短路；②转子以同步速反转、励磁绕组短路；③转子不转，励磁绕组短路，此三种情况定子的电流大小关系如何？

20. 同步发电机中，次暂态电抗、暂态电抗与稳态电抗的大小关系如何？

21. 为什么变压器的 $x_+ = x_-$，而同步发电机的 $x_+ \neq x_-$？

22. 同步发电机的不对称运行造成哪些不良影响？

23. 三相突然短路时，定子各相电流的直流分量起始值与转子在短路发生瞬间的位置是否有关？与其对应的励磁绕组中的交流分量幅值是否与该位置有关？为什么？

24. 同步发电机三相突然短路时，定、转子绕组中的电流各有哪些分量？哪些分量的电流是会衰减的？衰减时哪几个分量是主动的？哪几个分量是随动的？

25. 试分析失磁运行时，转子励磁绕组中感应交流电流所产生的磁场是什么性质的？它和定子旋转磁场相互作用产生的转矩是交变的还是恒定的？

26. 当同步发电机振荡时，为什么要采取增加励磁电流和减少有功负载等措施？

27. 有一台水轮发电机，$P_N = 72500\text{kW}$，$U_N = 13800\text{V}$，$\cos\Phi_N = 0.85$（滞后），Y 接法，已知此发电机的 $x_q = 1.3\Omega$，$x_d = 2.0\Omega$，略去定子电阻不计，并列于无穷大容量的电力系统上。试求：该发电机的同步电抗标幺值；发电机额定运行时的 ψ_N、δ_N 和励磁电动势 E_0；发电机的最大电磁功率 P_{Mmax} 及过载能力 K_m。

28. 有一汽轮发电机并列在无穷大容量的电力系统运行，额定负载时 $\delta_N = 20°$，因输电线路发生短路故障，系统电压降为 $60\% U_N$，若原动机输入功率不变。问：此时功角为多少？若要使 δ 保持在 25° 范围内，应加大励磁电流使 E_0 上升为原来的多少倍？

29. 一台水轮发电机 $P_N = 3200\text{kW}$，$U_N = 6300\text{V}$，$\cos\phi_N = 0.8$（滞后），$n_N = 300\ \text{r/min}$，$x_q = 6\Omega$，$x_d = 9\Omega$，此发电机与无穷大电力系统并列运行，忽略定子绕组电阻。试求：该机在额定运行时的 δ_N 和励磁电动势 E_0；发电机的最大电磁功率 P_{Mmax} 及过载能力 k_m；若保持励磁电流不变，调节原动机的输出机械功率，使发电机输入系统的有功功率为 $P = 2000\text{kW}$，此时的功角和功率因数。

30. 某电厂经 35kV 输电线路，长 30km，供给某工厂 20000kVA 功率（如下图），功率因数 $\cos\phi = 0.707$（滞后），受电端变压器电压为 35kV/10kV，每公里线路电阻为 0.17Ω。试求：没有调相机时输电线路的电流及功率损耗；若用户端装设一台调相机，使功率因数提高到 0.9（滞后），求此时调相机容量（不计调相机本身有功损耗），补偿后，线路的功率损耗为多少？

能力测试 30 图

31. 一台二极的汽轮发电机，其参数为 $x_d^* = 1.62$，$x_d'^* = 0.208$，$x_d''^* = 0.126$，$T_d'' = 0.093\text{s}$，$T_d' = 0.74\text{s}$，$T_a = 0.132\text{s}$，该发电机在空载电压为额定电压下发生三相突然短路，试求：在最不利情况下（设 U 相），短路电流表示式；最大冲击电流值；短路后经过 0.5s 和 3s 时的短路电流瞬时值。

项目三 异步电动机

【项目分析】

异步电动机主要作为电动机运行，原则上凡是转速和所接交流电源的频率没有严格不变关系的电机都称为异步电机。异步电动机运行时，其定子绕组接到交流电源上，转子绕组直接短路（鼠笼式电机）或启动时接到一可变电阻（线绕式电机）上，从电磁关系看，异步电机和变压器很相似，异步电机的定子绕组相当于变压器的原绕组，转子绕组相当于变压器的副绕组。异步电动机的转子电流是由接到电源上的定子建立的旋转磁场感生的。转子电流与旋转磁场相互作用产生电磁转矩，从而实现机电能量转换。所以，异步电机也称为感应电机。由于异步电动机与变压器在电磁关系上极为相似，因此在学习变压器的基础上来学习异步电动机是比较容易的。

三相异步电动机具有结构简单牢固、运行可靠、效率较高、成本较低及维修方便等优点，所以，在生产与生活中得到广泛的应用。例如，中小型轧钢设备、矿山机械、机床、起重机、鼓风机、水泵以及脱粒机、磨粉机等农副产品的加工机械，发电厂中的锅炉、汽轮机的附属设备、水泵、空压机、启动机和天车等大都采用异步电动机来拖动。在日常生活中，单相异步电动机广泛应用在电风扇、洗衣机、电冰箱、空调机及各种医疗机械中。据不完全统计，异步电动机的容量占总动力负载的 85％ 以上。但异步电动机存在着功率因数较低与调速性能较差等缺点，故一些生产机械也采用其他形式的电机（如直流电动机）来拖动。

本项目主要研究三相异步电动机，内容包括异步电动机的的作用、结构、原理、运行特性，及理解异步电动机的使用方法、运行规定、故障处理。

【培养目标】

从异步电动机的基本原理着手，掌握异步电动机的基本构件构成及各部件的功能，掌握异步电动机额定参数及相关技术参数的含义，掌握异步电动机基本运行特性，明确异步电动机的运行维护要求，初步掌握异步电动机常见故障的判断及处理。

任务一 认识三相异步电动机

【任务描述】

对三相异步电动机的用途、工作原理、主要构成部件、运行参数的意义作一基本的了解。推出转差率这一重要参数。

【任务分析】

从三相异步电动机的用途着手，明确三相异步电动机的基本原理，明确三相异步电动机由哪些基本构件构成，各构成部件的作用，了解异步电动机额定参数的含义，从而对异步电动机有一个基本的认识。掌握转差率的定义及含义。

【任务实施】

一、三相异步电动机的转动原理

(一) 原理

图 3-1 为三相异步电动机的原理示意图。异步电动机由定子和转子构成，定子三相绕组在示意图中用集中绕组 U1U2、V1V2、W1W2 表示，转子槽内有导体，导体两端用短路环连接，形成一闭合的绕组。

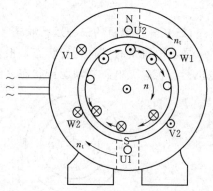

运行时，定子绕组通以对称的三相交流电，形成一旋转磁场，图 3-1 中用 N、S 极表示，设该旋转磁场以 n_1（称同步转速）沿逆时针旋转，则磁力线切割转子导体而感应电势（电势方向可用右手定则确定），在该电势作用下，转子导体有电流产生，根据电磁力定律，转子导体电流与旋转磁场相互作用产生电磁力（方向由左手定则确定）。电磁力形成的转矩使转子顺着旋转磁场的转向转动起来。这时，若转子轴上加上

图 3-1 三相异步电动机的原理示意

机械负载，电动机就拖动机械负载旋转，输出机械功率，即将电能转化为机械能。运用这种原理工作的电动机称为异步电动机，也称为感应电动机。

异步电动机转子转速 n 恒小于（即异于）旋转磁场的转速 n_1；因为若转子以同步速 n_1 旋转，则磁场与转子导体间就没有相对运动，导体便不能感生电势与电流，即无法产生力的作用。异步电机的名称就来源于这种电机的转子转速与旋转磁场总存在差异。

异步电动机的转子旋转方向始终与旋转磁场的方向一致，而旋转磁场的方向又取决于通入交流电的相序，因此只要改变定子电流相序，即任意对调电动机的两根电源线，便可使电动机反转。

(二) 转差率

异步电机的特点在于转子转速 n 与旋转磁场的转速 n_1（即同步转速）不同，可用转差率表征这一差异；转差率就是同步转速 n_1 与转子转速 n 的差值对同步转速 n_1 的比值，以 s 表示，即

$$s = \frac{n_1 - n}{n_1} \qquad (3-1)$$

由式（3-1）可以推出，异步电动机实际转速为

$$n = (1-s)n_1 \qquad (3-2)$$

当转子静止时，$n=0$，转差率 $s=1$；假设转子转到同步转速 n_1（实际上不可能靠自身动力达到），那么此时的转差率 $s=0$。转差率是一个决定异步电机运行情况的重要参数。一般情况下，异步机额定转差率（对应于额定负载的转差率）在 $0.01 \sim 0.06$ 之间。

【例 3-1】 有一台异步电动机，电源频率为 50Hz，额定转速 $n_N=1450\text{r/min}$，试求该电机的极对数和额定转差率。

解：根据额定转速略小于其同步转速 n_1 的特点，由 $n_N=1450\text{r/min}$ 可推知异步电动机同步转速 $n_1=1500\text{r/min}$。

由 $n_1 = \dfrac{60f}{p}$，则该电机的极对数为

$$p = \frac{60f}{n_1} = \frac{60 \times 50}{1500} = 2$$

额定转差率为

$$s_N = \frac{n_1 - n_N}{n_1} = \frac{1500 - 1450}{1500} = 0.033$$

（三）异步电机的三种运行状态

异步电机具有三种运行状态，根据转差率大小和正负情况，分别为电动机运行状态、发电机运行状态和电磁制动运行状态（图 3-2）。

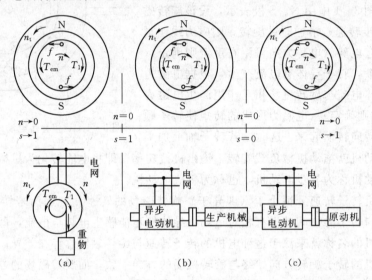

图 3-2 异步电动机的三种运行状态

（a）电磁制动运行状态；（b）电动机运行状态；（c）发电机运行状态

1. 电动机运行状态

当异步电机的转子与旋转磁场同方向（即 n 与 n_1 同向），且 $0 < n < n_1$ 时，旋转磁场将以 $\Delta n = (n_1 - n)$ 的速度切割转子导条，在转子导条上产生感应电动势和电流，并同时产生电磁力和形成电磁转矩，如图 3-2（b）所示。电磁转矩的方向与电机旋转的方向相同，为驱动性质，电磁转矩会克服负载制动转矩而作功，从而把从定子上输入的电能转变为机械能从转轴上输出，异步电机处于电动机运行状态。转差率的变化范围为 $0 < s < 1$，当定子绕组接通电源，转子将起动但还未及旋转的时候，$n = 0$，$s = 1$；当电动机处于空载运行状态时，转速 n 接近于同步转速 n_1，s 接近于 0；当电动机处于额定运行状态时，一般 s 较小，与空载类似。

2. 发电机运行状态

如果用原动机拖动异步电机使转子转速 n 大于同步转速 n_1，且两者旋转方向相同，即 $0 > n > n_1$，$-\infty < s < 0$；此时磁场切割转子导体的方向与电动机状态时相反，故转子的感应电动势、电流和电磁转矩与异步电动机运行状态时相反，如图 3-2（c）所示。电磁转矩与转子转向相反，对转子的旋转起制动作用，转子从原动机吸收机械功率。由于转子电流改变

了方向，定子电流跟随改变方向，也就是说，定子绕组由原来从电网吸收电功率，变成向电网输出电功率。这时，电机处于发电机运行状态。目前，异步发电机一般用在风力发电中。

3．电磁制动运行状态

当外力使转子逆着定子旋转磁场的方向转动，这时，$-\infty < n < 0$，$\infty > s > 1$；则定子旋转磁场将以 $\Delta n = n_1 - (-n) = n_1 + n$ 的速度切割转子导条；旋转磁场与转子导条的相对切割方向与电动机运行状态相同，因此，转子电动势、电流和电磁转矩的方向与电动机运行状态时相同，如图 3-2（a）所示。由于外力使转子反向旋转，电磁转矩与电机旋转的方向相反，电磁转矩对外力起制动作用，故称为电磁制动状态。在这种状态下，因电流方向不变，所以电机仍然通过定子从电网吸收电功率，同时，外力要克服制动力矩而作功，也要向电机输入机械功率，这两部分功率最终在电机内部以损耗的形式转化为热能消耗了。电磁制动是异步电机在完成某一生产过程中出现的短时运行状态，例如，起重机械下放重物时，为平稳下放，异步电机处于电磁制动状态。

综上所述，异步电机既可以作电动机运行，也可以运行于发电机和电磁制动状态，但异步电机主要作为电动机使用。

二、三相异步电动机的结构及作用

异步电动机有鼠笼式和绕线式两类，结构如图 3-3 及图 3-4 所示。它们的区别在于转子结构不同。异步电动机结构主要由定子、转子、端盖等主要部件组成，现分别介绍。

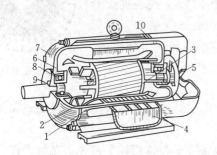

图 3-3　鼠笼式异步电动机结构

1—定子；2—定子绕组；3—转子；4—出线盒；
5—风扇；6—轴承；7—端盖；8—内盖；
9—外盖；10—风罩

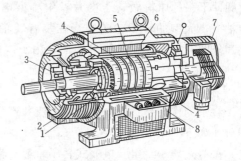

图 3-4　绕线式异步电动机结构

1—转子绕组；2—端盖；3—轴承；
4—定子绕组；5—转子；6—定子；
7—集电环；8—出线盒

（一）定子

异步电动机定子由定子铁芯、定子绕组和机座等主要部件组成。

1．定子铁芯

定子铁芯是电机磁路的一部分，异步电动机中的磁场是旋转的，且穿过定子铁芯的磁通为交变磁通。

为了减小磁场在铁芯中引起的涡流及磁滞损耗，定子铁芯由导磁性能较好的硅钢片叠压而成。定子铁芯叠片内圆冲有均匀分布的一定形状的槽，用以嵌放三相定子绕组。中小型电动机的定子铁芯采用整圆冲片，如图 3-5 所示。大、中型电动机常采用扇形冲片拼成一个圆。

2．定子绕组

定子绕组是电动机的电路部分，由若干完全相同的线圈按一定的规律连接而成。小型异步电动机的定子绕组由高强度漆包圆铜线或铝线绕制而成，一般采用单层绕组；大、中型异

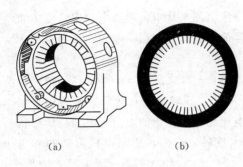

图 3-5 定子机座和定子铁芯冲片
(a) 定子机座；(b) 定子铁芯冲片

步电动机的定子绕组用截面较大的扁铜线绕制成型，再包上绝缘，一般采用双层绕组。

3. 机座

机座是电动机的外壳，用以固定和支撑定子铁芯及端盖，机座应具有足够的强度和刚度，同时还应满足通风散热的需要。小型异步电动机的机座一般用铸铁铸成，大型异步电动机机座常用钢板焊接而成。为了增加散热面积、加强散热，封闭式异步电动机机座外壳上面有散热筋，防护式电动机机座两端端盖开有通风孔或机座与定子铁芯间留有通风道等。

（二）转子

中小型异步电动机的转子由转子铁芯、转子绕组和转轴等主要部件构成。转子的作用是用来产生感应电流，形成电磁转矩，从而实现机电能量转换。

1. 转子铁芯

转子铁芯是电机磁路的一部分，也由硅钢片叠成。运行时，由于转子铁芯的交变磁通的频率很低，从而铁耗也很小。一般用定子冲片内圆冲下来的原料做转子叠片，中小型电机的转子铁芯直接套装在转轴上，大型的转子铁芯则套在装有转轴的转子支架上。转子铁芯叠片外圆冲有嵌放转子绕组的槽，用于嵌放或浇铸转子绕组用，如图 3-6 所示。

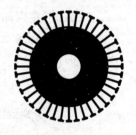

图 3-6 转子铁芯冲片

2. 转子绕组

转子绕组的作用是感应电动势和电流并产生电磁转矩。其结构型式有鼠笼式和绕线式两种，现分述如下。

（1）鼠笼式转子绕组。鼠笼式转子一般有铜条转子和铸铝转子两种。在每个转子槽中插入一铜条，在铜条两端各用一铜质端环焊接起来形成一个自身闭合的多相短路绕组，形如鼠笼，称为铜条转子，如图 3-7 （a）所示。也可以用铸铝的方法，把转子导条和端环、风扇叶片用铝液一次浇铸而成，称为铸铝转子，如图 3-7 （b）所示。中小型异步电动机的鼠笼转子一般采用铸铝转子。

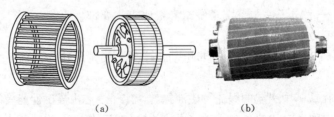

(a)   (b)

图 3-7 鼠笼式转子
(a) 铜条转子；(b) 铸铝转子

为了提高电动机的起动转矩，在容量较大的异步电动机中，可采用双鼠笼式或深槽式结构的转子，将会在后面介绍其结构特点和工作原理。

（2）绕线式转子绕组。绕线式转子绕组与定子绕组相似，也是制成三相绕组，一般作 Y 形连接。三根引线分别接到转轴上彼此绝缘的三个滑环上，通过电刷装置与外部电路相连，如图 3-8 所示。转子绕组回路串入三相可变电阻的目的是为了改善启动性能或调节转速。为了消除电刷和滑环之间的机械摩擦损耗及接触电阻损耗，在大中型绕线式电动机中，还装设有提刷短路装置。启动时转子绕组与外电路接通，启动完毕后，在不需调速的情况下，将外部电阻全部短接。

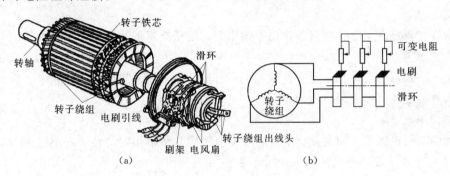

图 3-8 绕线式转子

（a）绕线式转子；（b）绕线式转子绕组示意图

3．转轴

转轴用成型圆钢加工而成，其作用是支撑转子和传递机械能。

（三）端盖

整个转子靠轴承和端盖支撑着，端盖一般用铸铁制成，转轴两端套有轴承，轴承装在端盖内，端盖通过止口固定在机座上。

（四）气隙

在电机定子和转子之间留有一很小的均匀气隙，气隙的大小对异步电动机的参数和运行性能影响很大。为了降低电机的励磁电流和提高功率因数，气隙应尽可能做得小些，但气隙过小，将使装配困难或运行不可靠，因此气隙大小除了考虑电磁性能外，还要考虑便于安装。气隙的最小值常由制造加工工艺和安全运行等因素来决定，异步电动机气隙一般为 0.2～2mm，比直流电机和同步电机定、转子气隙小得多。

三、三相异步电动机的技术参数及规定

异步电动机的机座上有一个铭牌，上面标出电动机的型号和主要技术数据。表 3-1 为某厂出品的一台异步电动机铭牌内容。

表 3-1　　　　　　　　　　　　三相异步电动机铭牌

三相步电动机			
型号 Y100L1—4			
容量 2.2kW		电流 5A	
电压 380V	转速 1420r/min		LW70dB
接法 Y	防护等级 IP44	频率 50Hz	重量 36kg
编号×× ×	工作制 S1	B 级绝缘	×年×月
×××电机厂			

（一）额定值

1. 额定功率 P_N

电动机在额定情况下运行时，由转轴所输出的机械功率，是电动机长期运行所不允许超过的最大功率，单位为 W 或 kW。

2. 额定电压 U_N

电动机在额定情况下运行时，外加在定子绕组上的线电压，单位为 V 或 kV。

3. 额定电流 I_N

电动机在额定电压下转轴有额定功率输出时，定子绕组的线电流，单位为 A。

4. 额定频率 f_N

额定频率表示电动机在额定工作状态下运行时，输入电动机交流电的频率，单位为 Hz。国内用的异步电动机额定频率均为 50 Hz。

5. 额定转速 n_N

电动机在额定电压、额定频率下，转轴上有额定功率输出时的转速，单位为 r/min。

6. 额定负载下的功率因数 $\cos\varphi_N$ 与效率 η_N

对于三相异步电动机而言，额定功率 P_N 与额定电压 U_N、额定电流 I_N，以及功率因数 $\cos\varphi_N$ 与效率 η_N 之间的关系如下：

$$P_N = \sqrt{3}U_N I_N \eta_N \cos\varphi_N \tag{3-3}$$

（二）使用常识

1. 型号

异步电动机的型号由汉语拼音字母的大写字母与阿拉伯数字组成。其中汉语拼音字母是根据电机全名称选择有代表意义的汉字，用该汉字的第一字母组成，例如 Y 代表异步电动机，YR 代表异步绕线式电动机。下面以一具体型号说明其意义：

$$Y\quad 100\quad L1{-}4$$

异步电动机　机座中心高　长铁芯　极数

2. 防护等级

防护等级是指电动机外壳防止异物和水进入电机内部的等级。外壳防护等级是以字母"IP"和其后的两位数字表示的。"IP"为国际防护的缩写字母，IP 后面第一位数字表示产品外壳按防止固体异物进入内部、防止人体触及内部的带电部分或运动部件的防护等级，共分为五级。IP 后面第二位数字表示电机对水侵害（滴水、淋水、溅水、喷水、浸水及潜水等）的防护等级，共分七级。数字越大，防护能力越强。如 IP23 表示防护大于 12mm 的固体和防止与垂直方向成 60°范围内的淋水不直接进入电机内。

3. 绝缘等级

绝缘等级表示电机所用绝缘材料的耐热等级，它决定了电机的允许温升。如 B 级绝缘电机的允许温升为 80℃，即允许的实际温度为 120℃。

4. 工作方式

电动机的工作方式又称为工作制或工作定额。它是电动机承受负载情况的说明，包括启动、电气制动、空载、断电停转以及这些阶段的持续时间和先后顺序。工作方式是设计和选择电动机的基础。通常在使用中把工作方式分为三种。

(1) 连续工作方式。电动机工作时间较长，温升可以达到稳定值，也称为长期工作方式，如通风机、水泵、机床主轴、造纸机、纺织机等连续工作的生产机械都应使用连续工作方式的电动机。

(2) 短时工作方式。电动机工作时间较短，停歇时间较长。工作时温升达不到一个稳定值，而停歇后温升降为零，即电机温度等于环境温度。如短时工作的水闸闸门启闭机的电动机应使用短时工作方式的电动机。我国规定的短时工作方式的标准工作时间有 15min、30min、60min、90min 等几种。

(3) 断续周期工作方式（重复短时方式）简称断续工作制，指电动机工作与停歇交替进行，时间都比较短，工作时温升达不到一个稳定值，停歇时温升又降不到零。国家标准规定每个工作与停歇的周期 $T=(t_{工作}+t_{停止})\leqslant 10\text{min}$。每个周期内工作时间占的百分比率称为负载持续率（或暂载率），我国规定的标准负载持续率有 15%、25%、40%、60% 四种。用于断续工作制的电动机会频繁起、制动，要求其过载能力强，转动惯量小，机械强度高。如起重机械、电梯等机械应使用此种工作方式的电动机。

由工作方式的定义可以看出，当有两台额定功率相同而工作方式不同的电机时，连续工作方式的一台可作为断续周期工作方式使用，断续周期工作方式的可作为短时工作方式使用，反过来则不行，否则电机会超过允许温升，缩短其使用寿命。

5. 绕组接法

绕组接法表示电动机在额定电压下运行时，定子三相绕组的连接方式，有 Y 接线和 △ 接线两种。定子三相绕组共有六个出线端都引入到电动机机座的接线盒中，

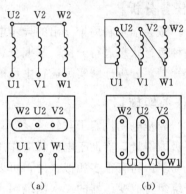

图 3-9 三相异步电动机接线
(a) Y 连接；(b) △ 连接

三相绕组的首端分别用 U1、V1、W1 表示，尾端分别用 U2、V2、W2 表示。图 3-9 (a) 及图 3-9 (b) 所示，分别为定子绕组的 Y 形接线及 △ 形接线。使用时，连接方式取决于电源电压；如铭牌上标明 380V/220V，Y/△ 接法，说明电源线电压为 380V 时应接成 Y 形；电源线电压为 220V 时应接成 △ 形。无论采用哪种接法，相绕组承受的电压应相等。

电动机的铭牌上还标有温升、重量等数据。对绕线式电动机，还常标明转子电压（定子加额定电压时转子的开路电压）和转子额定电流等数据。

能力检测

1. 简述三相异步电动机的工作原理。

2. 什么是异步电动机的转差率？异步电机有哪三种运行状态？并说明三种运行状态下，转速及转差率的范围。

3. 如果一台三相异步电动机铭牌上看不出磁极对数，如何根据其额定转速来确定其磁极对数？

4. 三相异步电动机，频率 $f=50\text{Hz}$，额定转速 $n_{N}=1450\text{r/min}$，求该电机的同步转速、极对数、额定转差率。

5. 异步电动机根据其转子特点可分为哪两类？结构有何不同？

6. 异步电动机的转向主要取决于什么？说明如何实现异步电动机的反转。

7. 一台三相异步电动机，$P_N = 4\text{kW}$，$U_N = 380\text{V}$，$\cos\varphi_N = 0.88$，$\eta_N = 0.87$，求异步电动机的额定电流及额定相电流。

任务二　三相异步电动机的运行分析

【任务描述】

对三相异步电动机的各种运行过程进行分析，着重分析异步电动机在运行过程中，各运行参数的相互关系和特点，推导出分析异步电动机运行特点的依据和方法，包括方程式法、等效电路法等。

【任务分析】

教会学生利用推导出的异步电动机的分析依据（方程式、等效电路），对异步电动机的各种运行状态进行分析，掌握分析方法，利用相关结论解决实际的运行问题。利用学到的理论知识，分析理解实际运行中可能发生的状态变化过程。

【任务实施】

异步电动机定子与转子之间只有磁的耦合，无电的直接联系，异步电动机定子绕组从电源吸取能量，借助于电磁感应作用传递给转子。从电磁感应原理和能量传递来看，异步电动机与变压器有很多相似之处，可以把异步电动机的定子绕组看成变压器的一次侧绕组，把转子绕组看成变压器的二次侧绕组，故分析变压器内部电磁关系的基本方法（基本方程式、等效电路和相量图）也适应于异步电动机。但是由于异步电动机是旋转电机，变压器是静止电机，随着异步电动机转速变化，转子电路中的感应电动势及电流的频率会发生相应的变化，与定子电动势及电流频率不相等；同时，转子回路各物理量也会相应变化，故异步电动机分析与计算比变压器复杂。这里，分别就异步电动机的负载运行、空载运行及堵转运行的工作状况及电磁关系进行分析，再寻找出电机运行中内在的特性和规律。

一、三相异步电动机负载运行、空载运行和堵转运行状况分析

（一）负载运行时的物理状况

异步电动机的定子绕组接上三相对称电压，转子带上机械负载时的运行，称为负载运行。

当异步电动机拖动机械负载时，由于负载阻转矩的存在，电动机的转速将比空载时下降，从而定子旋转磁场与转子的相对切割速度 $\Delta n = n_1 - n$ 增大，转差率 s 增大，使转子电动势、电流增大；相应的电磁转矩将增大，以平衡负载转矩。同时，从电源输入到定子的电流和电功率也会增加。

1. 电动势平衡方程式

类似于变压器的分析，可得到三相异步电动机定、转子每相绕组的电动势平衡方程式。

（1）定子电动势平衡方程式。

$$\dot{U}_1 = -\dot{E}_1 + j\dot{I}_1 x_1 + \dot{I}_1 r_1$$

$$=-\dot{E}_1+\dot{I}_1 Z_1 \tag{3-4}$$

式中：$\dot{E}_1$ 为主磁通在定子绕组中产生的感应电动势；Z_1 为定子一相绕组的漏阻抗。

与变压器类似，由于异步电动机负载运行时定子绕组的阻抗压降较小，为简单起见，在定性分析时，可忽略不计，其关系式为：

$$U_1 \approx E_1 = 4.44 f_1 N_1 k_{w1} \Phi_m \tag{3-5}$$

对异步电动机来讲，k_{w1} 和 N_1 都是定值，如果 f_1 不变，则主磁通与电源电压成正比。当电源电压不变时，主磁通也基本不变，这是分析异步电动机电磁关系的一个重要理论依据。

（2）转子电动势平衡方程式。

$$\dot{E}_{2s} = \dot{I}_2 (r_2 + jx_{2s}) \tag{3-6}$$

式中：$\dot{E}_{2s}$ 为转子旋转时，主磁通在转子绕组中产生的感应电动势

$$E_{2s} = 4.44 f_2 N_2 k_{w2} \Phi_m$$

式中：x_{2s} 为转子旋转时，转子绕组漏阻抗，$x_{2s} = 2\pi f_2 L_2$。

为此，可得到转子电流和转子功率因数的表达式

$$\dot{I}_2 = \frac{\dot{E}_{2s}}{r_2 + jx_{2s}} \tag{3-7}$$

$$\cos\varphi_2 = \frac{r_2}{\sqrt{r_2^2 + x_{2s}^2}} \tag{3-8}$$

2. 转子绕组感应电动势的频率

$$f_2 = \frac{p\Delta n}{60} = \frac{p(n_1 - n)}{60} = \frac{n_1 - n}{n_1} \times \frac{pn_1}{60} = s f_1 \tag{3-9}$$

可见，作为旋转电机，其转子感应电动势的频率与定子电流频率并不相等。当电动机在定额转速下运行时，$f_2 = s f_1 = (0.01 \sim 0.06) \times 50 = (0.5 \sim 3)$ Hz。

3. 负载时的磁动势方程式

空载运行时，可认为异步电动机中只有空载电流 $\dot{I}_0$，所以电机中只有该电流产生的空载磁动势 $\overline{F}_0$ 来建立气隙磁场。

负载运行时，异步电动机存在两个电流，即定子电流和转子电流，它们分别在电机中产生定子磁动势 $\overline{F}_1$ 和转子磁动势 $\overline{F}_2$。可以证明，在异步电动机中，这两个磁动势都是旋转磁动势，且方向和速度相同，即在空间上相对静止，它们共同建立气隙主磁通 $\dot{\Phi}_m$。可以把它们看成是一个合成磁动势，表示为（$\overline{F}_1 + \overline{F}_2$）。

类似变压器，空载时只有 $\dot{I}_0$ 建立气隙磁场，而当转子接上负载后，$\dot{I}_2$ 将增大，该电流产生的磁动势对 $\dot{I}_0$ 建立的气隙磁场有去磁作用。由于电源电压 $\dot{U}_1$ 不变，$\dot{\Phi}_m$ 的大小基本不变。为维持主磁通 $\dot{\Phi}_m$ 不变，定子电流必须增大到 $\dot{I}_1$，增大部分的电流用来抵消转子电流的去磁作用。因为 $\dot{\Phi}_m$ 基本不变，所以负载时的合成磁动势（$\overline{F}_1 + \overline{F}_2$）与空载时磁动势 $\overline{F}_0$ 相等，即有负载时的磁动势平衡方程式为

$$\overline{F}_1 + \overline{F}_2 = \overline{F}_0 \tag{3-10}$$

从而可推导出

$$\dot{I}_1 + \frac{\dot{I}_2}{k_i} = \dot{I}_0 \tag{3-11}$$

$$k_i = \frac{m_1 k_{w1} N_1}{m_2 R_{w2} N_2}$$

式中：k_i 为电流比。

（二）空载运行时的物理状况

当三相异步电动机定子绕组接在三相对称电源上，转子正常旋转，且轴上不带机械负载时的运行状态，称之为空载运行状态。

在空载运行时，由于阻力矩非常小，转子转速非常接近同步转速，即 $n \approx n_1$，此时定子旋转磁场与转子的相对切割速度 $\Delta n = (n_1 - n_2) \approx 0$，$s \approx 0$，$f_2 \approx 0$。则有 $E_{2s} \approx 0$，$I_2 \approx 0$，这时的异步电动机相当于变压器副边开路。此时异步电动机只有定子绕组上出现了一个电流，这个电流称为空载电流，用 I_0 表示。

与变压器一样，空载电流是用来产生磁场的，所以空载电流又称为空载励磁电流，基本上为无功性质电流，所以异步电动机空载时的功率因数很低。由于异步电动机中主磁通的磁路要两次穿过气隙，磁阻大，所以异步电动机的空载电流占额定电流的百分比的值比变压器大得多，可达到额定电流的 $20\% \sim 40\%$，其中小容量电机的比例比大容量电机高。

（三）转子堵转时的物理状况

转子堵转是指电机接通电源后转子没有转动的情形，在以下情况下发生：①电动机在接通电源瞬间，由于惯性，转子还未来得及转动；②电机在运行过程所带负载过重、电压过低或转子被异物卡住使电机停止转动。

此时，由于转子转速 $n_1 = 0$，所以异步电动机的转差率为

$$s = \frac{n_1 - n}{n_1} = 1 \tag{3-12}$$

转子绕组感应电动势的频率为

$$f_2 = s f_1 = f_1 \tag{3-13}$$

转子绕组中的电流为

$$\dot{I}_2 = \frac{\dot{E}_2}{r_2 + j x_2} \tag{3-14}$$

$$E_2 = 4.44 f_1 N_2 k_{w2} \Phi_m \tag{3-15}$$

$$x_2 = 2\pi f_2 L_2 = 2\pi f_1 L_2 \tag{3-16}$$

（四）折算

异步电动机的定子、转子间只有磁的联系，但无电路上的联系。为了便于分析和简化计算，需要用一个等效电路来代替这两个独立的电路。要达到这一目的，就必须要像变压器一样对异步电动机进行折算。

作为旋转电机，异步电动机的折算分成两步：首先进行频率折算，把旋转的转子变成静止的转子，使定、转子电路的频率相等；然后进行绕组折算，使定、转子绕组的相数、匝数、绕组系数相等。

1. 频率的折算

所谓频率折算，实质上就是用一个等效的静止的转子来代替实际旋转的转子。为了保持折算前后电动机的电磁关系不变，折算的原则是：折算前后磁动势不变（即转子磁动势的大小和空间位置不变），能量传递不变（即转子上各种功率不变）。

根据 $\overline{F}_2 = 0.45 m_2 \dfrac{N_2 k_{w2}}{p} \dot{I}_2$ 的关系，要使折算前后转子磁动势 $\overline{F}_2$ 的大小和相位不变，只要使转子电流在转子转动和静止时有相同的大小和相位。

由式（3-17）可知

$$\dot{I}_2 = \frac{\dot{E}_{2s}}{r_2 + jx_{2s}} = \frac{s\dot{E}_2}{r_2 + jsx_2} \tag{3-17}$$

$$\dot{I}_2 = \frac{\dot{E}_2}{\dfrac{r_2}{s} + jx_2} \tag{3-18}$$

式（3-17）、式（3-18）是同一种关系的两种表达形式，其中式（3-17）中各量的频率为 f_2，$\dot{I}_2$ 为旋转电机电流，而式（3-18）中各量的频率为 f_1，$\dot{I}_2$ 为静止电机电流。

以上分析表明，将旋转的转子转化为静止的转子时，只要将 $\dot{E}_{2s}$ 换成 $\dot{E}_2$，将 x_{2s} 换成 x_2，原转子电阻 r_2 变换为 $\dfrac{r_2}{s}$ 即可，$\dfrac{r_2}{s}$ 可分成两部分，即

$$\frac{r_2}{s} = r_2 + \frac{1-s}{s} r_2 \tag{3-19}$$

也就是说，在静止的转子电路中串入一个附加电阻 $\dfrac{1-s}{s} r_2$，这台静止不动的异步电动机可以等效地代替实际旋转的异步电动机。$\dfrac{1-s}{s} r_2$ 是一个等效电阻，在它上面消耗的电功率等效于电动机所产生的总机械功率。

2. 绕组的折算

转子绕组折算就是用一个和定子绕组具有相同相数 m_1、匝数 N_1，及绕组系数 k_{w1} 的等效转子绕组来代替原来的相数为 m_2、匝数为 N_2 及绕组系数 k_{w2} 的实际转子绕组。其折算原则和方法与变压器基本相同，转子侧各电磁量折算到定子侧时：①转子电动势、电压乘以电动势变比 k_e；②转子电流除以电流变比 k_i；③转子电阻、电抗及阻抗乘以阻抗变比 $k_e k_i$。

通过折算后，异步电动机的基本方程式变为

$$\left.\begin{aligned}
\dot{U}_1 &= -\dot{E}_1 + j\dot{I}_1 x_1 + \dot{I}_1 r_1 \\
\dot{E}_2' &= \dot{I}_2' \frac{r_2'}{s} + j\dot{I}_2' x_2' = \dot{I}_2'\left(r_2' + jx_2' + \frac{1-s}{s} r_2'\right) \\
\dot{I}_1 + \dot{I}_2' &= \dot{I}_0 \\
\dot{E}_2' &= \dot{E}_1 \\
\dot{E}_1 &= -\dot{I}_0 Z_m
\end{aligned}\right\} \tag{3-20}$$

需要注意的是，折算仅是一种等值变换方法，不论是频率折算还是绕组折算，代替实际

转子的等值转子均是虚拟的。

（五）等效电路

1. T 形等效电路

根据上述经频率和绕组折算后的方程组可画出定子、转子等效电路，等效电路的获得为异步电动机运行分析及计算带来了方便。异步电动机 T 形等效电路如图 3－10 所示。

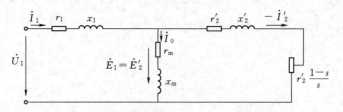

图 3－10　异步电动机 T 形等效电路

由图可知，异步电动机的 T 形等效电路与变压器带纯电阻负载时的等效电路相似。T 形等效电路中的 $\frac{1-s}{s}r_2$ 被称为总机械功率的等效电阻，其变化情况如下。

（1）当异步电动机空载运行时 $n \rightarrow n_1$，$s \rightarrow 0$，则有 $\frac{1-s}{s}r_2 \rightarrow \infty$，相当于变压器开路时的情况，$I_2' \approx 0$。异步电动机的 T 形等效电路功率因数很低，产生的总机械功率也很小。

（2）当异步电动机带额定负载运行时，转速 n 下降，转差率为 s 增大，一般在 $0.01 \sim 0.06$ 之间，此时转子电路的电阻 $\frac{r_2'}{s}$ 远大于 x_2'，转子功率因数较高，定子功率因数 $\cos\varphi_1$ 也较高，一般在 $0.8 \sim 0.85$。

（3）当转子不动（堵转）时，$n=0$，$s=1$，则对应的附加电阻 $\frac{1-s}{s}r_2=0$，相应的总机械功率也为零，此时的异步电动机相当于变压器副边短路时的情况，定、转子回路的电流均很大。

2. 简化等效电路（Γ 形等效电路）

对于容量大于 40kW 的异步电动机，为了简化计算，与变压器一样，可将 T 形等效电路中的励磁支路从中间移到异步电动机的电源端，将混联电路简化为并联电路，这个并联电

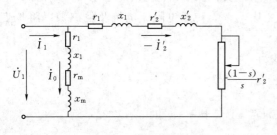

图 3－11　Γ 形等效电路

路我们称之为简化等效电路，也叫 Γ 形等效电路，如图 3－11 所示。但在异步电动机中，Z_m^* 较小，I_0^* 和 Z_1^* 均较大，为了减小误差，在励磁支路从中间移到电源端的同时，励磁支路应引入定子漏阻抗 Z_1，以校正电源电压增大对励磁电路的影响。简化等效电路基本上能够满足工程上对准确度的要求。

从等效电路上看，异步电动机对电网来说相当于一个阻感性负载，需从电网吸收感性无功。

二、三相异步电动机的转矩特性

异步电动机的作用是将电能转换成机械能，其中，电机所产生的电磁转矩是电能和机械能之间进行能量转换的关键，在此将重点讲述其相关的内容。

（一）功率传递过程与功率平衡关系

异步电动机运行时，定子从电网吸收电功率，通过转子向拖动的负载输出机械功率。电机在实现机、电能量转换的过程中，相应会产生各种损耗。异步电动机的功率转换过程见图3-12所示的功率传递图。传递过程中的功率关系可对照等值电路。

图3-12中传递的功率用大写字母 P 表示，而损耗用小写字母 p 表示。

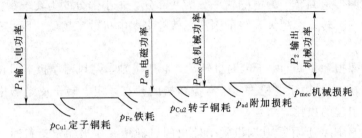

图 3-12 异步电动机的功率传递路

1. 定子侧

若定子从电网吸取的电功率为 P_1，其中一部分消耗于定子铜损耗和定子铁芯损耗，余下的为电磁功率，通过电磁感应作用传递给转子。其功率平衡关系如下。

$$P_1 = (p_{Cu1} + p_{Fe}) + P_{em} \tag{3-21}$$

（1）输入功率 P_1，是由电网向定子输入的有功功率。

$$P_1 = m_1 U_1 I_1 \cos\varphi_1 \tag{3-22}$$

（2）定子铜损耗 p_{Cu1}。

$$p_{Cu1} = m_1 I_1^2 r_1 \tag{3-23}$$

（3）定子铁芯损耗 p_{Fe}，异步电动机正常运行时，转子频率很低，一般为 $1 \sim 3\,\mathrm{Hz}$，转子铁芯损耗很小，可忽略不计。

$$p_{Fe} = m_1 I_0^2 r_m \tag{3-24}$$

（4）电磁功率 P_{em}，通过电磁感应作用，由定子传递到转子的功率。

$$P_{em} = m_1 E_2' I_2' \cos\varphi_2 = m_1 I_2'^2 \frac{r_2'}{s} \tag{3-25}$$

式中：φ_2 为转子功率因数角，即 $\dot{E}_2'$ 与 $\dot{I}_2'$ 的相位差角。

2. 转子侧

电磁功率传递到转子侧后，一部分转化为转子铜损耗，剩下来的为总的机械损耗，传递到转轴上；电动机转动后，产生机械摩擦损耗和附加损耗，最后剩下的机械功率 P_2 由转轴输出，其功率平衡关系如下。

$$P_{em} = p_{Cu2} + P_{mec} \tag{3-26}$$

$$P_{mec} = (p_{mec} + p_{ad}) + P_2 \tag{3-27}$$

（1）转子铜损耗 p_{Cu2}。

$$p_{\text{Cu2}} = m_1 I_2'^2 r_2' \qquad (3-28)$$

由式（3-25）与式（3-28）比较可得

$$p_{\text{Cu2}} = sP_{\text{em}} \qquad (3-29)$$

（2）总机械功率 P_{mec}。

$$P_{\text{mec}} = P_{\text{em}} - p_{\text{Cu2}} = m_1 I_2'^2 \frac{r_2'}{s} - m_1 I_2'^2 r_2' = m_1 I_2'^2 \frac{1-s}{s} r_2' \qquad (3-30)$$

由式（3-30）与式（3-28）比较可得

$$P_{\text{mec}} = (1-s)P_{\text{em}} \qquad (3-31)$$

可见，从气隙传递到转子的电磁功率分为两部分，一小部分变为转子铜损耗，绝大部分转变为总机械功率。转差率越大，转子铜损耗就越多，电机效率越低。因此正常运行时电机的转差率均很小。

（3）机械摩擦损耗 p_{mec}，由于电动机转动，会产生轴承与风阻摩擦等机械损耗。

（4）附加损耗 p_{ad}，由于电机铁芯中有齿和槽的存在，定、转子磁动势中含高次谐波磁动势等原因，所引起的损耗。

（5）输出功率 P_2，是异步电动机轴上输出的机械功率。当额定运行时，该功率即是电机铭牌上的额定功率。

$$P_2 = m_1 U_1 I_1 \cos\varphi_1 \eta \qquad (3-32)$$

（二）转矩平衡方程式

分析式（3-27）可知，异步电动机转轴上存在一个机械功率平衡关系，其中机械摩擦损耗和附加损耗合称为空载制动损耗，即 $p_0 = p_{\text{mec}} + p_{\text{ad}}$，则电动机机械功率平衡关系可表示为

$$p_{\text{mec}} = p_0 + P_2 \qquad (3-33)$$

由动力学知识可知，机械功率与转矩存在正比关系，即 $T = \dfrac{P}{\Omega}$，因此在式（3-33）的两边同时除以机械角速度 Ω 可得：

$$\frac{P_{\text{mec}}}{\Omega} = \frac{p_0}{\Omega} + \frac{P_2}{\Omega} \qquad (3-34)$$

于是，异步电动机转矩平衡方程式为

$$T = T_0 + T_2 \qquad (3-35)$$

式中：T 为异步电动机电磁转矩，为驱动性质的转矩；T_0 为空载制动转矩，它是对应于 p_0，是一种制动性质的转矩；T_2 为负载制动转矩（输出转矩），它是机械负载反作用于异步电动机轴上的转矩，是一种制动性质的转矩。

另外机械角速度 Ω 与电动机转速 n 的关系为

$$\Omega = \frac{2\pi n}{60} \qquad (3-36)$$

（三）电磁转矩的两种计算式

1. 电磁转矩物理表达式

从物理角度出发，电磁转矩是由转子载流导条与主磁场相互作用而产生的。其大小相应地可以用转子电流和气隙主磁通来表示，推导如下。

$$T = \frac{P_{\text{mec}}}{\Omega} = \frac{P_{\text{em}}(1-s)}{\Omega} = \frac{P_{\text{em}}(1-s)}{\frac{2\pi n}{60}} = \frac{P_{\text{em}}(1-s)}{\frac{2\pi(1-s)n_1}{60}} = \frac{P_{\text{em}}}{\frac{2\pi n_1}{60}}$$

$$= \frac{P_{\text{em}}}{\Omega_1} \tag{3-37}$$

其中

$$\Omega_1 = \frac{2\pi n_1}{60} = \frac{2\pi f_1}{p} \tag{3-38}$$

$$T = \frac{P_{\text{em}}}{\Omega_1} = \frac{m_1 E_2' I_2' \cos\varphi_2}{\frac{2\pi n_1}{60}} = \frac{m_1(4.44 f_1 N_1 k_{\text{w1}} \Phi_{\text{m}}) I_2' \cos\varphi_2}{\frac{2\pi f_1}{p}}$$

$$= \frac{4.44 m_1 p N_1 k_{\text{w1}}}{2\pi} \Phi_{\text{m}} I_2' \cos\varphi_2$$

$$= C_{\text{T}} \Phi_{\text{m}} I_2' \cos\varphi_2 \tag{3-39}$$

$$C_{\text{T}} = \frac{4.44 m_p N_1 k_{\text{w1}}}{2\pi}$$

式中：C_{T} 为电磁转矩常数，与电机结构有关。

式（3-39）称为电磁转矩的物理表达式。该式表明，电磁转矩是转子电流的有功分量 $I_2' \cos\varphi_2$ 与气隙主磁通相互作用产生的；正常运行时，电源电压 U_1 为额定电压，气隙主磁通基本不变，所以电磁转矩与转子电流的有功分量成正比。

2. 电磁转矩参数表达式

电磁转矩的物理表达式对定性分析不同运行情况下电磁转矩的变化规律比较方便。但由于表达式中主磁通和鼠笼式异步电动机的转子电流很难确定，故很难进行定量计算，更不能得到电磁转矩与转速之间的直接关系。为了便于计算及能反映在不同转差率时电磁转矩的变化规律，还需要导出电磁转矩和转差率（或转速）之间的参数表达式。

根据异步电动机简化等值电路，可得转子电流

$$I_2' = \frac{U_1}{\sqrt{\left(r_1 + \frac{r_2'}{s}\right)^2 + (x_1 + x_2')^2}} \tag{3-40}$$

将式（3-25）、式（3-38）、式（3-40）代入 $T = \dfrac{P_{\text{em}}}{\Omega_1}$，可推导出电磁转矩的参数表达式

$$T = \frac{P_{\text{em}}}{\Omega_1} = \frac{m_1 I_2'^2 \frac{r_2'}{s}}{\frac{2\pi f_1}{60}} = \frac{m_1 p U_1^2 \frac{r_2'}{s}}{2\pi f_1 \left[\left(r_1 + \frac{r_2'}{s}\right)^2 + (x_1 + x_2')^2\right]} \tag{3-41}$$

式中：m_1 为定子绕组相数；p 为极对数；f_1 为电源频率；U_1 为加在定子绕组上的相电压；r_1、r_2' 为定、转子绕组电阻；x_1、x_2' 为定、转子绕组电抗。

由式（3-41）可知电磁转矩 T 与转差率 s（或转速 n）、电源电压、频率及电动机参数之间的关系。当电源及电动机参数不变时，电磁转矩 T 仅与转差率 s（或转速 n）有关。

【例 3-2】 一台三相异步电动机，$P_N = 7\text{kW}$，$U_N = 380\text{V}$，$n_N = 1470\text{r/min}$，定子绕组三角形接法，极数 $2P = 4$，已知额定负载时，$\cos\varphi_1 = 0.85$，$p_{\text{Cu1}} = 500\text{W}$，$p_{\text{Fe}} = 250\text{W}$，$p_{\text{mec}} =$

$45\mathrm{W}$，$p_{\mathrm{ad}}=60\mathrm{W}$；试求额定负载时的转差率、转子铜耗、定子电流、电磁转矩。

解： 同步转速 $\qquad n_1=\dfrac{60f}{P}=\dfrac{60\times 50}{2}=1500(\mathrm{r/min})$

额定负载时的转差率 $\qquad s_{\mathrm{N}}=\dfrac{n_1-n_{\mathrm{N}}}{n_1}=\dfrac{1500-1470}{1500}=0.02$

总机械功率为 $\qquad P_{\mathrm{mec}}=P_2+(p_{\mathrm{mec}}+p_{\mathrm{ad}})=7000+45+60=7105(\mathrm{W})$

电磁功率 $\qquad P_{\mathrm{em}}=\dfrac{P_{\mathrm{mec}}}{1-s_{\mathrm{N}}}=\dfrac{7105}{1-0.02}=7250(\mathrm{W})$

转子铜耗 $\qquad p_{\mathrm{Cu2}}=s_{\mathrm{N}}P_{\mathrm{em}}=0.02\times 7250=145(\mathrm{W})$

输入功率 $\qquad P_1=P_{\mathrm{em}}+p_{\mathrm{Cu1}}+p_{\mathrm{Fe}}=7250+500+250=8000(\mathrm{W})$

定子电流 $\qquad I_1=\dfrac{P_1}{\sqrt{3}U_1\cos\varphi}=14.3(\mathrm{A})$

电磁转矩 $\qquad T_{\mathrm{em}}=\dfrac{P_{\mathrm{em}}}{\Omega_1}=\dfrac{7250}{2\pi\dfrac{1500}{60}}=46.15(\mathrm{N\cdot m})$

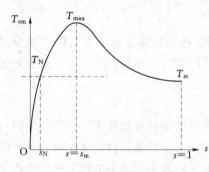

图 3-13 异步电动机转矩特性曲线

（四）电磁转矩特性

1. 转矩特性的定义

由式（3-41）可知，当电源及电动机参数不变时，异步电动机的电磁转矩 T 仅与转差率 s（或转速 n）有关。将电磁转矩 T 与转差率 s 的关系 $T=f(s)$ 称为转矩特性，因为转速 n 与转差率 s 有对应关系，所以可将 T 与 s 的关系转化为 T 与 n 的关系。而把电磁转矩 T 与电动机转速 n 之间的函数关系 $T=f(n)$ 称为机械特性。当用曲线表示三相异步电动机的机械特性时，简称 $T\text{-}s$ 曲线，如图 3-13 所示。

由 $T\text{-}s$ 曲线图可知，电动机起动时，转差率 $s=1$（转速 $n=0$），随着电机的转差率 s 从 1 逐渐减小（转速 n 从 0 逐渐增大），$T=f(s)$ 曲线中 T 值逐渐增大；当增大到一定值后，T 值反而逐渐减小。

上述特性曲线的形状，可由式（3-41）得到解释。

（1）当 s 很大时，$\dfrac{r_2'}{s}$ 的值较小，则式（3-41）分母中 $(x_1+x_2')\geqslant\left(r_1+\dfrac{r_2'}{s}\right)$，即 $r_1+\dfrac{r_2'}{s}$ 的影响可以忽略，T 的变化由分子中 $\dfrac{r_2'}{s}$ 决定，则 T 近似与 s 成反比，因此 $T\text{-}s$ 曲线随则 s 的减小（n 增大）而逐渐增大。

（2）当 s 很小时，$\dfrac{r_2'}{s}$ 的值较大，则式（3-41）分母中 $(x_1+x_2')\leqslant\left(r_1+\dfrac{r_2'}{s}\right)$，即 x_1+x_2' 的影响可以忽略，由于分母中 $\left(r_1+\dfrac{r_2'}{s}\right)^2$ 的平方关系，消去分子中 $\dfrac{r_2'}{s}$ 的影响，T 的变化由分母中的 $\dfrac{r_2'}{s}$ 决定，则 T 近似与 s 成正比，因此 $T\text{-}s$ 曲线随则 s 的减小（n 增大）而逐渐减小。

另外，$T\text{-}s$ 曲线有几个特殊的运行点，下面将分别进行讨论。

2. 额定电磁转矩

当异步电动机作额定运行时，转差率 $s = s_N$，可以在 T-s 曲线上找到对应的一点，称为额定运行点，其对应电磁转矩称为额定电磁转矩 T_N，其大小为

$$T_N = \frac{m_1 p U_1^2 \dfrac{r_2'}{s_N}}{2\pi f_1 \left[\left(r_1 + \dfrac{r_2'}{s_N} \right)^2 + (x_1 + x_2')^2 \right]}$$

也可以用公式 $T_N = T_{2N} + T_0$ 求解，其中 T_{2N} 是额定负载时的制动输出转矩，$T_{2N} = \dfrac{P_{2N}}{\Omega}$，由于 T_0 相对较小，工程计算上可忽略不计，故经常使用以下公式：

$$T_N \approx T_{2N} = \frac{P_{2N}}{\Omega} \tag{3-42}$$

并称为额定转矩。

3. 最大电磁转矩

从 T-s 曲线可见，电磁转矩有一最大值，该转矩称为最大电磁转矩，用 $T_{\max}$ 表示。电动机正常运行时，如果负载短时增大，只要负载转矩不超过最大电磁转矩，电动机仍能稳定运行；如果负载转矩大于最大电磁转矩，电动机就要停转。因此，最大电磁转矩能反映电动机过载能力的大小，最大电磁转矩越大，过载能力越强。

为了求最大转矩，将式（3-41）对 s 求导，并令 $\dfrac{\mathrm{d}T}{\mathrm{d}s} = 0$，便可求出最大电磁转矩的转差率 s_m，称为临界转差率。其值为

$$s_m = \frac{r_2'}{\sqrt{r_1^2 + (x_1 + x_2')^2}} \tag{3-43}$$

将式（3-43）代入式（3-41）中，便可求得最大电磁转矩

$$T_{\max} = \frac{m_1 p U_1^2}{4\pi f_1 [r_1 + \sqrt{r_1^2 + (x_1 + x_2')^2}]} \tag{3-44}$$

一般由于 r_1 很小，若忽略 r_1，有

$$s_m \approx \frac{r_2'}{x_1 + x_2'} \tag{3-45}$$

$$T_{\max} \approx \frac{m_1 p U_1^2}{4\pi f_1 (x_1 + x_2')} \tag{3-46}$$

分析以上各式可得以下结论。

（1）当电源频率和电机参数不变时，最大电磁转矩与电源电压的平方成正比，即 $T_{\max} \propto U_1^2$，但临界转差 s_m 与电源电压无关。

（2）最大电磁转矩 $T_{\max}$ 的大小与转子回路电阻 r_2' 的大小无关，但临界转差率 $s_m \propto r_2'$，因此，在转子回路（绕线式异步电机）中串入电阻后，虽然 $T_{\max}$ 大小不变，但对应的 s_m 位置发生改变，即可以改变转矩特性曲线。绕线式异步电动机正是利用这一点来达到改善异步电动机的起动、调速和制动性能。

（3）如果忽略电阻 r_1，当电源电压和频率为常数时，最大电磁转矩 $T_{\max}$ 与电机参数 $x_1 + x_2'$ 成反比，即定转子漏抗越大，则 $T_{\max}$ 越小。

（4）最大电磁转矩 $T_{\max}$ 随频率 f_1 的增大而减小。

电动机的最大转矩 $T_{\max}$ 与额定转矩 T_N 之比称为过载系数，用 k_m 表示，则有

$$k_m = \frac{T_{\max}}{T_N} \qquad (3-47)$$

过载系数反映了异步电动机短时过负荷的能力，k_m 越大，短时过负荷能力越强。对此国家标准有明确规定：一般电动机的过载系数 $k_m = 1.6 \sim 2.2$；起重和冶金用的异步电动机 $k_m = 2.2 \sim 2.8$；特殊电动机的 k_m 可达 3.7。

4. 起动转矩

电动机刚接通电源时，电动机由于机械惯性，还来不及旋转，这一时刻的电磁转矩，称为启动转矩（或最初启动转矩）。此时 $n=0$，$s=1$，如果把 $s=1$ 代入式（3-41），就可得到启动转矩的表达式

$$T_{st} = \frac{m_1 p U_1^2 r_2'}{2\pi f_1 [(r_1 + r_2')^2 + (x_1 + x_2')^2]} \qquad (3-48)$$

由式（3-48）可以看出：

（1）当频率和电机参数一定时，启动转矩与电源电压的平方成正比，即 $T_{st} \propto U_1^2$。

（2）当电源电压和频率一定时，漏抗 $(x_1 + x_2')$ 越大，起动转矩 T_{st} 越小。

（3）当使 $s_m = 1$，增大转子回路电阻与总的漏电抗相等 $r_2' = x_1 + x_2'$ 时，启动转矩将等于最大转矩。

（4）启动转矩 T_{st} 随频率 f_1 的增大而减小。

启动转矩与额定转矩的比值

$$k_{st} = \frac{T_{st}}{T_N} \qquad (3-49)$$

称为启动转矩倍数。

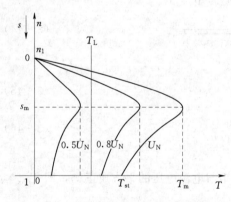

图 3-14 改变电源电压 U_1 的人为机械特性

启动转矩倍数 k_{st} 也是异步电动机的重要性能指标之一，它反映了电机启动能力的大小，国家标准规定，一般异步电动机 $k_{st} = 1.0 \sim 2.0$，对起重、冶金等要求启动转矩大的场合，要求 $k_{st} = 2.8 \sim 4.0$。

5. 人为机械特性

当异步电动机的定子外接额定电压 U_N 和额定频率 f_N 的电源，定子绕组按规定的接线方式连接，定子和转子回路不外接附加电阻（电抗、电容）时的机械特性称为固有机械特性，如图 3-14 所示。

为了适应负载对电动机启动、调速及制动方面的不同要求，常常通过改变电源电压、电源频率、转子回路电阻、极对数等方法来改变异步电动机的机械特性，这时候得到的机械特性称为人为机械特性。

（1）改变电源电压 U_1 的人为机械特性。

由于 $T_{\max} \propto U_1^2$、$T_{st} \propto U_1^2$，所以最大转矩和启转转矩都随 U_1 的降低成平方倍地减小。但最大转矩所对应的临界转差率 s_m 与电源电压 U_1 无关，故降低电源电压，可得到的各条机械特性曲线如图 3-14 所示，这被称为改变电源电压的人为机械特性曲线。

降低异步电动机电源电压后，电动机的人为机械特性曲线会下移，启动转矩倍数和过载能力均会显著下降。如果电源电压下降太多，甚至有可能出现最大转矩小于负载转矩，而使电动机停转。当负载转矩不变时，电源下降后会导致转速减小，从而引起定、转子电流增大。长期欠压运行，电动机会因过热而缩短使用寿命。

（2）转子回路串入电阻时的人为机械特性曲线。

绕线式异步电动机可以利用在转子回路串入对称三相电阻的方法来人为地改变机械特性。由于临界转差率 s_m 与转子回路电阻 r_2' 成正比，而最大电磁转矩 T_{max} 与转子回路电阻 r_2' 无关，所以改变转子回路电阻，最大电磁转矩 T_{max} 不变，但临界转差率 s_m 随转子回路电阻 r_2' 的增大而增大，如图 3-15 所示。转子回路串入对称三相电阻适用于绕线式异步电动机的起动、调速和制动。

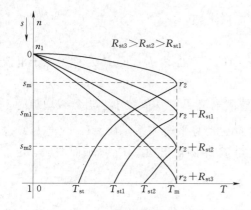

图 3-15　转子回路串入电阻时的人为
机械特性曲线

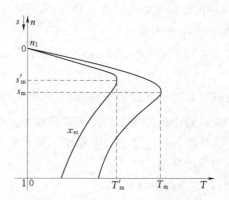

图 3-16　定子回路串入电抗的人为
机械特性曲线

（3）定子回路串入电抗或电阻时的人为机械特性。

在异步电动机的定子回路中串入对称三相电抗时，定子回路电抗的增加并不影响同步转速 n_1 的大小，但会导致 T_{max}、T_{st} 和 s_m 的减小，曲线变化如图 3-16 所示，定子回路串入对称电抗一般用于笼型异步电动机的降压启动，以限制电动机的启动电流。

定子回路串入对称三相电阻时的人为机械特性与串电抗时类似。但串入的电阻由于要消耗电能，所以较少采用。

另外，改变电源电压频率和电动机的磁极对数也可以改变电动机的机械特性。

三、异步电动机的工作特性

异步电动机的工作特性是指电动机在额定电压和额定频率下，其转速 n、输出转矩 T_2、定子电流 I_1、功率因数 $\cos\varphi$、效率 η 等与输出功率 P_2 之间的关系。异步电动机的工作特性是合理使用异步电动机的重要依据，常用特性曲线来描述工作特性，如图 3-17 所示。

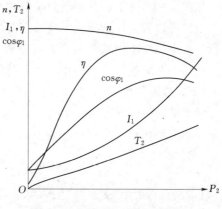

图 3-17　异步电动机工作特性

（一）转速特性

电动机转速 n 与输出功率 P_2 之间的关系曲线 $n=f(P_2)$，称为转速特性曲线。如图 3-17 所示。

空载运行时，空载制动转矩很小，转子电流也很小，输出功率 $P_2 \approx 0$，转子转速接近于同步转速（$n \approx n_1$），当负载增加时，随负载转矩增加，转速 n 会下降，但转速随负载变化并不大，如额定运行时的转速虽比空载转速要小，但 n 仍与同步转速 n_1 接近，故曲线是一条微微向下倾斜的曲线。

（二）转矩特性

输出转矩 T_2 与输出功率 P_2 之间的关系曲线 $T_2=f(P_2)$ 称为转矩特性曲线。转矩特性曲线近似为一稍微上翘直线。异步电动机输出转矩 $T_2=\dfrac{P_2}{\Omega}$，其中 $\Omega=\dfrac{2\pi n}{60}$。由于负载增大时，$P_2$ 增大，转速略有下降，使 $T_2=f(P_2)$ 略微上翘。

（三）定子电流特性

异步电动机定子电流 I_1 与输出功率 P_2 之间的关系曲线 $I_1=f(P_2)$ 称为定子电流特性曲线。

空载时，转子电流 $I_2=0$，则定子电流为空载电流 I_0，其值较小。当负载增加时，转子转速下降，转子电流增大，转子磁势增加。根据磁动势平衡关系，$\dot{I}_1=\dot{I}_0+(-\dot{I}_2')$ 也相应增加，以补偿转子电流的去磁作用，因此定子电流 I_1 随输出功率 P_2 增加而增加，定子电流特性曲线是上升的。

（四）功率因数特性

异步电动机定子功率因数 $\cos\varphi_1$ 与输出功率 P_2 之间的关系曲线 $\cos\varphi_1=f(P_2)$ 称为功率因数特性曲线。功率因数特性是异步电动机的一个重要性能指标。

空载时，定子电流 I_0 基本为无功励磁电流，故功率因数很低，一般约为 0.2。随着负载增加，转子电流增加，定子电流有功分量增加，功率因数便逐渐上升。在额定负载附近功率因数达到最高值。负载超过额定值后，由于转速下降，转差率 s 增大较多，使得转子漏抗增加，转子电流与电势间的相位角 $\varphi_2=\arctan\dfrac{sx_2}{r_2}$ 增大，转子功率因数 $\cos\varphi_2$ 下降，转子电流无功分量增大，与之相平衡的定子电流无功分量增大，致使电动机定子功率因数 $\cos\varphi$ 下降。如图 3-17 所示。额定负载时，功率因数一般在 0.8~0.9 的范围内。

由此可以看出，选择的容量一定要恰当。如选的过大，不仅价格高，而且主要在低载下运行，效率与功率因数均较低，很不经济。另外，电机在空载时效率较低，功率因数也很低，应尽量避免这种"大马拉小车"的情况。

（五）效率特性

异步电动机效率 η 与输出功率 P_2 之间的关系曲线 $\eta=f(P_2)$ 称为效率特性。效率特性也是异步电动机的一个重要性能指标。异步电动机效率为

$$\eta=\frac{P_2}{P_1}=\frac{P_1-\sum p}{P_1}=1-\frac{\sum p}{P_1} \tag{3-50}$$

式中：$\sum p=p_{Cu1}+p_{Cu2}+p_{Fe}+p_{mec}+p_{ad}$ 为异步电动机总损耗。

异步电动机从空载到额定运行，电源电压一定时，主磁通变化很小，故铁损耗 p_{Fe} 和机

械损耗 p_{mec} 基本不变，可看成不变损耗；而铜损耗 p_{cu1}、p_{cu2} 和附加损耗 p_{ad} 随负载变化，作为可变损耗。

空载时，输出功率 $P_2=0$，效率 $\eta=0$。负载从零增加时，效率随之增加较快，直到负载增加到可变损耗与不变损耗相等时，效率曲线趋于平坦。效率达最大值，此后负载继续增加，由于定子、转子电流增加，可变损耗增加很快，效率反而有所降低，如图 3-17 所示。通常异步电动机最高效率发生在 $(0.75\sim1.1)P_N$ 范围内。异步电动机额定负载时的效率 η_N约在 74%～94% 之间。容量越大，η_N 往往较高。

四、三相异步电动机的启动

异步电动机投入运行的第一步，就是要使静止的转子转动起来。由转速等于零开始转动到对应负载下的稳定转速的过程，称为启动过程。电动机的启动过程很短，一般在几秒到几十秒之间。但其内部的电磁过程与正常运行时不同，若启动不当，不但易损坏电动机，而且会影响到电网中其他电气设备的正常运行。

（一）异步电动机启动概述

1. 性能及要求

（1）产生足够大的启动转矩。为使电动机能够尽快进入相应负载下稳定运行。电动机所需启动转矩的大小，取决于由它拖动的生产机械。例如，生产机械为起重机（吊车）、空气压缩机等类机械时，需要的启动转矩很大，甚至大于额定转矩；但拖动通风机一类生产机械时，则不需要很大的启动转矩。

（2）启动电流不应过大。当启动电流过大时，电网线路阻抗产生很大的电压降；因而使电动机所加电压大大降低，并且影响接在同电网上的其他负载的正常运行。同时，启动电流过大时，电动机本身将受到过大电磁力的冲击；对于经常起动的鼠笼式异步电动机，还有使绕组过热的危险。

（3）启动设备简单可靠，价格低廉。

（4）启动操作简便。

（5）启动过程短，启动过程中能量损耗小。

电动机的启动电流和启动转矩是表示启动性能的两个基本物理量。常用启动电流倍数 $\dfrac{I_{st}}{I_N}$ 和启动转矩倍数 $\dfrac{T_{st}}{T_N}$ 衡量这两个基本指标。

2. 启动电流和启动转矩

异步电动机启动时，为满足上述要求，往往希望具有足够大的启动转矩倍数，但启动电流不要太大。但是异步电动机在直接启动时，发现启动电流大而启动转矩不太大。下面分析为何出现这一现象。

先分析异步电动机的启动电流。从图 3-11 异步电动机的近似等效电路（Γ形）来看，转子电流为

$$I_2' = \frac{U_1}{\sqrt{\left(r_1+\dfrac{r_2'}{s}\right)^2+(x_1+x_2')^2}} \tag{3-51}$$

异步电动机启动时，$n=0$，$s=1$，有

$$I_2' = \frac{U_1}{\sqrt{(r_1+r_2')^2+(x_1+x_2')^2}} \tag{3-52}$$

随着转速 n 的增加，转差率 s 逐步减小，相对 r_2'，额定运行时的 $\dfrac{r_2'}{s}$ 大了很多，从而限制了 I_2'，因此异步电动机启动时的转子电流比正常转速时大了很多。此外，启动时，励磁电流 I_0 相对于电流 I_2' 很小，常忽略不计，根据磁势平衡关系，有 $I_{st} = I_1 \approx I_2'$。一般 $\dfrac{I_{st}}{I_N} = 5 \sim 7$。

启动电流大，而启动转矩不太大，可以用转矩公式 $T_{st} = C_m \Phi_m I_2' \cos\varphi_2$ 解释。启动时，虽然 I_2' 很大，但因为 $x_2 \gg r_2$，$\varphi_2 = \arctan\dfrac{x_2}{r_2} \to 90°$（正常时，$\varphi_2 = \arctan\dfrac{sx_2}{r_2}$ 较小），使得 φ_2 也较大，则 $\cos\varphi_2$ 很小，因此 $I_2'\cos\varphi_2$ 不大。另外，由于启动电流很大，定子绕组的漏阻抗压降较大，使得感应电势 E_1 减小，因此主磁通 Φ_m 较正常运行时小。以上两个因素使得启动转矩不太大。

（二）普通鼠笼式异步电动的启动方法

鼠笼式异步电动机结构简单、价格便宜、运行可靠、维修方便，是现在应用得最广泛的一种交流电动机。因此，研究鼠笼式异步电动机的启动方法、改善它的起动性能，具有很大的实际意义。下面介绍几种常用的启动方法。

1. 直接启动

直接启动，就是指把鼠笼式异步电动机的定子绕组直接接到具有额定电压的电网上启动。这种启动方法采用的启动设备简单，启动操作也很简便。但是，直接启动时，启动电流很大。

为了利用直接启动的优点，设计鼠笼式异步电动机的定子绕组时，都是按直接启动时的电磁力和发热考虑异步电动机的机械强度和热稳定性。

当直接启动的启动电流在电网中引起的电压降不超过 $10\% \sim 15\% U_{1N}$ 时，则允许采用直接启动的方法。由于现代电力系统和变电所的容量都很大，故较大容量的异步电动机也常常采用直接启动。

2. 降压启动

当按电网的允许电压降条件不准采用直接启动时，根据启动电流与端电压成正比的关系，可以采用降压启动法来限制启动电流。

忽略激磁电流分量，则 $I_2' = I_1$；启动初瞬，定子每相电流为 I_{1st}，则转子电流的折算值为 $I_{2st}' = I_{1st}$。设定子每相额定电流为 I_{1N}，则转子额定电流的折算值 $I_{2N}' = I_{1N}$，由式（3-37）和式（3-25）可得启动转矩（启动时 $n=0$，$s=1$）为

$$T = \frac{P_{em}}{\Omega_1} = \frac{m_1 I_{2st}'^2 r_2'}{\Omega_1} = \frac{m_1 I_{1st}^2 r_2'}{\Omega_1} \tag{3-53}$$

若近似认为电动机额定转矩等于额定负载时的电磁转矩（因 Ω 与 Ω_1 很接近，它们所对应的功率 P_{2N} 与 P_{emN} 之间只相差很小的损耗），设此时转差率为 s_N，则额定转矩

$$T_{2N} \approx T_N = \frac{P_{emN}}{\Omega_1} = \frac{m_1 I_{2N}'^2 \dfrac{r_2'}{s_N}}{\Omega_1} = \frac{m_1 I_{1N}^2 r_2'}{s_N \Omega_1} \tag{3-54}$$

式（3-53）除以式（3-54），得到

$$\frac{T_{st}}{T_N} = \left(\frac{I_{1st}}{I_{1N}}\right)^2 s_N \tag{3-55}$$

这说明启动转矩倍数 $\dfrac{T_{st}}{T_N}$ 等于启动电流倍数的平方 $\left(\dfrac{I_{1st}}{I_{1N}}\right)^2$ 乘以额定负载时的转差率 s_N。

由式（3-55）可知使用降压启动虽然限制了启动电流，但由于转差率很小，启动转矩倍数会有显著地降低。这是其不足之处。所以，这种启动方法，只适用于对启动转矩要求不高的场合。下面介绍几种降压启动的方法。

（1）定子绕组串入电抗启动。

线路图如图 3-18 示。启动时，先合上电源开关 K_1，开关 K_2 保持断开，定子绕组即串入电抗可减小启动电流。待电机启动后，合上开关 K_2，切除电抗，电动机即进入正常运行。

设其允许的启动电流倍数为 $k_{1st}=\dfrac{I_{1st}}{I_{1N}}$，则由式（3-55）可以得启动转矩倍数

$$\frac{T_{st}}{T_N}=k_{1st}^2 s_N \tag{3-56}$$

通常 s_N 很小，允许启动电流倍数 k_{1st} 也不大，故启动转矩倍数较小。

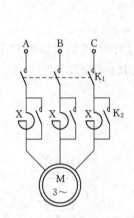　　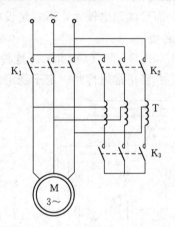

图 3-18　定子绕组串入电抗启动　　图 3-19　定子绕组串自耦变压器启动

（2）用自耦变压器降压启动。

起动器内部主要设备是一台三相自耦变压器（成品称补偿起动器）。启动时，经自耦变压器接到定子绕组上，降压起动；转速稳定后，将定子绕组接到电网上，全压运行。其接线图如图 3-19 所示。

设自耦变压器原、副边电压之比为 k_a，经自耦变压器降压后加到电动机，电压 $U_1=\dfrac{U_{电网}}{k_a}=\dfrac{U_{1N}}{k_a}$（设电网电压为额定电压 U_{1N}），若电动机在额定电压 U_{1N} 下直接启动（全压起动）时，电机的启动电流设为 $I_{st全压}$（亦即电网侧提供的电流），则现在电动机定子输入端电压 $\dfrac{U_{1N}}{k_a}$ 的作用下，定子启动电流为 $I_{1st}=\dfrac{I_{st全压}}{k_a}$。

因此，电网侧的启动电流为 $I_{st自耦}=\dfrac{I_{1st}}{k_a}=\dfrac{I_{stN}}{k_a^2}$，即

$$\frac{I_{st自耦}}{I_{st全压}}=\frac{1}{k_a^2} \tag{3-57}$$

由于启动转矩 T_{st} 与电压平方成正比，而启动电压为 $\dfrac{U_{1N}}{k_a}$，则启动转矩是直接启动的

$\dfrac{1}{k_a^2}$，即

$$\frac{T_{\text{st自耦}}}{T_{\text{st全压}}}=\frac{1}{k_a^2} \tag{3-58}$$

由上面分析可见，采用自耦变压器（启动补偿器）降压启动时，启动电流和启动转矩都降为直接启动时的$\dfrac{1}{k_a^2}$倍。因此，一台异步电动机采用电抗器或自耦变压器启动，当电网提供的启动电流降到同一允许值时，则采用自耦变压器的启动转矩比电抗器启动的大。

异步电动机启动时的专用自耦变压器有 QJ2 和 QJ3 两个系列。它们的低压侧各有三个抽头，QJ2 型的三个抽头电压分别为（额定电压的）55%、64% 和 73%；QJ3 型为 40%、60% 和 80%。抽头百分比的倒数就是变比 k_a。

自耦变压器降压启动可根据启动时的具体情况选用不同的抽头，较定子回路串电抗器启动和 Y-△启动更为灵活，故在 10kW 以上的异步电动机中得到较广泛的应用。但该启动方法的投资较大，而且体积也较大，不宜装设在控制柜中。

（3）Y-△启动。

启动接线图如图 3-20（a）所示。这种方法适用于电动机定子绕组六个出线端全部引出电动机壳外，并且正常运行时，定子绕组为三角形连接的情况。

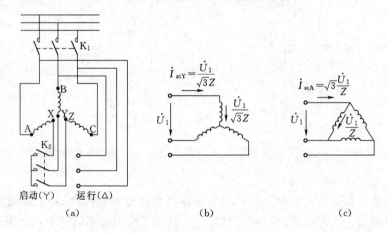

图 3-20　Y-△启动

(a) Y-△启动接线图；(b) △连接直接启动；(c) Y 连接直接启动

启动操作（程）顺序为：先把双投开关 K_2 合在"启动"（Y 接）一边，将定子绕组接成 Y 形；合上开关 K_1，启动电动机。当电动机转速升高到接近稳定转速时，将双投开关换到"运行"（△接）一边，定子绕组接成三角形，电动机在额定电压下加速到稳定转速，进入正常运行。

设电动机启动时，电机的每相阻抗为 z，电网电压不变。

如电动机作△连接直接启动，则定子绕组中的每相启动电流为$\dfrac{U_N}{z}$（设外加电压为 U_N）。

由于线电流为相电流的$\sqrt{3}$倍，故电网侧启动电流为 $I_{\text{st}\triangle}=\dfrac{\sqrt{3}U_N}{z}$，如图 3-20（b）所示。

如电动机作 Y 连接启动，由于定子每相绕组电压为额定电压 U_N 的 $1/\sqrt{3}$ 倍，定子启动相

电流为$\dfrac{\sqrt{3}U_N}{z}$；因Y连接，线电流等于相电流，故电网侧启动电流为$I_{stY}=\dfrac{U_N}{\sqrt{3}z}$，如图3-20（c）所示。

因此

$$\frac{I_{stY}}{I_{st\triangle}}=\frac{\dfrac{U_N}{\sqrt{3}z}}{\dfrac{\sqrt{3}U_N}{z}}=\frac{1}{3} \tag{3-59}$$

即Y连接时，由电网供给电动机的启动电流只为△连接时的1/3。由于启动转矩与电压平方成正比，又有$U_Y=\dfrac{U_N}{\sqrt{3}}$，$U_{\triangle}=U_N$。Y形和△形的启动转矩的关系为

$$\frac{T_{stY}}{T_{st\triangle}}=\frac{U_Y^2}{U_{\triangle}^2}=\frac{1}{3} \tag{3-60}$$

即Y连接启动转矩也只等于△连接的1/3倍。

Y-△启动法，相当于变比$k_a=\sqrt{3}$的自耦变压器降压启动，而它比自耦变压器降压启动法所用的附加设备少，操作也较简便。所以，现在生产的小型异步电动机，常采用这种方法启动。但是这种启动方法，在倒换开关K_2时，电动机的定子绕组突然开路，有产生操作过电压的危险。因此，这种启动方法，只用于低压鼠笼式异步电动机中。另外，虽然目前国产Y系列三相异步电动机容量在4kW以上时，均为△接法，以便用户选用Y-△启动。但是，由于启动转矩降为直接启动时的1/3，启动转矩降低较多，且不可调，所以这种启动方法多用于空载或轻载启动。

（4）延边三角形降压启动。

用Y-△降压启动，启动电流和启动转矩固定地减小为直接启动的1/3，无法调节。在此基础上发展了延边三角形降压启动，它的启动方法与Y-△启动法相似。在启动时，将电动机的定子绕组的一部分接成Y形，另一部分接成△形，当启动结束时，再把绕组改接成△形接法进行正常运行，如图3-21所示。

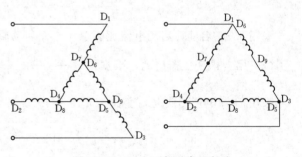

图3-21 延边三角形降压启动

延边三角形降压启动时，每相绕组所承受的电压比Y连接时大，而比△连接时小，故其启动电流及启动转矩介于Y-△降压启动与△形直接启动之间。这种启动方法的优点是改变Y连接及△连接中间抽头位置，可以获得不同的启动电流及启动转矩，以适应不同的启动要求。其缺点是结构复杂，绕组抽头多，故该方法在实际应用中受到了一定限制。

综上所述，鼠笼式异步电动机的降压启动法，虽然可以减小电网中的启动电流、减小电网电压降，对在同一电网上运行的其他负载的影响较小，但是降低了电动机的启动转矩，这是其共同缺点。

【例3-3】 有一台三相异步电动机，$P_N=55kW$，$U_N=380V$，△接法，额定电流$I_{1N}=$

104A，额定转速 $n_N=980\text{r/min}$，启动电流倍数 $\dfrac{I_{st\triangle}}{I_{1N}}=6.5$，启动转矩倍数 $\dfrac{T_{st\triangle}}{T_N}=1.8$，电网要求所提供的起动电流不超过 300A，起动时负载转矩不能低于 290N·m，试问：

(1) 能否用 Y-△启动。

(2) 用自耦变压器启动，该变压器副边电压抽头为 73％，64％和 55％三组，应选哪一组？

解：额定转矩为：$T_N=\dfrac{P_N}{\Omega_N}=\dfrac{P_N}{2\pi\dfrac{n_N}{60}}=\dfrac{55000}{2\pi\times\dfrac{980}{60}}=535.93\ (\text{N·m})$

负载要求启动转矩倍数：$\dfrac{T_{st}'}{T_N}=\dfrac{290}{535.93}=0.451$

电网要求启动电流倍数：$\dfrac{I_{st}'}{I_N}=\dfrac{300}{104}=2.88$

(1) 用 Y-△启动时

因为启动电流倍数 $\dfrac{I_{st\triangle}}{I_{1N}}=6.5$，且 $\dfrac{I_{stY}}{I_{st\triangle}}=\dfrac{1}{3}$

则
$$\dfrac{I_{stY}}{I_{1N}}=\dfrac{\dfrac{I_{st\triangle}}{3}}{I_{1N}}=\dfrac{6.5}{3}=2.17<2.88$$

因为启动转矩倍数 $\dfrac{T_{st\triangle}}{T_N}=1.8$，且 $\dfrac{T_{stY}}{T_{st\triangle}}=\dfrac{1}{3}$

则
$$\dfrac{T_{stY}}{T_N}=\dfrac{\dfrac{T_{st\triangle}}{3}}{T_N}=\dfrac{1.8}{3}=0.6>0.541$$

采用 Y-△启动，启动电流比要求小，而启动转矩比要求大。故满足要求。

(2) 用自耦变压器启动，根据：$\dfrac{I_{st自耦}}{I_{st全压}}=\dfrac{1}{k_a^2}$，$\dfrac{T_{st自耦}}{T_{st全压}}=\dfrac{1}{k_a^2}$ 有

采用 73％电压抽头时，变比为 $k_a=\dfrac{1}{0.73}$

$$I_{st自耦}=\dfrac{1}{k_a^2}I_{st全压}=0.73^2\times6.5=3.46>2.88$$

$$T_{st自耦}=\dfrac{1}{k_a^2}T_{st全压}=0.73^2\times1.8=0.96>0.541$$

此时启动电流过大，不符合要求。

采用 64％电压抽头时，变比为 $k_a=\dfrac{1}{0.64}$

$$I_{st自耦}=\dfrac{1}{k_a^2}I_{st全压}=0.64^2\times6.5=2.66<2.88$$

$$T_{st自耦}=\dfrac{1}{k_a^2}T_{st全压}=0.64^2\times1.8=0.737>0.541$$

启动电流和启动转矩均符合要求。

采用 55％电压抽头时，变比为 $k_a=\dfrac{1}{0.55}$

$$I_{st自耦} = \frac{1}{k_a^2} I_{st全压} = 0.55^2 \times 6.5 = 1.97 < 2.88$$

$$T_{st自耦} = \frac{1}{k_a^2} T_{st全压} = 0.55^2 \times 1.8 = 0.54 < 0.541$$

启动转矩过小，不符合要求。

综上分析，可采用 64% 电压抽头。

（三）绕线式异步电动机的启动

绕线式异步电动机与鼠笼式异步电动机的最大区别是转子绕组为三相对称绕组。绕线式异步电动机利用滑环和电刷结构，使转子回路串入外加电阻。一般绕线式异步电动机有两种串入电阻启动方法，下面分别介绍。

1. 采用转子回路串入电阻分级启动

由前面的内容可知，增加绕线型异步电动机的转子回路电阻，其最大电磁转矩不变，但可以改变获得最大电磁转矩的转差率，使启动时获得最大的电磁转矩；根据同样的原理，采用转子回路串电阻分级启动的方法，可以增大在整个启动过程中的转矩，缩短启动过程。

绕线型异步电动机串入电阻分级启动的接线如图 3-22（a）所示。根据转子回路串入电阻的不同，可得到一组机械特性，如图 3-22（b）所示。

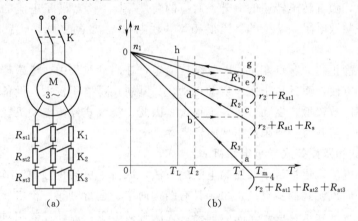

图 3-22　转子回路串入电阻分级启动的接线
(a) 接线图；(b) 机械特性

首先，电动机在启动电阻全部串入情况下启动，转速从起点 a 开始上升，电磁转矩沿机械特性曲线逐渐减小，转差率也随之逐渐减小。当转矩减小到 T_2（b 点）时，合上开关 K_3 切除 R_{st3}。在切除瞬间，由于惯性，转子转速不变，而转子电流突然增大，使电磁转矩由 T_2 突增至 T_1（c 点），使电动机迅速加速，如图 3-22（b）所示。同理，随着转速的升高，逐级切除电阻，直到所有电阻被切除，启动结束。一般这类电动机上有举刷装置，为防止电刷磨损和减小摩擦损耗，此时应将三相集电环短接，然后举起电刷。

绕线型异步电动机转子回路串电阻分级启动时，需切换开关等设备，投资大，维修不便。且在切除电阻时，由于转速和电磁转矩的突然增大，将产生较大的机械冲击。为克服这些缺点，且在不需要调速的场合，常采用转子回路串频敏变阻器启动。

2. 转子回路串入频敏电阻启动器启动

所谓频敏电阻，其结构类似于只有原绕组的三相变压器，三相铁芯柱上绕有三相绕组如

图 3-23 所示。由于组成铁芯的钢板或铁板较厚，因此涡流较大，从而铁耗电阻较大。

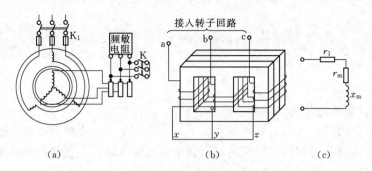

图 3-23 转子回路串入频敏电阻启动

(a) 接线图；(b) 频敏电阻结构图

由于铁芯设计的饱和程度较高，激磁电抗 x_m 不大，电阻 r_1 也很小，但此时的 r_m 起着重要的作用。因涡流损耗与频率的平方成正比，当电动机启动时，转子电流的频率较高，频敏电阻铁芯的涡流损耗及对应铁耗的等效电阻 r_m 较大（同时，因为 $x=2\pi fL$，电抗与频率成正比，激磁电抗 x_m 启动时也较大），所以能起到限制电动机的启动电流、增大启动转矩的作用。启动后，随着转子转速的上升，对应的转差率 s 下降，转子电流的频率 $f_2=sf_1$ 便逐渐减小，于是频敏电阻铁芯中的涡流损耗和铁耗电阻 r_m 也随之减小。启动完毕时，最好将转子绕组短路。

频敏电阻是静止的无触点变阻器，其结构简单，在启动过程中，电磁转矩变化平滑，使用寿命长，维护方便，而且易于实现启动自动化。其缺点是体积较大，设备较重。由于其电抗的存在，功率因数较低，启动转矩并不很大。因此，绕线式异步电动机轻载启动时，采用频敏变阻器启动，重载时一般采用串变阻器启动。

（四）深槽式和双鼠笼式异步电动机

绕线式异步电动机通过转子回路串电阻的方法，取得了更为良好的调节效果，但结构复杂，成本过高。而鼠笼式异步电动机由于具有结构简单、运行可靠、价格便宜等优点，用途极其广泛，但其转子导条自成短路闭合回路，无法外接电阻，启动性能相对较差。能否有综合这两类电机的特点的电机呢？研发人员通过改变转子槽形结构，利用集肤效应，制成深槽式和双鼠笼式异步电动机，这两种电动机基本保持了普通鼠笼式异步电动机的优点，又具有启动时转子电阻较大，正常运行时转子电阻自动减小的特点，从而减小了启动电流，增大了启动转矩，达到了改善启动性能的目的。

1. 深槽式异步电动机

（1）结构特点。

深槽式异步电动机定子与普通异步电动机的结构基本相同，主要区别在于转子槽形，转子槽又深又窄，如图 3-24 所示；通常槽深与槽宽之比为 $10\sim12$，甚至更大。当转子导条中通过电流时，槽漏磁通的分布如图 3-24 (a) 所示，与导条底部相交链的漏磁通比槽口部分所交链的漏磁通要多，所以槽底部分漏抗大，槽口部分漏抗小。

（2）工作原理。

启动时，$n=0$，$s=1$，转子电流频率较高，$f_2=sf_1=f_1$，转子漏电抗 $x_2=2\pi f_2L$ 较大，且与转子电阻比较，有 $x_2\gg r_2$，则转子导体中电流的分配主要决定于漏抗。根据上面的

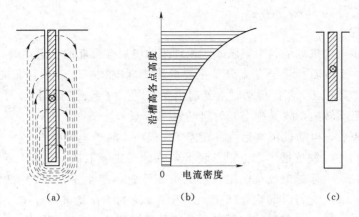

图 3-24　深槽式转子导条中电流的集肤效应

(a) 漏磁通的分布；(b) 电流密度分布；(c) 导条的有效截面

槽漏磁通的分布情况，由于槽口部分漏抗小，而槽底部分漏抗大，因此转子电流分布不均匀，导条中靠近槽口处电流密度很大，而靠近槽底处则较小，沿槽高的电流密度分布自上而下逐步减小，如图 3-24 (b) 所示。从导体截面上看，电流主要集中在外表面，这种现象我们称之为集肤效应。集肤效应与转子电流的频率和槽形尺寸有关，频率越高，槽形越深，集肤效应越显著。

由于集肤效应，启动初期相当于减小了转子导条的高度和截面，如图 3-24 (c) 所示。根据 $R = \rho \dfrac{1}{S}$，导条截面 S 减小，则转子有效电阻 R 增大，如同启动时转子回路串入了一个启动变阻器。从而限制了启动电流，提高了启动转矩，改善了启动性能。

随着转速升高，转差率减小，转子电流频率 f_2 逐渐减小，集肤效应逐渐减小，转子导体有效面积较启动初始时大，转子电阻自动减小。

当启动完毕，电动机正常运行时，转差率 s 很小，转子电流频率很低，仅 $1 \sim 3 \mathrm{Hz}$，转子漏电抗很小，远远小于转子电阻，即 $x_{2s} = sx_2 \ll r_2$，转子导体中电流的分配主要决定于转子电阻，而该电阻均匀分布，则转子导条内电流按电阻均匀分布，集肤效应基本消失。

可见深槽式异步电动机是根据集肤效应原理，减小转子导体有效截面，增加转子回路有效电阻以达到改善启动性能的目的。

2. 双鼠笼式异步电动机

(1) 结构特点。

双鼠笼异步电动机的转子上有两个鼠笼，如图 3-25 所示，上鼠笼由黄铜或铝青铜等电阻率比较大的材料制成导条和端环，并且导体截面积较小，故有较大的电阻。同时它靠近转子表面，交链的漏磁较少，则有较小的漏抗 $x_{上笼}$。下鼠笼的导条由电阻率比较小的紫铜制成，相对导体截面积较大，则电阻较小。同时它处于转子铁芯内部，交链的漏磁较多，

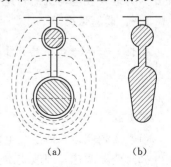

图 3-25　双鼠笼电动机转子

(a) 铜条转子；(b) 铸铝转子

则有较大的漏抗 $x_{下笼}$。因此，上笼的电阻大于下笼的电阻，而下笼的漏电抗较上笼漏电抗

大得多，即 $r_{上笼} > r_{下笼}$，$x_{下笼} > x_{上笼}$。

（2）启动原理。

双鼠笼式异步电动机也是利用集肤效应原理来改善启动性能的。启动时，转子电流频率较高，转子漏抗大于电阻，转子电流分布主要取决于漏电抗，由于下笼漏抗大于上笼 $x_{下笼} > x_{上笼}$，故电流主要流过上笼，启动时上笼起主要作用，由于上笼电阻大，可以限制启动电流，产生较大的启动转矩，故又称上笼为启动笼。

启动过程结束后，电动机正常运行，转差率 s 很小，转子电流频率 $f_2 = sf_1$ 很低，转子漏抗远小于电阻。转子电流分布主要取决于电阻，又因 $r_{上笼} > r_{下笼}$，于是电流从电阻较小的下笼流过，产生正常时的电磁转矩，下笼在运行时起主要作用，故下笼又称为工作笼（运行笼）。

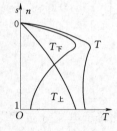

图 3-26 双鼠笼式异步电动机的机械特性曲线

双鼠笼式异步电动机的机械特性曲线，如图 3-26 所示，机械特性曲线是上、下笼两条机械特性曲线合成而得，改变上、下笼导体的材料（也可采用铸铝转子）和几何尺寸就可以得到不同的机械特性曲线，以满足不同负载的要求，这是双鼠笼式异步电动机一个突出的优点。

综上所述，深槽式和双鼠笼式异步电动机都是利用集肤效应原理来增大启动时的转子电阻，来改善启动性能的。启动电流较小，启动转矩较大，电动机可获得近似恒定转矩的启动特性，一般都能带额定负载启动。因此，大容量、高转速电动机一般都作成深槽式的或双鼠笼式的。

深槽式和双鼠笼式异步电动机也有一些缺点，由于槽深，槽漏磁通增多，转子漏电抗比普通鼠笼式电动机增大，故功率因数较低，过载能力稍差。

双鼠笼式异步电动机比深槽式异步电动机的启动性能要好些，但由于深槽式异步电动机结构简单，耗铜量少，价格相对较便宜，因此深槽式异步电动机应用得更为广泛。

五、三相异步电动机的调速

异步电动机投入运行后，为适应生产机械的需要，除了要求输出一定的转矩和功率，往往要人为地改变电动机的转速，称为电动机的转速调节，简称调速。

（一）调速依据

根据 $s = \dfrac{n_1 - n}{n_1}$，可得异步电动机的转速关系式为

$$n = n_1(1-s) = \frac{60f}{p}(1-s) \tag{3-61}$$

根据式（3-61），异步电动机用三种方法调速。

（1）变频调速，即改变电源频率 f。

（2）变极调速，即改变定子绕组的磁极对数 p。

（3）转差率调速，即改变转差率 s。

（二）调速方法

1. 变频调速

正常情况下，异步电动机转差率 s 很小，转速 n 与电流频率近似成正比，改变电动机供电频率即可实现调速。这是一种理想的调速方法，能满足无级调速的要求，且调速范围大，

调速性能与直流电动机接近。近年来电力电子器件的迅速发展及相关控制理论的日趋成熟，变频调速已成为交流调速的主要方向之一。

在变频调速时，由电动势公式 $U_1 \approx E = 4.44 f_1 \Phi_m N_1 k_{w1}$ 可知，当频率增高，如果电源电压保持不变，则主磁通 Φ_m 将减小，不会引起磁饱和。但是若频率降低，则 Φ_m 增加，则会通常希望气隙主磁通 Φ_m 维持不变。因为 Φ_m 若增加，电动机磁路过饱和，则会引起磁饱和；将导致励磁电流增加很多，铁芯损耗加大，电机温升过高、功率因数降低。因此频率变化时，总希望主磁通 Φ_m 保持为定值，则电源电压 U_1 必须随频率的变化作正比变化，即

$$\frac{U_1}{f_1} \approx \frac{E_1}{f_1} = 4.44 \Phi_m N_1 k_{w1} = 常数 \tag{3-62}$$

三相异步电动机的变频调速在很多领域内已获得广泛应用，如轧钢机、纺织机、球磨机、鼓风机及化工企业中的某些设备等。

2. 变极调速

异步电动机正常运行时，转差率很小，转速接近同步转速（$n \approx n_1$）。由 $n_1 = \frac{60f}{p}$ 可知，当电源频率 f_1 不变时，改变电动机的极对数 p，电动机的同步转速随之成反比变化。若电动机极数增加一倍，同步转速下降一半，电动机的转速也几乎下降一半，即只要改变定子极对数就可以实现电动机的调速。

变极调速只适用于鼠笼式异步电动机。因为鼠笼式转子的磁极对数能自动地随着定子磁极对数的变化而变化，从而保证定、转子磁极对数相等，以便转子产生恒定的电磁转矩。而绕线式异步电动机的转子绕组在转子嵌线时就已确定了磁极对数，在改变定子磁极对数时，转子绕组必须相应地改变接法，才能得到与定子绕组相同的磁极对数，不容易实现。故绕线式异步电动机一般都不采用变极调速。

要改变电动机的极数，可以在定子铁芯槽内嵌放两套不同极数的定子绕组，但从制造的角度看，很不经济，故通常采用的方法是单绕组变极调速，即在定子铁芯内只装一套绕组，通过改变定子绕组的连接方式，使部分绕组中电流的方向改变，来实现电动机的磁极对数和转速的改变。这种电动机称为多速电动机。

如图 3-27 所示，图中只画出了定子三相绕组中的一相绕组，每相绕组都由两个线圈组

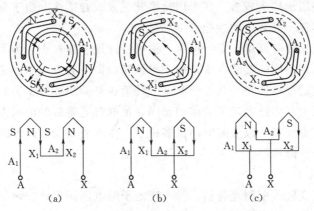

图 3-27 变极调速原理
(a) 正向串联；(b) 反向串联；(c) 反向并联

串联组成，为了便于分析，每个线圈组用一个等效集中线圈来表示。当这两个线圈组"首—尾"正向串联后，则此时气隙中形成四个磁极，如图 3-27（a）所示。当采用图 3-27（b）所示的反向串联或图 3-27（c）所示的反向并联时，此时气隙中形成两个磁极，即磁极对数减少了一半。由此可见，改变定子绕组的接线方式，使其中一半绕组中的电流反向，可使极对数发生改变，这种仅在内部改变绕组连接来实现变极的方法称为反向变极法。

电机定子绕组的线圈组作不同的组合连接，就可得到不同的极数。在一套定子绕组中得到两种转速的电动机称为单绕组双速电动机。双速电机中又有倍极比（如 4/2 极，8/4 极等）双速电机，也有非倍极比（如 4/6 极，6/8 极等）双速电机。近年来甚至出现三速（如 4/6/8 极）电机。

在倍极比双速电机中，为保证变极前后电机的转向不变，应改变施加到电机上的电源的相序。这是由于电角度＝p×机械角度，极对数不同，空间电角度大小也不同。当 $p=1$ 时，U、V、W 三相绕组在空间的电角度依次为 0°、120°、240°；而当 $p=2$ 时，U、V、W 三相绕组在空间分布的电角度变为 0°、120°×2＝240°、240°×2＝480°（即 120°）。可见，变极前后三相绕组的相序发生了变化。若要保持电动机转向不变，应把接到电动机的 3 根电源线任意两根对调。

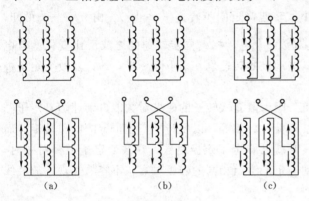

图 3-28 典型的变极接线原理

(a) Y-YY；(b) 顺串 Y-反串 Y；(c) △-YY

典型的变极线路：上面虽然只从一相绕组来说明了其变极原理，但同样适用于三相绕组。在异步电动机中，三相绕组的变极接线主要有两种方法：Y-YY 和△-YY，如图 3-28 所示。一般地 Y-YY 变极调速方法属于恒转矩调速，适宜于带动起重机、运输机等恒转矩的负载。而△-YY 接法适用于恒功率调速，如各种金属切削机床。

变极调速电机绕组出线头较多，多采用转换开关来改变接线，由于要同时兼顾两种极数时的性能，所以使得任一极数下的性能均不是最佳。

变极调速的优点是设备简单、运行可靠，机械特性硬、损耗小，为了满足不同生产机械的需要，定子绕组采用不同的接线方式，可获得恒转矩调速或恒功率调速。缺点是电动机绕组引出头较多，调速的平滑性差，只能分级调节转速，且调速级数少。必要时需与齿轮箱配合，才能得到多极调速。多速电动机的体积比同容量的普通笼型电动机大，运行特性也稍差一些，电动机的价格也较贵，故多速电动机多用于一些不需要无级调速的生产机械，如金属切削机床、通风机、升降机等。

3. 改变转差率调速

异步电动机的改变转差率调速包括：①改变定子端电压调速；②转子串接电阻调速，仅用于绕线式异步电动机；③串级调速。分别介绍如下。

（1）变压调速。

如图 3-29 所示，改变加在异步电动机定子绕组上的电压，其最大转矩随电压的平方而下降，产生最大转矩的临界转差率不变，即可获得了一组人为机械特性曲线，图 3-29 中曲线 1、2、3 分别是不同电压（$U_1 > U_2 > U_3$）时对应的机械特性曲线。

设额定电压时，电动机工作在 a 点，转差率为 s_1，如电压下降时，曲线 1 变成曲线 2，若负载转矩不变，则异步电动机工作点由 a 变化为 b 点，转差率为 s_2，转差率变大，则转速降低。可见当电压改变时，临界转差率不变，但运行转差率要改变，转速被调节。

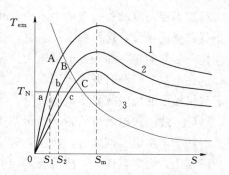

图 3-29 异步电动机变压调速

不过对于恒转矩负荷，一般电动机若采用变压调速，调速范围小，实用价值并不大。对于恒转矩负载，若要获得较宽的调速范围，可采用转子电阻较大、机械特性较软的高转差率鼠笼式异步电动机，调速范围较宽，但在电压低时，特性曲线太软，负载波动将引起转速的较大变化，其静差率和运行稳定性往往不能满足生产工艺的要求。

若变压调速用于泵类负载如通风机，效果较好，其负载转矩随转速的变化关系如图所示，从 A、B、C 三个工作点所对应转速看，调速范围较宽。随着晶闸管技术的发展，晶闸管交流调压调速已得到广泛应用。其优点是可以获得较大的调速范围，调速平滑性较好。其缺点是，当电动机运行在低转速时，转差率较大，转子铜耗较大，使电动机效率低，发热严重，故这种调速一般不宜于在低转速下长时间运转。

为了克服降压调速在低速下运行时稳定性差的缺点，调压调速系统通常采用速度反馈闭环控制。

（2）改变转子回路电阻调速。

改变转子回路串入电阻的大小，就可以改变电动机的机械特性，如图 3-30 所示。增加转子回路电阻，最大电磁转矩不变，但产生最大转矩的转速要发生变化，转子回路串入的电阻越大，产生的临界转差率越大，曲线越向下倾斜，转速越低。当负载转矩一定时，不同转子电阻对应不同的稳定转速，增大转子电阻，电动机运行点将沿着 A、B、C 三点向下移动，

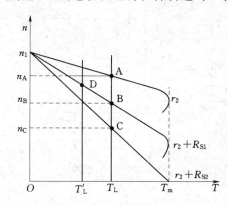

图 3-30 异步电动机转子回路电阻调速

转速随之下降。转子回路串变阻器调速与转子回路串变阻器启动的原理相似，但启动变阻器是按短时设计的，而调速变阻器允许在某一转速下长期工作。

从调速原理来看，转子回路串电阻调速更适合于恒转矩调速，若调速过程中负载转矩不变，故电动机产生的电磁转矩应不变。由电磁转矩公式可知，转子回路电阻与转差率成正比，且 $\dfrac{r_2}{s} = $ 常数。即 $\dfrac{r_2}{s} = \dfrac{r_2 + R_s}{s'}$。

$$R_s = \left(\frac{s'}{s} - 1\right) r_2 \tag{3-63}$$

式中：R_s 为转子回路串接电阻；s' 为转子回路串入电阻 R_s 后的转差率。

这种调速方法的优点是设备简单、操作方便，可在一定范围内平滑调速，调速过程中最

大转矩不变,电动机过载能力不变。缺点是转子回路串接电阻越大,机械特性越软,转速随负载的变化很大,运行稳定性下降,故最低转速不能太小,调速范围不大。且调速电阻上要消耗一定的能量,随外接电阻增大,转速下降,转差率增大,转子铜耗增大,电动机效率下降。在空载和轻载时调速范围很窄,并且只适合于绕线式电动机调速。此法主要用于运输、起重机械中的绕线式异步电动机上。

(3)绕线式电动机的转子串级调速。

转子串接电阻调速时,转速调的越低,转差率越大,转子铜损耗 $p_{Cu2} = sP_{em}$ 越大,输出功率越小,效率就越低,故转子串接电阻调速很不经济。

如果在转子回路中不串接电阻,而是串接一个与转子电动势 E_2 同频率的附加电动势 E_{ad},如图3-31所示,通过改变 E_{ad} 幅值大小和相位,同样也可实现调速。这种在绕线式异步电动机转子回路串接附加电动势的调速方法称为串级调速。串级调速完全克服了转子串入电阻调速的缺点,它具有高效率、无级平滑调速、较硬的低速机械特性等优点。但获得可调节的附加电动势 E_{ad} 的装置比较复杂,成本较高,且在低速时电动机的过载能力较低,因此串级调速最适用于调速范围不大的场合,例如通风机和提升机等。

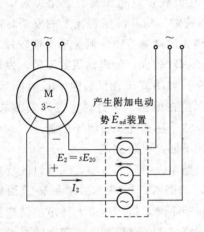

图3-31 转子串级调速原理

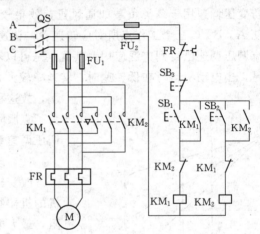

图3-32 异步电动机正反转控制电路图

六、三相异步电动机的反转

由前述异步电动机原理分析可知,异步电动机的转子旋转方向始终与旋转磁场的方向一致,而旋转磁场的方向又取决于通入的交流电流的相序,因此只要改变定子电流相序,即任意对调电动机的两根电源线,便可使电动机反转。

图3-32为实际应用中常用的三相异步电动机正反转控制电路,它是通过对主电路中两个交流接触器的分别通断控制实现A、C两相电源线的对调,从而实现对三相异步电动机的正反转控制。

该电路由主电路和控制电路两部分组成。

主电路:电源ABC经空气开关QS、经熔断器 FU_1、正转交流接触器 KM_1 和反转交流接触器 KM_2、热继电器热元件FR、到达三相异步电动机M。

控制电路:正转按钮 SB_1、反转按钮 SB_2、停机按钮 SB_3、正反转交流接触器的电流绕圈 KM_1 和 KM_2、正转交流接触器的常开辅助触头和常闭辅助触头 KM_1、反转交流接触器的常开辅助触头和常闭辅助触头 KM_2、热继电器常闭触头 FR、经熔断器 FU_2。

(一) 电气原理分析

电机要实现正反转控制，将其电源的相序中任意两相对调即可（我们称为换相），通常是 B 相不变，将 A 相与 C 相对调，为了保证两个接触器动作时能够可靠调换电动机的相序，接线时应使接触器的上口接线保持一致，在接触器的下口调相。由于将两相相序对调，故须确保二个交流接触器 KM1 及 KM2 线圈不能同时得电，否则会发生严重的相间短路故障，因此必须采取联锁：即按下正转按钮时，反转接触器的线圈不能带电；反之，按下反转按钮时，正转接触器的线圈不能带电。

(二) 电气原理说明

图 2-32 中主回路采用两个接触器，即正转接触器 KM_1 和反转接触器 KM_2。当接触器 KM_1 的三对主触头接通时，三相电源的相序按 A－B－C 接入电动机。当接触器 KM_1 的三对主触头断开，接触器 KM_2 的三对主触头接通时，三相电源的相序按 C－B－A 接入电动机，电动机就向相反方向转动。电路要求接触器 KM_1 和接触器 KM_2 不能同时接通电源，否则它们的主触头将同时闭合，造成 A、C 两相电源短路。为此在 KM_1 和 KM_2 线圈各自支路中相互串联对方的一对辅助常闭触头，以保证接触器 KM_1 和 KM_2 不会同时接通电源，KM_1 和 KM_2 的这两对辅助常闭触头在线路中所起的作用称为联锁或互锁作用，这两正向启动过程对辅助常闭触头就叫联锁或互锁触头。

1. 正向启动过程

按下启动按钮 SB_1，接触器 KM_1 线圈通电，与 SB_1 并联的 KM_1 的辅助常开触点闭合，以保证 KM_1 线圈持续通电，串联在电动机回路中的 KM_1 的主触点持续闭合，电动机连续正向运转。

2. 停止过程

按下停止按钮 SB_3，接触器 KM_1 线圈断电，与 SB_1 并联的 KM_1 的辅助触点断开，以保证 KM_1 线圈持续失电，串联在电动机回路中的 KM_1 的主触点持续断开，切断电动机定子电源，电动机停转。

3. 反向启动过程

按下启动按钮 SB_2，接触器 KM_2 线圈通电，与 SB_2 并联的 KM_2 的辅助常开触点闭合，以保证 KM_2 线圈持续通电，串联在电动机回路中的 KM_2 的主触点持续闭合，电动机连续反向运转。

七、三相异步电动机的制动

在很多生产过程中，要求异步电动机迅速减速、定时或定点停止，或改变转向，这就需要制动。所谓制动就是在电动机的轴上施加一个与旋转方向相反的力矩，以加快电动机停车的速度或阻止电动机转速增大。制动对于提高劳动生产率和保证人身及设备安全，有着非常重要的意义。例如，电车下坡时为行车安全，限制转速，需要制动。

制动的方法有机械制动和电气制动两大类。利用机械装置使电动机断开电源后迅速停止的方法叫机械制动，如电磁抱闸制动器制动和电磁离合器制动。所谓电气制动，就是在电动机的轴上施加一个与旋转方向相反的电磁转矩。由于电气制动容易实现自动控制，所以在电力拖动系统中，广泛采用电气制动的方法。异步电动机常用的电气制动方法有三种，即能耗制动、反接制动和回馈制动。

（一）能耗制动

电动机断开电源后，由于惯性，若不采取任何措施，自由停转需要一定时间，不利于提高生产效率；若希望快速停机，可采用能耗制动的方法。

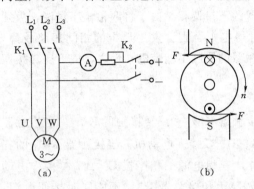

图 3-33 能耗制动原理接线图
（a）接线图；（b）制动原理

基本思路如图 3-33（a）所示，先断开开关 K_1，此时电动机的交流电源被切断；随即合上开关 K_2，直流电通过电阻接入电动机两相定子绕组中，异步电动机会产生一个空间固定的恒定磁场，由于机械惯性，电机将继续旋转（设为顺时针方向），其转子导条将切割气隙磁场，产生感应电动势，并形成转子感应电流，其方向由右手定则确定，如图 3-33（b）所示。通电的转子导体电流与气隙磁场相互作用产生电磁力，电磁力方向由左手定则确定，形成与转子转向相反的电磁转矩。使电动机迅速停转。当转速下降为零时，转子感应电动势和感应电

流均为零，制动过程结束。这种制动方法是利用转子惯性，转子切割磁场而产生制动转矩，把转子的动能变为电能，消耗在转子电阻上，故称为能耗制动。

能耗制动中，制动转矩的大小与直流电流的大小有关，在鼠笼式异步电动机中，可通过调节直流电流的大小来控制制动转矩的大小；而在绕线型异步电动机中，则可通过调节转子电阻来控制制动转矩的大小。

能耗制动的优点是制动力强，制动较平稳，无大冲击，对电网影响小。因此，能耗制动常用于要求制动准确、平稳的场合，如磨床砂轮、立式铣床主轴的制动。能耗制动的缺点是需要一套专门的直流电源，低速时制动转矩小，电动机功率较大时，制动的直流设备投资大。

（二）反接制动

反接制动通过改变定子绕组上所加电源的相序来实现的，如图 3-34 所示。

制动前，K_1 闭合，K_2 断开，电机正常运行；当需要制动时，K_1 断开，K_2 闭合，此时，定子电流的相序与正向时相反，定子产生的气隙磁场反向旋转，由于机械惯性电机转子仍按原方向转动，转子导体以 $\Delta n = n_1 + n$ 的相对速度切割旋转磁场，切割磁场的方向与电动机状态时相反，使得电磁转矩的方向与电动机的旋转方向相反，从而起到制动的作用。电机处于 $s > 1$ 的电磁制动运行状态，对转子产生制动作用，转子转速迅速下降，当转速 n 接近于 0 时，制动结束。若要停车，则应立即切断电源，否则电动机将反转。

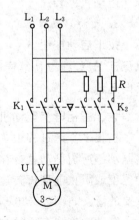

图 3-34 反接制动原理图

由于在反接制动时，旋转磁场与转子的相对速度很大 $\Delta n = n_1 + n$，因而转子感应电动势很大，故转子电流和定子电流也将很大。为限制电流，常常在定子回路中串入限流电阻 R。

反接制动，方法简单，制动迅速，效果较好；但制动过程冲击强烈，能量消耗较大。一般用于要求制动迅速，不需经常启动和停止场合，如铣床、镗床、中型车床等主轴的制动。

（三）回馈制动

在电动机工作过程中，由于外来因素的影响，使电动机转速超过旋转磁场的同步转速 $n > n_1$，电动机进入发电机状态，此时电磁转矩的方向与转子转向相反，变为制动转矩，电机将机械能转变成电能向电网反馈，故称之为回馈制动，也被称为发电机制动或再生制动。回馈制动主要发生在电车下坡、起重机下放重物或鼠笼式异步电动机变极调速由高速降为低速的时候。

以起重机下放重物为例。刚开始时，电动机的转速小于同步转速，即 $n < n_1$，此电机处于电动机状态，电磁转矩与电动机旋转方向相同，如图 3-35 所示。接着，在电磁转矩和重物重力产生的负载转矩双重作用下，使转子转速超过旋转磁场转速，即 $n > n_1$，旋转磁场切割转子导条的方向与电动机运行状态时相反，于是转子感应电动势、感应电流和电磁转矩的方向刚好与电动机运行时的方向相反，电机进入发电机制动状态运行，电动机开始减速，直到制动转矩与重力转矩相平衡时，重物将以恒定转速平稳下降。

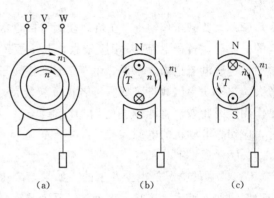

图 3-35　回馈制动原理图
(a) 示意图；(b) 电动机运行状态；(c) 回馈制动状态

同样，异步电动机变极调速时，当电动机由少极数变换到多极数瞬间，旋转磁场转速突然成倍地减小，而转子由于惯性，转速尚未降下来，于是转子转速大于同步转速，电动机进入回馈制动状态（即发电机制动状态）。电磁制动转矩使电动机减速到稳定运行。

回馈制动的优点是经济性能好，可将负载的机械能转换成电能反馈回电网。缺点是仅有在 $n > n_1$ 时，才能实现制动，应用范围受到限制。

八、三相异步电动机的异常运行

三相异步电动机在外加三相对称额定电压，频率为额定频率，电机三相绕组在阻抗相等的条件下运行，为正常运行。但在实际运行中，有时异步电动机也可处于非正常情况下运行，如电源三相电压不对称或不等于额定值，频率不等于额定值或电动机三相绕组阻抗不相等，如电源接有大的单相负载或发生两相短路，定子三相绕组中一相断线、一相接地或发生匝间短路，绕线式转子绕组一相断线或鼠笼转子断条及其他机械故障等，都会使电动机处于异常运行状态。异步电动机在非正常情况下运行时，会直接影响电动机的性能。

（一）在非额定电压下运行

电动机在实际运行过程中允许电压有一定的波动，但一般不能超出额定电压的 ±5%，否则，会引起异步电动机过热。在非额定电压下运行时必须考虑，主磁通的变化引起电机磁路饱和程度的改变，对励磁电流、效率、功率因数变化的影响。

1. $U_1 \leqslant U_{1N}$ 时

异步电动机在 $U_1 \leqslant U_{1N}$ 情况下运行时，电动机中的感应电动势 E_1 和主磁通 Φ_m 将随之减小，相应的空载电流 I_0 也减小。电动机在稳定运行时，电磁转矩等于负载转矩，所以若负载转矩不变时，由电磁转矩的物理表达式 $T = C_T \Phi_m I_2' \cos\varphi_2$ 可知，转子电流 I_2' 会增大。

（1）轻载工作情况。空载及轻载时，转子电流 I_2' 及转子铜耗数值很小；又因为 $\dot{I}_1 = \dot{I}_0 + (-\dot{I}_2')$，则电流平衡关系中 I_0 的成分相应较大，起主要作用，则定子电流 I_1 随着 I_0 的减少而减少，铁损耗和铜损耗减小，效率因此提高了。由此可见，电动机在轻载时，端电压 U_1 降低，对电动机运行是有利的，它使电动机的功率因数和效率有所提高。所以在实际应用中，可以将正常运行时 △ 连接的定子绕组，在轻负载时改成 Y 连接，以改善功率因数和效率。

（2）大负载工作情况。在负载较大（接近额定）时，电压 U_1 降低，对电动机运行是不利的。此时，转子电流 I_2' 相应较大，起主要影响作用；U_1 降低，转差率 s 和转子电流 I_2' 增加，定子电流也随之增加。由于 s 增加，转子功率因数角 φ_2 和定子功率因数角 φ_1 均随之增大，定子功率因数将降低。再者在负载较大时，绕组的铜耗增加很快，和铁耗比较它起主要作用。因此效率将随铜耗的增加而降低。一般电动机应设低电压保护，当电网电压过低时，应切除电动机的电源。

2. $U_1 > U_{1N}$ 时

$U_1 > U_{1N}$ 的情况是很少发生的。如果 $U_1 > U_{1N}$，则电动机中的主磁通 Φ_m 增大，磁路饱和程度增加，励磁电流将大大增加。从而导致电动机的功率因数减小，定子电流增大，铁芯损耗和定子铜损增加，效率下降，温度升高。为保证电动机的安全运行，此时应适当减小负载。过高的电压，甚至会击穿电动机的绝缘。

（二）三相异步电动机缺相运行

三相异步电动机正常工作时，是由三相电源通入三相对称绕组产生三相平衡电流，产生圆形旋转磁场，当三相电源中缺少一相或三相绕组中任何一相断开，称为三相异步电动机的缺相运行或称断相故障。

三相异步电动机在运行中三相电源缺一相或定子绕组断相是时有发生的事故，电源的高压或低压开关一相的熔丝熔断、开关的一相接触不良、一相断线、定子绕组一相绕组接头松动、脱焊和断线，都会引起电动机缺相运行，这会给电动机运行带来很不利的影响，严重时会使电动机损坏。

三相异步电动机缺相运行是电动机不对称运行的极端情况，故分析三相异步电动机时，可使用前面介绍过的对称分量法。

以一相断线为例，分析其发生的后果。三相异步电动机的定子绕组接线有 Y 和 △ 两种接法。一相断线可分成图 3-36 中（a）、（b）、（c）、（d）四种情况。其中图 3-36（a）、（b）、（c）为单相运行，图（d）为两相运行。

下面针对上述四种断线形式，分别讨论断相发生在启动前，还是发生在运行中的缺相情况。

1. 启动前断相

（1）Y 接法一相断线。

1）电源一相断线。

对 Y 接法的电动机在启动前电源一相断线时，如图 3-36（a）所示，定子绕组通以单

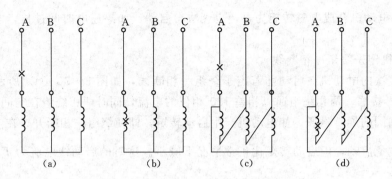

图 3-36 三相异步电动机一相断线示意图

(a) Y 接法电源一相断线；(b) Y 接法定子绕组一相断线；(c) △接法电源一相断线；(d) △接法定子绕组一相断线

相电流，产生脉振磁场，可分解成正序与负序两个大小相等，方向相反的旋转磁场，根据对称分量法，当 $s=1$ 时，转子正、负序电流 I_{2+}、I_{2-} 相等，且正反两个方向的电磁转矩 T_+ 与 T_- 也相等，故启动时，电动机合成电磁转矩为零（即 $T_{合成}=T_++T_-=0$），因此无法自启动。设电源电压为 U_1，每相阻抗为 Z_φ，则启动电流为 $I'_{st}=\dfrac{U_1}{2Z_\varphi}$。正常情况下，电动机的启动电流为 $I_{st}=\dfrac{U_1}{\sqrt{3}Z_\varphi}$，则两情况的电流比为

$$\frac{I'_{st}}{I_{st}}=\frac{\dfrac{U_1}{2Z_\varphi}}{\dfrac{U_1}{\sqrt{3}Z_\varphi}}=\frac{\sqrt{3}}{2}=0.866 \tag{3-64}$$

可见断相时的启动电流为正常情况下启动电流的 0.866 倍，由于正常情况启动电流为额定电流的 5~7 倍，因此 Y 接法一相断线时的启动电流只为额定电流的 4~6 倍。启动电流倍数虽有减小，但由于无法自启动。如果通电时间过长，电动机会因过热而烧毁。

2）电动机定子绕组一相断线

对于 Y 接法的电动机在启动前若定子绕组一相断线时，由于断线后电路与上面电源一相断线相同，如图 3-36（b）所示，故有与之相同的结果。

（2）△接法一相断线。

1）电源一相断线。

对于△接法的电动机，启动时电源一项断线，如图 3-36（c）所示，定子绕组通入单相电流，与 Y 接法一样，只能产生脉振磁场，合成电磁转矩为零，也无法自启动。这时的三相绕组中有两相串联后和另一相并联接入电源，启动时线电流 $I'_{st}=\dfrac{U_1}{Z_\varphi}+\dfrac{U_1}{2Z_\varphi}=\dfrac{3}{2}\dfrac{U_1}{Z_\varphi}$，若正常情况下，电动机的启动电流为 $I_{st}=\dfrac{\sqrt{3}U_1}{Z_\varphi}$，则两情况的电流比为

$$\frac{I'_{st}}{I_{st}}=\frac{\dfrac{3U_1}{2Z_\varphi}}{\dfrac{\sqrt{3}U_1}{Z_\varphi}}=\frac{\sqrt{3}}{2}=0.866 \tag{3-65}$$

可见△接法的电动机，启动时电源一项断线时，其启动电流为正常情况下启动电流的

0.866 倍，因电动机合成电磁转矩为零，也无法自启动。如果通电时间过长，电动机也会因过热而烧毁。

2）电动机定子绕组一相断线 。

对于△接法的电动机在启动前若定子绕组一相断线，如图 3 - 36（d）所示，未断两相变成三相 V 形接法，两相绕组通以相差 120°相位的电流，同时两相绕组在空间上相差 120°，将建立一个椭圆的旋转磁场，使电动机产生启动转矩，即使绕组一相断开，在空载或轻载情况，电动机也能启动，但启动转矩比正常情况下减小。这时的启动线电流为 $I'_{st} = \dfrac{U_1}{Z_\varphi}$，若在正常情况下，电动机的启动电流为 $I_{st} = \dfrac{\sqrt{3}U_1}{Z_\varphi}$，则两情况的电流比为

$$\frac{I'_{st}}{I_{st}} = \frac{\dfrac{U_1}{Z_\varphi}}{\dfrac{\sqrt{3}U_1}{Z_\varphi}} = \frac{1}{\sqrt{3}} = 0.577 \tag{3 - 66}$$

2. 运行中发生缺相

当异步电动机启动后，在断线前为额定负载运行，缺相后，如果这时电动机的最大转矩仍大于负载转矩，则电动机还能作为单相或两相电动机继续运行，不过由于负序磁场及负序转矩的存在，致使电动机合成转矩下降，转差率增大，导致转子电流和定子电流的明显上升。

（1）Y 接法一相断线。

1）电源一相断线。缺相运行时，输入功率 $P'_1 = U_1 I'_1 \cos\varphi'_1$，其中 I'_1 及 $\cos\varphi'_1$ 为缺相运行时定子线电流及功率因数，正常运行时输入功率 $P_1 = \sqrt{3}U_1 I_1 \cos\varphi_1$，设断线前后输入及输出功率都不变，即 $P'_1 = P_1$，则 $\dfrac{I'_1}{I_1} = \dfrac{\sqrt{3}\cos\varphi_1}{\cos\varphi'_1}$，一般 $\cos\varphi' = 0.9\cos\varphi_1$，则 $I'_1 = \dfrac{\sqrt{3}}{0.9}I_1 \approx 1.9I_1$，即断相运行时，若电动机负载功率不变，通电的两相绕组中流过的电流将增加到正常运行的 1.9 倍。

2）电动机定子绕组一相断线。对于 Y 接法的电动机，定子绕组一相断线与上面电源一相断线情况相同，有相同结果。

（2）△接法一相断线。

1）电源一相断线。由图 3 - 36（c）可知，有两相为串联（AC 与 AB 相），另一相（BC 相）接于电源线电压上，且 BC 相电流为另两相电流的 2 倍。并等于线电流的 2/3，且为正常运行时相电流的 2.2 倍。

2）电动机定子绕组一相断线。若运行时，发生一相绕组断线，如图 3 - 36（d）所示，形成两相运行的情况，经分析可知，通电的两相绕组中的相电流将达到正常运行时相电流的 1.66 倍。

综上所述，无论定子绕组是 Y 还是△接法，在电动机运行时发生断相而电动机又带较重的负载，定子绕组中某一相或两相的相电流都会超过正常工况下的（1.66～2.2）倍，转速会下降，噪声会增大，长时间运行会烧坏电动机。如果电动机的最大转矩小于负载转矩，这时电动机的转子会停转；或者在启动前就发生了断相，加电源后，根据故障情况的不同，可能启动转矩为零，不能启动，由于这时电源电压仍加在电动机上，定、转子电流将很大，

如果不及时切断电源，将有可能烧毁运行相的定子绕组。即使启动转矩不为零，可以启动，但启动电流过大，时间过长同样会烧毁电动机。因此，对于三相异步电动机在启动前必须检查电源及电动机是否存在缺相故障，运行时应装设可靠的缺相保护装置。

（三）在三相电压不对称情况下运行

异步电动机在三相电压不对称条件下运行时常采用对称分量法分析。异步电动机定子绕组有 Y 形无中性线或△形两种接法，所以线电压、相电流中均无零序分量。在分析时，把正序分量和负序分量都看成独立系统，最后再用叠加原理将正序分量和负序分量叠加起来，即可得到电动机的实际运行情况。

1. 分析

设异步电动机在不对称电压下运行，将不对称的电压分解成正序电压分量和负序电压分量，它们分别产生正序电流和负序电流，并形成各自的旋转磁场。这两个旋转磁场的转速相等，方向相反，分别在转子上产生感应电动势和形成感应电流。感应电流与定子磁场相互作用，产生电磁力，形成电磁转矩。显然，这两个电磁转矩的方向是相反的，但大小不等，使得电动机的合成转矩 $T_{合成} = T_+ + T_-$ 下降，使电动机转速降低，噪声增大。

正序电压 $\dot{U}_{1+}$ 作用于定子绕组，便流过正序电流 $\dot{I}_{1+}$，建立正向旋转磁场，产生正向转矩 T_+，拖动转子与它同方向旋转，设转子转速为 n，则正序转差率为

$$s_+ = \frac{n_1 - n}{n_1} = s \qquad (3-67)$$

负序电压 $\dot{U}_{1-}$ 作用于定子绕组，便流过正序电流 $\dot{I}_{1+}$，建立负向旋转磁场，与转子旋转方向相反，负序转差率为

$$s_- = \frac{n_1 + n}{n_1} = 2 - s \qquad (3-68)$$

三相异步电动机一般不接中线，则无零序电压，所以定子绕组也无零序电流。

正序和负序等效电路如图 3-37 所示。

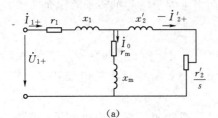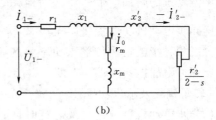

图 3-37 正序和负序等效电路
(a) 正序等效电路；(b) 负序等效电路

经分析可得正序电流 I'_{2+} 和负序电流 I'_{2-} 情况，根据 $P_{em} = I'^2_2 \dfrac{r'_2}{s}$，可得正序和负序电磁转矩

$$T = \frac{P_{em}}{\Omega_1} = \frac{P_{em}}{2\pi \dfrac{n_1}{60}} = \frac{P_{em}}{2\pi \dfrac{f}{p}} = \frac{p}{\omega} P_{em} \qquad (3-69)$$

$$T_+ = \frac{p}{\omega} P_{em+} = \frac{p}{\omega} I'^2_{2+} \frac{r'_2}{s} \tag{3-70}$$

$$T_- = \frac{p}{\omega} P_{em-} = \frac{p}{\omega} I'^2_{2-} \frac{r'_2}{2-s} \tag{3-71}$$

合成转矩 $T_{合成} = T_+ + T_-$，其对应的 T-S 曲线如图 3-38 所示。

2. 不对称电压对运行的影响

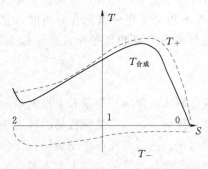

图 3-38 不对称电压时的 T-S 曲线

由于电动机定子绕组加不对称电压时，产生负序电流和负序旋转磁场，这对电动机运行性能会产生一定的影响，负序电流的存在使各相电流大小和相位差角不相等，其中某一相的电流特别大，会超过其额定值，使这一相绕组严重发热，甚至烧坏绕组。在此情况下，若要电动机继续运行，必须减少所带的机械负载。

由于负序电磁转矩的存在，又会使电动机的合成电磁转矩减少（见不对称电压时的 T-S 曲线），导致电动机启动转矩及过载能力下降。负序旋转磁场切割转子绕组，其相对运动速度约为二倍同步转速，使转子铁耗增大，减低了电动机效率，并使转子温度升高。

另外，从等效电路图看，负序阻抗较小，即使在较小的负序电压下，也可能引起较大的负序电流，造成电动机发热。因此，要限制电源电压不对称的程度。

能力检测

1. 一台异步电动机，若把转子堵住，问可否在定子绕组上长时间加额定电压？

2. 一台三相绕线式异步电动机，$f=50$Hz，$2P=4$，$n_N=1425$r/min，$k_e=10$，$k_{w1}=0.912$，$x_2=0.08\Omega$，$r_2=0.02\Omega$，$\Phi_m=7.6\times10^{-3}$wb，$N_1=130$ 匝。试求：①E_1；②转子静止时，转子每相的 E_2、I_2 和 $\cos\psi_2$；③在额定转速时，转子每相的 E_{2s}、I_{2s} 和 $\cos\psi_2$。

3. 异步电动机的附加电阻 $\frac{1-s}{s}r'_2$ 所消耗的功率应等于电动机转子的什么功率？

4. 试述异步电动机功率传递过程。

5. 一台三相异步电动机的输入功率为 8.63kW，定子铜耗 450W，铁耗为 230W，机械损耗为 45W，附加损耗 80W，4 极，1470r/min，试计算电动机的电磁功率、转差率、总机械功率、转子铜耗及输出功率。

6. 三相异步电动机带额定负载运行时，如果负载转矩不变，当电源电压降低时，电动机的转矩、电流及转速如何变化？为什么？

7. 如果异步电动机的机械负载增大，电动机的转速、定子电流和转子电流如何变化？为什么？

8. 绕线式异步电动机，如果：①转子电阻增大；②转子漏抗增大；③定子电源频率增大时，对最大电磁转矩和启动转矩分别有哪些影响？原因何在？

9. 据异步电动机 T-S 曲线，若想使异步电动机以最大转矩 T_{max} 启动，则须如何调节？

10. 一异步电动机额定运行，通过气隙传递的电磁功率中约有 3% 转化为转子铜损耗，试问这时异步电动机的转差率是多少？有多少转化为机械功率？

11. 何谓三相异步电动机的固有机械特性和人为机械特性？

12. 一台异步电动机，额定功率 $P_N=7.5\text{kW}$ 的，额定转速 $n_N=945\text{r/min}$，△连接，额定电压 U_{1N} 为 380V，额定电流 I_{1N} 为 20.9A，临界转差率 $s_m=0.3$，过载能力 $k_m=2.8$，求 T_N、s_N、T_{max}。

13. 有一台过载能力 $k_m=2$ 的异步电动机，当带额定负载运行时，由于电网突然故障，使得电网电压下降到额定电压的 80%，问此时电动机是否会停止转动？能否继续长时间运行？为什么？

14. 一台异步电动机，额定功率 $P_N=7.5\text{kW}$，频率 50Hz，额定转速 2890r/min，最大转矩为 57N·m。求电机过载能力及转差率。

15. 一台三相鼠笼异步电动机，$P_N=4\text{kW}$，$U_{1N}=380\text{V}$，$r_1=4.47\Omega$，$x_1=6.7\Omega$，$x_m=188\Omega$，$r_2'=3.18\Omega$，$x_2'=9.85\Omega$，$n_N=1442\text{r/min}$，求：①额定转速时的电磁转矩；②最大转矩与过载能力。

16. 为什么异步电动机加额定电压直接启动时的启动电流很大，而启动转矩并不大？

17. 生产中对异步电动机的启动性能提出了哪些要求？普通鼠笼式电动机直接启动能否满足这些要求？

18. 简述鼠笼式电动机常用的降压启动方法有哪几种方法，绕线式电动机又有哪几种常用的基本启动方法？

19. 异步电动机降压启动的目的是什么？为什么此时不能带较大的负载启动？

20. 绕线式异步电动机转子回路串入电阻后为何能减小启动电流，而增大启动转矩？如果转子回路串入的电阻越大，启动转矩是否越大？为什么？

21. 为什么深槽式和双鼠笼式异步电动机能减小启动电流，而增大启动转矩？

22. 三相异步电动机定子串电抗启动，当定子降到额定电压的 $\frac{1}{k}$ 倍时，启动电流和启动转矩与直接启动相比，下降了多少？

23. 三相异步电动机采用定子串自耦变压器启动时，启动电流和启动转矩与自耦变压器的变比的关系？

24. 什么是三相异步电动机 Y-△启动？与直接启动相比，启动电流和启动转矩的变化是怎样的？

25. 有一台三相异步电动机定子绕组采用 Y-△连接，额定电压为 380V/220V，当电源电压为 380V 时，如将定子绕组接成△形连接，会产生什么后果？为什么？

26. 简述频敏变阻器的结构特点及工作原理。

27. 三相异步电动机的主要调速方法一般有哪几种，根据什么公式？

28. 为什么说转速 n 与电流频率是近似成正比？

29. 为什么绕线式异步电动机一般都不采用变极调速？

30. 三相异步电动机如何反转？对照图 3-32 分析说明正反转控制过程。

31. 三相异步电动机电气制动有哪几种常用方法？

32. 三相异步电动机反接制动时，为什么要在转子回路中串入比较大的电阻？

33. 三相鼠笼异步电动机，定子绕组△接法，直接加全压启动时，启动电流是额定电流的 5.4 倍，启动转矩是额定转矩的 1.2 倍。现采用 Y-△启动，求启动电流倍数及启动转矩倍数。如果采用自耦变压器启动，保证启动转矩为额定转矩的 5/6，则选用的自耦变压器变比应为多少？此时启动电流变为额定电流的几倍？

34. 有一台异步电动机，其额定数据如下：$P_N=100kW$，$n_N=1450r/min$，$\eta_N=0.85$，$\cos\varphi_N=0.88$，$\dfrac{T_{st}}{T_N}=1.35$，$\dfrac{I_{st}}{I_N}=6$，定子绕组采用△形连接，额定电压为 380V，试求：

(1) 异步电动机的额定电流 I_N。

(2) 采用 Y-△降压启动时的启动电流和启动转矩。

(3) 若负载转矩为额定转矩的 50% 和 25% 时，能否采用 Y-△降压启动？（忽略空载转矩）

35. 有一台异步电动机，其额定数据如下：$P_N=7.5kW$，$n_N=1440r/min$，$\eta_N=0.86$，$\cos\varphi_N=0.9$，$\dfrac{T_{st}}{T_N}=1.5$，$\dfrac{I_{st}}{I_N}=6$，定子绕组采用 Y 连接，额定电压为 380V，试求：

(1) 异步电动机的额定电流 I_N。

(2) 若是满载启动，此时电网电压不得低于多少伏？

(3) 若采用定子回路串自耦变压器半载启动，有三个抽头电压 40%，60% 和 80% 供选择，试选择抽头。

36. 一台三相四极绕线式异步电动机，$f=50Hz$，$r_2=0.02\Omega$，$n_N=1450r/min$，若保持额定负载转矩不变，要求把转速下降到 1000r/min 时，试求：

(1) 转子回路应串入多大电阻？

(2) 串电阻调速后，转子电流是原值的几倍？

37. 异步电动机带大负载运行，电压下降，问电动机会有何种变化？

38. 异步电动机启动时如果电源一相断线，该电动机能否启动？当定子绕组采用 Y 或△形连接时，如果发生一相绕组断线，这时，电动机能否启动？如果在运行中电源或绕组发生一相断线，该电动机还能否继续运转？此时能否仍带额定负载运行？

39. 为什么三相异步电动机不宜长期运行于不对称电压？

40. 一台异步电动机通电后不转，然后发生熔丝烧断现象，试述可能发生此故障的原因。

任务三 三相异步电动机的使用维护

【任务描述】

电动机在运行中是处于电、磁、机械运动的统一体，一旦电磁量及机械运行突破允许范围，就会对电动机造成损坏，因此，要确保电动机的正常使用并确保其使用寿命，就必须能对非正常运行及故障进行预测及判断，并即时对可能发生的不利影响控制在最小范围内。这就需要对电动机正确操作，对电动机的运行是否正常进行监视，对电动机作经常的维护，对电动机运行时出现的问题即时进行排除和处理。

【任务分析】

按照异步电动机技术参数的规定，明确其正常运行的规定参数范围及确保正常运行的要求。启动是异步电动机运行的重要环节，明确其操作过程中的注意事项。明确电动机在运行过程中对其运行状态进行监视的手段及监视内容、项目，明确异步电动机日常维护的的内容、小修的内容及周期、大修的内容及周期，充分体验异步电动机故障分析的思路，初步掌握异步电动机常见故障的检查及处理方法。

【任务实施】

一、三相异步电动机运行正常的基本要求

三相异步电动机运行是否正常、安全，可通过相关的技术数据来反映，并需要设置相应的保护装置。

（1）电动机在规定的环境温度下，可按制造厂铭牌上所规定的额定数据安全运行，环境温度大于规定值时应通过试验确定其运行数据。

（2）电动机在额定电压变动±5％以内运行时，可按额定功率连续运行。

（3）电动机在额定出力及以下运行时，相间电压的不平衡不得超过5％，在各相电流都未超过其额定值的情况下，各相电流的差值不应大于三相平均值的10％。

（4）电动机在运行时的振动值（双振幅）应不大于表3-2的规定。

表 3-2　　　　　　　　　　　　　电动机运行的双振幅

同步转速/(r·min^{-1})	3000	1500	1000	750 以下
双振幅/mm	0.05	0.085	0.1	0.12

（5）电动机线圈和铁芯的最高监视温度，在任何运行方式下均不应超过其绝缘等级或制造厂所规定的数据，并可参照表3-3规定执行。

表 3-3　　　　　　　　　　　　电动机各部允许温度　　　　　　　　　　　　单位：℃

电动机部位	A 级（温度计法）	E 级（温度计法）	B 级（温度计法）	F 级（温度计法）	H 级（温度计法）
定子绕组	95	105	110	125	145
转子绕组	95	105	110	125	145
滑动轴承	65	65	65	65	65
滚动轴承	85	85	85	85	85

（6）电动机定子与转子铁芯间的气隙能够调节者，各点气隙与平均值之差不大于平均值的±5％。

（7）电动机运行中轴承的最高允许温度，应遵守制造厂的规定。如无制造厂规定时，参照表3-3标准执行。

（8）装设的继电保护装置。

1）电动机应有无时限的短路保护（自动开关，熔断器或继电保护），其整定值应躲过正常运行中的最大启动电流。

2）对生产过程中易发生过负荷的电动机，以及带负荷情况下启动困难，需要防止启动时间过长的电动机应装设过负荷保护，且动作于跳闸。

3）6kV高压电动机发生单相接地时，当接地电流大于5A，则应装设单相接地保护，

且动作于跳闸，重要机组接地允许不跳闸，只发信号。

4）电动机应装设低电压保护，并根据电网的容量，电动机的重要性及技术要求，分时间阶梯，动作于跳闸。

5）电动机容量超过 2000kW 的应装设差动保护。

二、三相异步电动机的启动前应做的检查和注意事项

（一）新安装或长期停用的电动机，启动前应做的检查

（1）用绝缘电阻表检查电动机绕组之间、绕组对地（外壳）的绝缘电阻。通常对额定电压为 380V 的电动机，采用 500V 绝缘电阻表测量，其绝缘电阻值不得小于 0.5MΩ，高压电机不得小于 1MΩ/kV，否则应进行煤干处理。

（2）按电动机铭牌的技术数据，检查电动机的额定功率是否合适，检查电动机的额定电压、额定频率与电源电压及频率是否相符。并检查电动机的接法是否与铭牌所标一致。

（3）检查电动机轴承是否有润滑油，滑动轴承是否达到规定油位。

（4）检查熔体的额定电流是否符合要求，启动设备的接线是否正确，启动装置是否灵活，有无卡涩现象，触头的接触是否良好。使用自耦降压启动时，还应检查自耦变压器抽头是否选择合适，自耦降压启动器是否缺油，油质是否合格等。

（5）电动机基础是否稳固，螺丝是否松动。

（6）检查电动机机座、电源线钢管以及启动设备的金属外壳接地是否牢靠。

（7）对绕线式三相异步电动机，还应检查电刷及提刷装置是否灵活、正常，检查电刷与集电环接触是否良好，电刷压力是否合适。

（二）正常使用的电动机，启动前应做的检查

（1）检查电源电压是否正常，三相电压是否平衡，电压是否过高或过低。

（2）检查线路的接线是否可靠，熔体有无损坏。

（3）检查联轴器的连接是否牢固，传送带连接是否良好，传送带松紧是否合适，机组传动是否灵活，有无摩擦、卡住、窜动等不正常现象。

（4）检查机组周围有无妨碍运动的杂物或易燃品。

（三）异步电动机启动时的注意事项

（1）合闸启动前，应观察电动机及拖动机械上或附近是否有异物，以免发生人身及设备事故。

（2）操作开关或启动设备时，应动作迅速、果断，以免产生较大的电弧。

（3）合闸后，如果电动机不转，要迅速切断电源，检查熔丝及电源线等是否有问题。绝不能合闸等待式带电检查，否则会烧毁电动机或发生其他事故。

（4）合闸后应注意观察，若电动机转动较慢、启动困难、声音不正常或产生机械工作不正常，电流表、电压表指示异常，都应立即切断电源，待查明原因，排除故障后，才能重新启动。

（5）应按电动机的技术要求，限制电动机连续启动的次数。对于 Y 系列电动机，一般空载连续启动次数为 3～5 次，满载启动或长期运行至热态，停机后又启动的电动机，连续次数为 2～3 次，否则容易烧毁电动机

（6）对于鼠笼式异步电动机的 Y-△启动或利用补偿器启动，若是手动延时控制的启动设备，应注意启动操作顺序和控制好延时长短。

（7）多台电动机应避免同时启动，应由大到小逐台启动，以避免线路上总启动电流过大，导致电压下降太多。

三、三相异步电动机运行中的监视与维护

电动机在运行中应进行监视和维护，这样才能及时了解电动机的工作状态，及时发现异常现象，将事故消除在萌芽之中。在对电动机的巡检中，应采用看、听、摸、闻、问的方法来了解电动机的运行状态是否正常，通常应巡检以下几点：

看：检查电动机的接地保护是否可靠，检查电动机外壳有无裂纹，检查电动机的地脚螺钉、端盖螺栓有否松动。检查电动机通风和环境的情况。应保持电动机及端罩的干净卫生，保证冷却风扇的正常运行，保证通风口通畅，保证外部环境不影响电机的正常运行。外部环境温度不宜超过 40℃。检查电动机的运行参数是否在允许范围内（如现场观察电流表、电压表、功率表、温度表等）。

听：监听电动机的噪声有无异常情况；监听电动机轴承有无异常的声响。

摸：检查电动机有无过热情况。检查电动机有无异常振动情况。

闻：检查电动机是否发出异常气味。检查电动机轴承部位是否挥发油脂气味。

问：向操作者了解电动机运行时有无异常征兆。

（一）电源电压的监视

1. 电压值的监视

三相异步电动机长期运行时，一般要求电源电压不高于额定电压的 10%，不低于额定电压的 5%。

2. 三相电压平衡的监视

电动机在额定出力运行时，相间不平衡电压不得大于额定值的 5%，三相电流之差不得超过 10%，否则应减小负载或调整电源。

（二）电动机电流的监视

1. 电流值的监视

（1）空载电流。若三相异步电动机空载电流超出正常范围，则表明三相异步电动机存在问题，如接线错误、电压过高、定子绕组嵌线出现差错等。

（2）负载电流。电动机带负载长期运行的情况下，电流不得超过铭牌上规定的额定电流，否则会造成三相异步电动机定子绕组过热，降低使用寿命。

2. 三相电流的平衡度

三相电流的不平衡差值不得大于 10%，并且各相电流都不得超过额定电流，否则应停机处理。

（三）电动机温度的监视

监视温度是监视电动机运行状况的直接可靠方法。当电动机的电压过低、电动机过载运行、电动机缺相运行、定子绕组短路时，都会使电动机的温度不正常地升高。

正常情况下，电动机长期运行的温度应按制造厂铭牌的规定进行，如无制造厂的规定时，按三相异步电动机的最高允许温度执行，见表 3-3。

温度的测定可用温度计法、电阻法进行。对于小型电动机，没有温度计时，在确定电动机外壳不带电后，用手背去试电动机外壳温度。若手能在外壳上停留而不觉得很烫，说明电动机未过热；若手不能在外壳上停留，说明电动机已过热。

（四）电动机运行过程中故障现象的监视

（1）对运行中的异步电动机，应经常观察其外壳有无裂纹，螺钉（栓）是否有脱落或松动，电动机有无异响或振动。

（2）监视时，要特别注意电动机有无冒烟和异味出现，若嗅到焦煳味或看到冒烟，必须立即停机处理。

（3）对轴承部位，要注意轴承的声响和发热情况。当用温度计法测量时，滚动轴承发热温度不许超过 95℃，滑动轴承发热温度不许超过 80℃。轴承声音不正常和过热，一般是轴承润滑不良或磨损严重所致。

（4）对于带传动的电动机，应注意传动带不应过松而打滑，但也不能过紧而使电动机轴承过热。

（5）对绕线转子异步电动机还应经常检查电刷与滑环间的接触及电刷的磨损、压力、火花等情况。如发现火花严重，应及时整修滑环表面，校正电刷弹簧压力。

（6）经常检查电动机及开关设备的金属外壳是否漏电和接地不良。用检电笔检查发现带电时，应立即停机处理。

（7）正常运行的异步电动机，应经常保持清洁，不允许有水滴、油滴或杂物落入电动机内部。

（五）三相异步电动机的维护

1. 日常维护

三相异步电动机日常维护的内容主要有：

（1）三相异步电动机及周围环境的清理。

（2）轴承装置的检查，例如声音是否异常，定期进行润滑脂和油样的检验，及时更换润滑油。

（3）经常检查所有紧固件的紧固程度。

（4）按规程规定经常进行温度测量，温度不超过表 3-3 所示。

（5）定期检查出线盒处电源电缆的固定和密封情况，及时紧固和更换密封圈。

（6）定期检查电源电压，保证电压与额定值偏差小于±5％，瞬间偏差值小于±10％。

（7）按要求做好运行记录。

1）各种仪表读数，电源电压、电流、频率、输入和输出功率。

2）记录有关温度的读数。

3）其他记录内容：启动次数、时间；停机次数、时间、停机原因；异常现象等。

2. 电动机的小修内容及周期

（1）清理电动机。

1）清除电动机外部的污垢。

2）绝缘电阻。

3）检查电动机外壳、风扇、风罩等有无损伤。

（2）检查和清理电动机接线部分。

1）清理接线盒污垢。

2）检查接线部分螺钉是否松动、损坏。

3）拧紧各连接点。

4）检查接地是否可靠。

（3）检查各紧固部分螺钉和接地线。

1）检查地脚螺栓是否紧固。

2）检查电动机端盖、轴承盖等螺钉是否紧固。

（4）检查传动装置。

1）检查传动装置是否可靠，传动带松紧是否适中。

2）检查传动装置是否良好，有无损坏。

（5）检查轴承。

1）检查轴承是否缺油，有无漏油。

2）检查轴承有无噪声及磨损情况。

（6）检查和清理启动设备。

1）清除外部污垢，检查触头有无烧伤。

2）检查接地是否可靠，测量绝缘电阻。

3）检查三相触头是否同时接触，要求开关触头在开关投入瞬间三相同时闭合。

（7）检查绕线式异步电动机电刷。

1）调整电刷压力。

2）检查电刷磨损情况，磨损 1/3 就需换新。

（8）小修周期一般 3～6 个月。

3．电动机的大修内容及周期

（1）清理电动机及启动设备。

1）清理电动机表面及内部各部分的油泥和污垢。

2）清理电动机轴承。

3）检查各零部件是否齐全，有无磨损。

（2）检查电动机绕组有无故障。

1）检查绕组有无接地、短路、断路现象。

2）检查转子有无断路。

3）检查绝缘电阻是否符合要求。

（3）检查电动机定、转子铁芯是否相擦。

1）检查定、转子铁芯有无松动和其他缺陷。

2）检查定、转子铁芯是否有相擦痕迹，如有应修正。

（4）检查控制电路和测量仪表及保护装置

1）检查控制电器触点是否良好，接线是否紧密可靠。

2）检查各仪表是否良好。

3）检查保护装置动作是否正确可靠。

（5）检查传动装置。

1）检查联轴器是否牢固。

2）检查连接螺钉有无松动。

3）检查传动带松紧程度是否合适，齿轮啮合是否良好。

（6）试车检查。

1）测量绝缘电阻是否符合要求。

2）检查安装是否牢固。

3）检查各传动部分是否灵活。

4）检查电压、电流是否正常。

5）检查是否有不正常的振动和噪声。

（7）大修周期根据需要确定，但不得超过 4 年。

（六）三相异步电动机运行中常见故障及排除方法

异步电动机的故障可分为机械故障和电气故障两类。机械故障如轴承、铁芯、风机、机座、转轴等故障，一般比较容易观察与发现；电气故障主要是定子转子绕组、电刷等导电部分出现的故障。由于电动机的结构形式、制造质量、使用和维护的情况不同，往往可能出现同一故障有不同的外观现象，或同一外观现象引起不同的故障。因此要正确判断故障，必须先进行认真细致的观察和分析。然后进行检查与测量，找出故障所在，并采取相应的措施予以排除。

1. 故障分析思路

（1）调查。

首先了解电动机的型号、规格、使用条件及使用年限，以及电机在发生故障前的运行状况，如所带负载的大小、温升的高低、有无异常声音、操作情况等等，并认真听取操作人员的反映。

（2）查看故障现象。

查看的方法要按电动机故障情况灵活掌握，有时可以把电动机接上电源进行短时运转，直接观察故障情况，再进行分析研究。有时电动机不能接上电源，通过仪表测量或观察来分析判断，再把电动机拆开，测量并仔细观察内部情况。

在现场分析这类故障首先应区分出下列三方面原因：①是否是电源方面或线路方面的原因；②是否是负载或与电动机所匹配的设备方面的原因；③是否是电动机本身的故障原因。

以上三方面原因经分析确认后，就可以把故障缩小到某一个范围。

然后继续在这个范围内查找最终故障所在。下面以电动机投入电源后不转动为例，列出查找故障逻辑程序图（图 3-39）来说明查找故障的思路和问题的分析方法。

原因 1：当用工具或手转动转子时不能运动起来，可以判断是匹配的机械负载存在问题。如果不能简易地判断出来，就要把电动机的联轴器拆开，使电动机与负载机械分开，单独查找，从而可以查出故障的所在之处。

原因 2：用工具或手不能转动转子，并确认了是电动机本身故障，则可判断是电机扫膛或轴承的故障。如果再确认了不是定、转子铁芯相擦的话，便要考虑轴承是否因过热熔焊在一起。造成轴承烧毁原因是长期润滑不好（润滑脂质量不纯或缺润滑脂）、轴承本身质量欠佳等，解决办法是更换新的优质轴承。

原因 3：用工具或手不能转动转子时，经详细检查定子、转子铁芯没有扫膛，轴承又是正常的，那么造成转子不能转动的原因可能是电动机外风扇变形碰风罩而被卡住，制动器未放开抱闸，外界机械卡住等。

原因 4：用工具或手不能转子，而且发现是定、转子铁芯相擦。造成铁芯扫膛原因有：转轴弯曲、铁芯外圆变形严重、端盖磨损或变形严重，使转子下沉、轴承间隙磨损过大等。

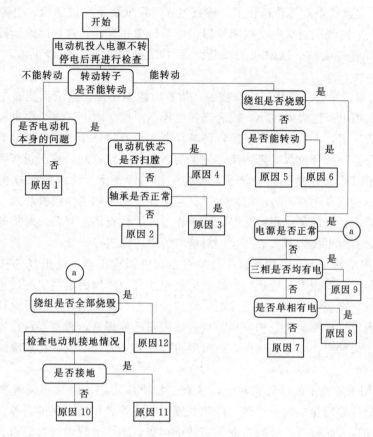

图 3 - 39　故障逻辑程序图

为此，要矫正转轴，某些铁芯变形可在车床上适当切削（一般车削 0.1mm 左右即可）；更换轴承；喷涂端盖止口后进行机加工休整等。

原因 5：用工具或手能够转动转子时，说明不存在机械上卡住现象。这时可考虑分清是电源问题，还是绕组问题。首先检查绕组是否被烧毁，用摇表测试绕组是否接通，有无断路存在，用鼻闻和眼看是否有焦味和烧焦变色的痕迹。如果绕组未被烧毁，但又不通电，则说明是接线和断路故障，或离心开关有问题，或操作程序不对。为此要检查接线是否有松动现象，线路是否有断路，可用摇表或试灯寻查。另外要检查线路所有螺丝固定情况。

原因 6：工具或手能够转动转子，检查绕组也未能烧毁，并且能通电，则说明电机绕组没有故障，造成电动机不转的原因是电源开关有故障、操作程序不对或者由于配线短路，使自动断路动作。另外，转子电阻器、集电环与电刷接触不良也是电动机不转的原因。解决方法是将电刷从刷握中提出，看电刷集电环表面的接触面是否大于 70% 以上，否则要研磨电刷的接触面，使其达到表面大于 70% 以上的接触面积为止。另外，要检查电源开关是否有故障，如有故障应及时修复。

原因 7：用工具或手能够转动转子，检查时发现绕组已被烧毁，检查三相电压不正常，三相、单相均无电，这说明造成电动机故障原因是电动机单相运转，这是因熔断器被烧毁或者接触不实、接线有误等造成的。这时可更换熔丝后在试电机，如果电动机运转正常，则说明故障找准了。

原因 8：用工具或手能够转动转子，检查电源时发现绕组已被烧毁、电源不正常，三相当中只单相有电，这说明造成电机故障原因是电动机单相运转，这是因熔断器被烧毁或接触不实、接线有误等造成的。这时可更换熔丝后再试电机，如果运转正常，则说明故障找准了。

原因 9：能够转动转子，绕组已被烧毁，检查电源不正常，但三相能通电，这种情况所造成的原因是电源电压过大或过小，或者三相电压不平衡所致。这时，要求检查是否是电源造成电压波动的原因，可根据实际情况，调整供电变压器的分接头，使供电电压正常。三相电压不平衡，可检查所带负载是否均衡，过大的单相负载要控制，使三相所带负载均匀。

原因 10：用工具或手能够转动转子，检查三相电源正常、绕组局部被烧毁。用摇表检测绕组不接地。造成电动机不转动的原因是：①单相电动机的主绕组被烧毁；②离心开关接触不良；③三相电动机的某一相被烧毁，成单相运转。检查离心开关，对接触点和弹簧进行修复和调整，必要时更换为新离心开关。对烧毁的绕组应进行重绕。

原因 11：用工具或手能够转动转子，检查三相电源也正常，绕组局部被烧毁，用摇表测试绕组对地情况，发现有对地连接。造成电动机这种故障原因是绕组有接地故障。解决办法是查明故障点，将绕组加热，用绝缘板将绕组接地点与绕组离开，然后涂环氧树脂胶，待固化后，用摇表重复摇测绕组，如不再接地，则表明已处理好，否则要再检查接地点，重复加垫绝缘板。如果绕组接地点在槽中，一般要将线圈起来处理，或者将故障线圈拆掉，重绕更换新线圈。

原因 12：用工具或手能够转动转子，检查三相电压正常，但三相绕组全部被烧毁。造成电动机绕组故障原因是电动机过载、冷却装置失效或外界环境温度过高等。解决办法是检查过载原因，如皮带轮过紧、转轴弯曲、定转子相擦、轴承有故障（如磨损、缺油、滚动体损坏）、负荷过大等，然后逐一解决上述缺陷。同时检查电机冷却装置，如风机、冷水管、散热器等是否有缺陷，环境温度是否过高。如果散热条件不能改善，那么要相应降低电机的负荷。

2. 电动机过热检查及修理

发现正常运行的电动机过热，一般有下列原因。

（1）电源电压突然变高，并于电动机铭牌额定电压不相符，或者三相电源电压严重不平衡。

（2）电动机所拖动的负载变动较大，电机暂时处于过载状态。

（3）由于轴承产生故障或间隙磨损超限、转轴发生弯曲、铁芯局部过热变形、转子轴向串动等原因，使定、转子铁芯扫膛。

（4）环境粉尘进入电动机内部黏附在绝缘表面上和堵塞冷却风道、冷却风管等，使电动机通风不良，冷却效果头绪，造成电机过热。

（5）电动机冷却装置失效，调节风温装置有故障，造成电机过热。

（6）三相电动机单相运行。

（7）绕组有故障，如短路、断路、接地、接错等。

（8）气隙不均匀。

经重绕后的电动机发生过热，其原因如下。

（1）接线错误。

（2）线圈匝数过多或过少。

（3）线圈导线过细，线圈节距过小或过大。

（4）电动机装配质量不好，铁芯未对齐，定转子铁芯轴向有差距引起轴向磁拉力，气隙装配和调整不均匀。

由于电动机绝缘水平不断提高，允许温升限度也提高，所以电机外壳温升较高可能属正常。但要用酒精温度计测试部门的外壳温升和轴承温升，并与电动机的绝缘等级所允许的温升相对照比较后，确认电动机是过热，那么可按以下步骤进行检查。

（1）首先检查三相电源的电压是否平衡，电压波动的程度是否大于制造厂的保证值（±10%）。由于电压不平衡，产生三相不平衡电流，引起电机损耗增大和电机发热，所以要及时纠正。电源频率变动（±5%）对电机发热也有影响，但实际变化不大，所以在分析时一般可不考虑。

（2）检查电机是否单相运转，三相接触器的触头是否接触好，开关的熔丝是否有一相烧断，接线有否（单相）断开。故障检查出后进行处理。

（3）检查三相电流是否超过额定值。超过额定值时，如果负载不过大，可能是电机容量不够，因此要根据实际容量使用。电机发生扫膛，增加阻力，也是电机过载原因之一，这时由于摩擦阻力发热，气隙减少，从而进一步扩大电机扫膛面积。处理这类故障时，要查清造成扫膛的原因：①转轴弯曲；②轴承故障。轻微的铁芯扫膛不影响电机正常运行，扫膛严重时，可用车刀将转子表面轻轻切削一层（一般车削直径为 0.2mm 左右为宜）。

（4）粉尘敷满绝缘影响电机散热，过滤网堵塞，通风道和通风管堵塞等，都会引起电机过热。这类故障原因引起的电机过热是逐渐形成的，夏天会感到问题突出。因此可采取吹风清扫措施来消除粉尘，必要时电机要解体进行清洗处理。

（5）如认为绕组有故障时，可进行绕组短路和接地试验检查。经验表明，电机绕组如有匝间短路，电机则会振动，转动时间不长就会冒烟。但是匝间短路引起电机发热，并且持续长时期的机会，是很少的。

重绕大修后的电机温升超限，可能是绝缘处理工艺不好，线圈数据不对，接线错误以及装配质量等问题引起。这时电机应解体对照原始记录检查，以及查明绕组数据的正确性。

3. 电动机振动故障及检修

（1）电动机振动的危害。

电动机产生振动，会使绕组绝缘和轴承寿命缩短。振动力促使绝缘缝隙扩大、外界粉尘和水分侵入其中，造成绝缘电阻降低和泄漏电流增大，甚至形成绝缘击穿等故障。另外，电动机产生振动，又会使冷却管裂开，焊接点振开；同时会造成负载机械的损伤，降低工件精度；会造成所有遭到振动的机械部分的疲劳，会使地脚螺栓松动或断掉，最后电动机将产生很大噪声。

（2）振动原因。电动机的振动原因大致分为：①电磁原因；②机械原因；③机电混合原因。

1）电磁原因。

A. 电源方面：电压不平衡，三相电动机单相运转（如熔丝烧断一根）。

B. 定子方面：定子铁芯变椭圆、偏心、松动、单边磁拉力，绕组故障（断线、对地短路、击穿），三相电流不平衡，三相阻抗不平衡，绕组接线有误。

C. 转子方面：转子铁芯变椭圆、偏心、松动、鼠笼缺陷（如缩孔、断笼）等。

2）机械原因。

A. 电动机本身方面：①机械不平衡，转轴弯曲，滑环变形；②气隙不均；③定转子铁芯磁中心不一致；④轴承故障（如磨损超限、变形、配合精度不够）；⑤机械结构强度不够；⑥基础安装不良，强度不够，共振，地脚螺丝松动等。

B. 与联轴器配合方面：①连接不良，定中心不准；②联轴器不平衡，负载机械不平衡，系统共振等。

3）机电混合原因。

A. 电机振动，往往是由于单边电磁拉力引起气隙不均造成，从气隙不均又进一步增大单边电磁拉力，这种机电混合作用表现为电机振动。

B. 电机轴向串动，由于转子本身重力和安装水平以及电磁拉力共同作用，造成电机轴向串动。

C. 电机噪声也是机电混合造成的。它有电磁噪声、通风噪声以及机械噪声三种。

（3）查找振动原因及检修。

综上所述，引起电动机振动的原因很多，要采取逐条逐项淘汰法进行查找其原因，然后针对故障原因进行检修，其步骤如下。

1）对于振动较大部分要按垂直和水平方向详细测试振幅大小，并记录。如果是地脚螺丝松动或轴承盖螺丝松动，则可直接紧固后再复测其振动大小，观察是否消除或减轻。其次要检查电源三相电压是否平衡。最后检查三相电流是否平衡，发现电源不稳定应及时与供电部门联系解决。

2）如果从外表处理电动机后振动未能解决，则需要断开电源，拆下联轴器，使电动机与连接的负载机械分离，单独试验电动机如果电动机本身不振动，则说明振动根源是联轴器的安装或负载机械引起。如果电动机振动，则说明电动机本身有问题。另外还可再采取突然断电方法来区分电气原因，还是机械原因，或者是两者混合原因。当停电瞬间电动机马上振动减轻或不振，则说明是电气原因，否则是机械原因。

3）检修。

A. 电气原因的检修。首先测试定子绕组三相电阻值是否平衡。如果不平衡，则说明有开焊部位。再用试灯检查绕组接地故障。然后将电动机解体，抽出转子，用开口型变压器检查鼠笼转子是否断笼或有缺陷。另外定子绕组匝间短路故障可从观察绕组绝缘表面烧焦痕迹查出，或者用开口型变压器逐槽检查。

B. 机械原因的检修：①探测气隙是否均匀；②检查轴承，可采用拆下轴承后测径向间隙，不应超过规定值，若超过了，则要更换合格的新轴承；③检查铁芯变形和松动情况，松动的铁芯可采用环氧树脂黏结，片间松动的铁芯要重新压铁；④检查转轴，对弯曲的转轴要进行调直，对转子的铁芯在必要时应做平衡试验。

C. 负载机械部分经检查后正常，电动机本身也正常，则引起电动机故障的原因是连接部分造成。这时要检查电动机基础水平面、倾斜度、发脚垫片厚度是否符合要求；定中心找正是否正常，检查联轴器本身是否平衡，连接（上下、垂直、左右等间隙）是否均匀、正确；联轴器的下张口或上张口是否正确；电动机轴向绕度是否符合要求等。

4. 电动机空载电流不平衡，三相相差大

电动机空载电流不平衡，且某一相电流与三相电流平均值的差大于10%时，应注以下几点。

(1) 重绕时，定子三相绕组匝数不相等；须重新绕制定子绕组。

(2) 绕组首尾端接错；应检查并纠正。

(3) 电源电压不平衡；须测量电源电压，设法消除不平衡。

(4) 绕组存在匝间短路、线圈反接等故障，消除绕组故障。

5. 电动机空载、过负载时，电流表指针不稳，摆动

(1) 笼型转子导条开焊或断条；须查出断条予以修复或更换转子。

(2) 绕线型转子故障（一相断路）或电刷、集电环短路装置接触不良；须检查绕转子回路并加以修复。

6. 电动机空载电流平衡，但数值大

(1) 修复时，定子绕组匝数减少过多；须重绕定子绕组，恢复正确匝数。

(2) 电源电压过高；应设法恢复额定电压。

(3) Y接电动机误接为△；应改接为Y。

(4) 电机装配中，转子装反，使定子铁芯未对齐，有效长度减短，应重新装配。

(5) 气隙过大或不均匀；须更换新转子或调整气隙。

(6) 大修拆除旧绕组时，使用热拆法不当，使铁芯烧损；应检修铁芯或重新计算绕组，适当增加匝数。

7. 电动机轴承过热的原因及处理方法

(1) 轴承损坏，应更换。

(2) 滚动轴承润滑脂过少、过多或有铁屑等杂质。承轴润滑脂的容量不应超过总容积的70%，一般轴承盒内所放润滑脂约为全容积1/2，或电机运行在3000～5000h需更换润滑脂，有杂质者应更换。

(3) 轴与轴承配合过紧或过松。过紧时应重新磨削，过松时应给转轴镶套。

(4) 轴承与端盖配合过紧或过松。过紧时加工轴承室，过松时在端盖内镶钢套。

(5) 电动机两端盖或轴承盖装配不良。将端盖或轴承盖止口装进、装平，拧紧螺钉。

(6) 皮带过紧或联轴器装配不良。调整皮带张力，校正联轴器。

(7) 滑动轴承润滑油太少、有杂质或油环卡住。应加油、换新油，修理。

能力检测

1. 异步电动机正常运行的基本要求是什么？

2. 新安装或长期停用的电动机，启动前应做哪些检查？

3. 正常使用的电动机，启动前应做哪些检查？

4. 异步电动机启动时应注意哪些问题？

5. 异步电动机运行中通过哪些手段进行监视？

6. 电源电压监视的手段、内容及要求是什么？

7. 电动机电流监视的手段、内容及要求是什么？

8. 电动机温度监视的手段、内容及要求是什么？

9. 电动机发生故障的部位有哪些？

10. 电动机日常维护的内容及要求是什么？

11. 电动机小修的内容及周期是怎样的？

12. 电动机大修的内容及周期是怎样的？

13. 电动机故障排除的分析思路是怎样的？

14. 电动机过热的主要原因可能有哪些？如何处理？

15. 电动机振动有何危害？振动的原因可能有哪些？如何判断及处理？

16. 电动机空载电流平衡，但数值大的可能原因及如何处理？

17. 电动机轴承过热的原因及处理方法？

任务四　单相异步电动机

【任务描述】

单相异步电动机只适用于单相交流电源，与三相异步电动机在工作原理上存在一些不同，由于采用的是单相交流电源，启动时有别于三相异步电动机，运行性能上次于三相异步电动机。但由于许多场合只有单相电源，这时主要依靠用单相异步电动机作为动力源。因此，单相异步电动机的应用非常广泛。

【任务分析】

结合单相异步电动机的结构特点，利用前面三相异步电动机的知识，讨论单相异步电动机的工作原理，分析单相异步电动机如何解决启动问题、改变转向问题，以及如何使用单相异步电动机。

【任务实施】

单相异步电动机广泛用于容量小于 1kW 及只有单相电源的场合，如家用电器、医疗设备、电动工具等。

一、单相异步电动机的工作原理

单相异步电动机接在单相电源上工作，它的定子装有一个工作绕组，从交流电机基本理论可知，单相绕组通入单相交变电流时，会产生一个脉动磁动势，该磁动势在电动机气隙内空间位置固定不变，幅值随时间作正弦变化，而不像通三相交流电时，会产生一个幅值不变的旋转磁动势。

这个脉动磁动势可以分解成两个幅值相同、转速大小相等、方向相反的旋转磁动势，F^+ 和 F^- 分别为正负旋转方向的磁动势，它们将在气隙中建立正转和反转磁场，转速为同步转速 $n_1 = \dfrac{60f}{p}$，分别在转子绕组上产生两个大小相等、方向相反的感应电动势和电流，这两个电流与定子磁场相互作用，分别产生两个大小相等、方向相反的电磁转矩。其转矩特性，如图 3-40 所示。

对于正转磁场而言，转差率

$$s_+ = \frac{n_1 - n}{n_1} = s \tag{3-72}$$

对于反转磁场而言，转差率

$$s_- = \frac{n_1 - (-n)}{n_1} = \frac{n_1 + n_1 - (n_1 - n)}{n_1} = 2 - s \qquad (3-73)$$

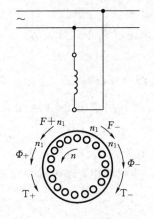

图 3-40 单相异步电动机

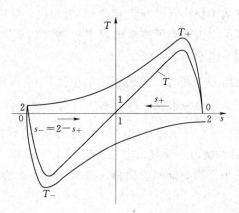

图 3-41 单相异步电动机的转矩特性曲线

T_+ 与 s_+ 的关系，如曲线 $T_+ = f(s_+)$ 所示，它与三相异步电动机的 $T = f(s)$ 曲线相似（图 3-41）；T_- 与 s_- 的关系，如曲线 $T_- = f(s_-)$ 所示；单相电动机的合成转矩为 $T = T_+ + T_-$。

从图 3-41 中，可以得出以下几点结论。

(1) 单相异步电动机只有工作绕组启动时的合成转矩为零。启动时，$n=0$，$s=1$，由于正方向的电磁转矩与反方向的电磁转矩大小相等，方向相反，其合成转矩 $T = T_+ + T_- = 0$，这时电动机由于没有相应的驱动转矩而不能自行启动。

(2) 如果借助外力，可使转子向任一方向转动起来。在 $S=1$ 的两边，合成转矩曲线是对称的。因此，单相异步电动机没有固定的旋转方向。当外力驱使电动机正向旋转时，合成转矩为正，该转矩能维持电动机继续正向旋转；反之，当外力驱使电动机反向旋转时，合成转矩为负，该转矩能维持电动机继续反向旋转。由此可见，电动机的旋转方向取决于电动机启动时的方向。

(3) 由于反方向转矩的存在，使合成转矩减小，最大转矩也随之减小，致使电动机过载能力较低。

(4) 反方向旋转磁场在转子中引起的感应电流，增加了转子铜耗，降低了电动机的效率。单相异步电动机的效率约为同容量三相异步电动机效率的 $75\% \sim 90\%$。

二、单相异步电动机存在的问题及处理方法

(一) 启动方法

由上面分析可知，由于单相异步电动机不能自行启动。要使单相异步电动机有一定的启动转矩，启动时，必须在电动机气隙中建立一个旋转磁场。解决这一问题的办法，一般要求利用辅助装置达到两个条件：①在其定子铁芯内放置两个有空间角度差的绕组（启动绕组和工作绕组）；②使这两个绕组中流过的电流不同相位（称为分相）。这样，就可以在电动机气隙内产生一个旋转的磁场，单相异步电动机就可启动运行了。也就是说，只要在空间不同相的绕组中通以时间不同相的电流，其合成磁场就为一个旋转磁场。利用这一原理，在工程实

践中，单相异步电动机常采用分相式和罩极式两种启动方法。

1. 分相式

为了在启动时，建立一个旋转磁场，电动机的定子上除了工作绕组以外，还加装一个启动绕组，这两个绕组在空间上相差 $90°$ 电角度，如图 3-42 所示，工作绕组 G 和启动绕组 Q。在启动绕组中串入电容器或电阻器来提高其功率因数，并通过离心式开关 K 与工作绕组一起并联到同一电源上。

工作绕组 G 呈感性，该绕组上的电流 $\dot{I}_G$ 应滞后于电源电压 $\dot{U}_1$ 一个 φ_G 角，而启动绕组 Q 常常串入一个较大电容，使整个绕组呈一定容性，相应的其启动电流 $\dot{I}_G$ 应超前于 $\dot{U}_1$ 一个 φ_Q 角，如图 3-42 所示。当电容器的电容量选择的合理时，就可以使 $\dot{I}_G$ 与 $\dot{I}_Q$ 之间的相位差 $90°$。因为启动绕组中通过的电流在时间上与工作绕组中电流的相位不同，也就是把单相电流分成了两相，称为分相或裂相。根据性能要求的不同，分相单相异步电动机又可以分为以下三种类型。

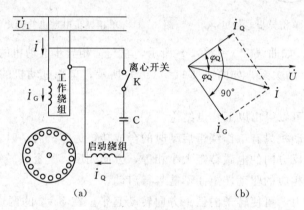

图 3-42 电容启动单相异步电动机

(a) 电路图；(b) 相量图

（1）电容启动单相异步电动机。若电动机的启动绕组及电容是按短时工作方式设计的，不能长期通电工作，如果长时间通电，会因过热而烧坏。因此，在启动绕组中串有离心开关 S，启动开始时，离心开关闭合；当电动机的转速达到同步转速的 $75\%\sim80\%$ 时，离心开关断开，切除启动绕组。此时电动机中只有工作绕组通电工作，异步电动机作单相运行，这种电动机称为电容启动单相异步电动机。

（2）电容运转单相异步电动机。又称电容运行电动机，把启动绕组及电容按连续方式设计为长期运行，运行时不切除启动绕组（根据工作需要有时也要利用离心开关切除多余电容），实质上成为了两相异步电机；可以提高过载能力，改善功率因数，可获得较好的运行性能。

（3）电阻启动电动机。启动绕组如果不串电容器，而是串电阻，也可以使其中的电流和工作绕组的电流有一定相位差（但小于 $90°$），也能形成旋转磁场，但电阻启动电动机的启动转矩较小，只适用于比较容易启动的场合。

无论在启动绕组中串电容器，还是串电阻，都是利用启动绕组使电动机构成两相启动，故都称为分相式电动机。

2. 罩极启动

（1）主要结构。罩极电动机的转子仍为鼠笼型；定子一般为凸极式，定子铁芯为硅钢片叠压而成，如图3－43（a）所示。定子磁极上有两个绕组，其中一个套在凸出的磁极上，称为工作绕组；在磁极表面的一边约1/3～1/4的地方开有一凹槽，并用一短路铜环把这一部分罩起来，故称之为罩极式异步电动机。其中的短路铜环起到协助启动的作用，所以短路铜环被称为启动绕组。

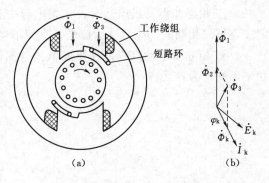

图3－43　罩极式异步电动机
(a) 结构示意图；(b) 磁通相量图

（2）工作原理。工作绕组通入单相交流电流时，建立脉动磁动势，产生交变磁通穿过磁极，其中大部分为穿过未罩极部分的磁通$\dot\Phi_1$，另有一小部分为穿过铜环磁通$\dot\Phi_2$，（因为$\dot\Phi_1$和$\dot\Phi_2$都是由工作绕组中的电流产生的，所以同相位），铜环中将产生感应电动势$\dot E_k$和感应电流$\dot I_k$，并产生磁通$\dot\Phi_k$与$\dot\Phi_2$叠加后形成通过短路铜环的合成磁通$\dot\Phi_3$，即$\dot\Phi_3=\dot\Phi_2+\dot\Phi_k$。最后短路铜环内的感应电动势应为$\dot\Phi_3$所产生，所以$\dot E_k$应滞后$\dot\Phi_3$90°。而$\dot I_k$滞后$\dot E_k$一个相位角$\varphi_k$，$\dot\Phi_k$与$\dot I_k$同相位，见图3－43（b）。

由图3－43可见，被罩极部分的磁通$\dot\Phi_3$与未罩极部分磁通$\dot\Phi_1$之间存在一定的时间相位差；而同时工作绕组和短路铜环在空间上也存在一定的电角度。根据前面的知识，只要两个磁场在时间和空间上互差一定的电角度，它们的合成磁场便是一个单方向的旋转磁场。同样会产生一个单方向的电磁转矩，使电动机能够自行启动。罩极式电机的旋转方向总是从未罩极部分向罩极部分转动。

（二）改变转向的方法

要改变单相异步电动机的转向，对于分相式单相异步电动机，须拆开电动机，将启动绕组两个接线端头对换位置后接好即可。对于罩极式单相异步电动机不能通过改变绕组接线来改变转向，只能将转子反向安装，达到使负载反转的目的。

（三）特点与用途

与同容量的三相异步电动机相比，单相异步电动机体积较大，效率和功率因数较低，过载能力较差。但当功率较小时，这些缺点并不突出。所以单相异步电动机一般都做成微型的，其功率在几瓦至几百瓦之间。单相异步电动机由单相电源供电。因此，广泛应用于家用电器、医疗器械及轻工设备中。其中分相式单相异步电动机的功率较大，从几十瓦到几百瓦，常用于电风扇、空气压缩机、电冰箱和空气调节器中。罩极式单相异步电动机虽然结构简单、制造方便、运行可靠，但启动转矩较小，一般用于电扇等对启动转矩要求不高而转向不需改变的小型电动机，如用于小型风扇、电唱机和录音机，其功率一般在40W以下。

能力检测

1. 为什么单相异步电动机不能自行启动？怎样才能使它启动？

2. 单相异步电动机主要分哪几种类型？其原理是什么？简述罩极电动机的工作原理。

3. 三相异步电动机启动时，如果电源一相断线，这时电动机能否启动？如果运行中电源或绕组二相断线，能否继续旋转，有何不良后果？

4. 三相异步电动机能否改接成单相电源供电，画出接线图。改接后，能否保持原输出功率不变，为什么？

项目四 电机的基本测试

【项目分析】

本项目包括变压器的空载短路试验和极性组别试验、绕组绝缘电阻和直流电阻的测定及三相异步电动机首末端的确定，通过这些试验，为电机的正常运行和保证检修质量提供了设备检测手段和保障。

【培养目标】

掌握电机的基本测试和试验思想，能正确使用常见仪器仪表，能根据试验结果判断电机的状况或结果的相符性。

任务一 变压器的空载及短路试验

【任务描述】

通过变压器的空载短路试验，确定变压器等效电路的各个阻抗值。

【任务分析】

通过试验，学生应初步掌握电机试验的基本思想和技巧，能独立完成试验的接线、仪表选择、参数处理和试验结果分析。

【任务实施】

无论定量解析变压器还是定性分析变压器，都要用到变压器各阻抗的参数。而这些参数的确定，在设计时是根据材料及结构的尺寸计算出来的，对已经制造好的变压器则可以通过空载试验和短路试验来测定。下面介绍变压器参数的试验求法。

一、变压器的空载试验

1. 空载试验的目的

通过测定变压器的空载损耗 p_0、空载电流 I_0、原边电源电压 U_1 和副边空载电压 U_{20}，计算出变压器的励磁阻抗 z_m、r_m、x_m，及变比 k。

2. 空载试验方法

图 4-1 是单相变压器空载试验的接线图，试验时，先将调压手柄回到零位，然后观察电压表 V_1，通过调压手柄将电源电压 U_1 由零逐渐升至 U_{1N}，分别记录此时的 U_1、I_0 及 p_0 值。最后，接入电压表 V_2，逐渐降低电源电压 U_1，在此过程中，任取 U_1 值 3～5 组，并同时记录对应的 U_{20}。

由所测得的数据可得

变比
$$k = \frac{U_{20}（高压）}{U_1（低压）} \tag{4-1}$$

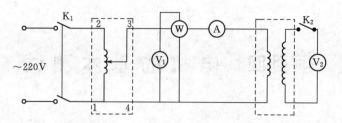

图 4-1　变压器空载试验接线图

空载电流百分数 $\qquad I_0\% = \dfrac{I_0}{I_{1N}} \times 100\%$ $\qquad\qquad\qquad$ (4-2)

3. 利用空载试验数据计算变压器参数

空载试验时，变压器没有输出功率，且由于铜损 $p_{Cu} = I_0^2 r_1$ 很小，可略去不计，则铁损近似地等于空载损耗，即 $p_{Fe} \approx p_0$。同时由于 $z_m \gg z_1$，$r_m \gg r_1$，因此可忽略一次侧漏阻抗压降，根据空载时的等效电路，有

$$\left. \begin{array}{l} z_m = \dfrac{U_0}{I_0} \\[2mm] r_m = \dfrac{p_0}{I_0^2} \\[2mm] x_m = \sqrt{z_m^2 - r_m^2} \end{array} \right\} \qquad\qquad (4-3)$$

二、短路试验

1. 短路试验的目的

变压器短路试验可测定短路电压 U_k、线圈铜损 p_{Cu}（短路损耗 p_k）并求得短路阻抗 z_k、r_k、x_k。

2. 短路试验方法

图 4-2 是单相变压器短路试验的接线图。试验时，先将调压手柄回到零位，然后观察电流表读数，通过调压手柄缓慢升高电源电压，当短路电流达到额定电流时停滞升压，记录此时的电流 I_k 时，测取外加电压 U_k 和相应的输入功率 p_k。

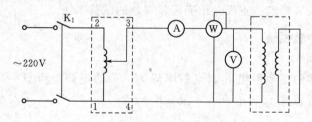

图 4-2　变压器短路试验接线图

3. 利用短路试验数据计算变压器参数

短路试验时，外施电压很小，一般为额定电压的 $4\% \sim 15\%$，此时主磁通 Φ_m 和磁通密度 B_m 大大低于正常运行时的数值，所以铁损和空载电流都很小。而二次侧短路时的短路损耗 $p_k = p_{Cu} + p_{Fe}$，此时可近似认为短路损耗等于铜损，即 $p_k \approx p_{Cu}$。由于空载电流很小，相当于等效电路中的励磁支路开路，根据简化等效电路，得

$$\left.\begin{aligned} z_{k} &= \frac{U_{k}}{I_{k}} \\ r_{k} &= \frac{p_{k}}{I_{k}^{2}} \\ x_{k} &= \sqrt{z_{k}^{2}-r_{k}^{2}} \end{aligned}\right\} \tag{4-4}$$

根据折算定义，在 T 形等效电路中，可认为

$$\left.\begin{aligned} r_{1} &\approx r'_{2}=\frac{1}{2}r_{k} \\ x_{1} &\approx x'_{2}=\frac{1}{2}x_{k} \end{aligned}\right\} \tag{4-5}$$

由于绕组电阻随温度的变化而变化，而试验时的温度与变压器实际运行时的温度不一定相同，因此按国家标准规定，应将试验时测出的电阻换算到工作温度（75℃）时的数值。

对于铜线变压器

$$r_{k75℃}=\frac{235+75}{235+\theta}r_{k} \tag{4-6}$$

对于铝线变压器

$$r_{k75℃}=\frac{225+75}{225+\theta}r_{k} \tag{4-7}$$

式中：θ 为试验时的环境温度。

凡与 r_{k} 有关的各量，都应按相应的关系换算到 75℃ 时的值，如 75℃ 时的短路阻抗

$$z_{k75℃}=\sqrt{r_{k75℃}^{2}+x_{k}^{2}} \tag{4-8}$$

短路损耗和短路电压也应换算到 75℃ 时的值，即

$$\left.\begin{aligned} p_{k75℃} &= I_{1N}^{2}r_{k75℃} \\ U_{k75℃} &= I_{1N}z_{k75℃} \end{aligned}\right\} \tag{4-9}$$

三、短路电压 U_{kN}

短路电压是指额定电流在 $z_{k75℃}$ 上的压降，通常以额定电压的百分值表示，于是短路电压及其分量的百分数为

$$\left.\begin{aligned} u_{k} &= \frac{U_{kN}}{U_{1N}}\times100\% = \frac{I_{1N}z_{k75℃}}{U_{1N}}\times100\% \\ u_{kr} &= \frac{I_{1N}r_{k75℃}}{U_{1N}}\times100\% \\ u_{kx} &= \frac{I_{1N}x_{k}}{U_{1N}}\times100\% \end{aligned}\right\} \tag{4-10}$$

式中：u_{k} 为短路电压百分数；u_{kr} 为短路电压电阻分量（有功分量）百分数；u_{kx} 为短路电压电抗分量（无功分量）百分数。

短路电压是变压器的重要参数之一，从正常运行的角度来看，希望它小一些，这使得变压器二次侧电压随负载变化的波动程度小一些；而从限制短路电流的角度来看，又希望它大一些，这使得变压器在运行过程中二次侧万一发生短路时，可使得短路电流不至于过大。一般中小型变压器的短路电压为 4%～10.5%，大型变压器为 12.5%～17.5%。

四、试验注意事项

在空载试验和短路试验中，应注意以下几个方面。

（1）从理论上讲，空载、短路试验可以在任意侧加电压，但为了试验安全和仪表选择的方便，空载试验一般在低压侧加电压进行试验，而短路试验一般在高压侧试验。

（2）由于变压器（电机）的等效电路均指一相的等效电路，所以无论试验对象是单相变压器还是三相变压器，参与计算的各参数均取相值。

（3）空载试验时，变压器的功率因数很低，一般功率因数在 0.2 以下，所以作空载试验应选用低功率因数的功率表，以减少测量误差；短路试验则相反。

（4）表计量程的选取，应以测量时指针偏转为满刻度的 2/3 左右，以减少读数误差。

（5）由于空载试验是在低压侧施加电源电压进行测定，所以测得的励磁阻抗参数是折算到低压侧的数值，如果需要得到高压侧的数值，还必须将其折算到高压侧，即乘以 k^2；短路试验若在高压侧试验，则不需要折算。

（6）空载电流和空载损耗（铁损耗）随电压的大小而变化，即与铁芯的饱和程度有关。所以，测定变压器的空载电流和空载损耗时，应在额定电压下才有意义；同样，变压器的额定铜损应在额定电流时测定。

能力检测

1. 为什么空载实验一般在变压器的低压侧做，而短路实验一般在变压器的高压侧做？

2. 变压器空载实验时为什么要注意实验仪表的顺序？变压器短路实验时的实验仪表顺序与空载实验有何差异？为什么有这样的差异？

3. 变压器空载短路试验时应分别观察什么仪表的读数升压？

4. 为什么一再强调在短路实验时必须缓慢升高变压器所加的电压，且变压器的断流电流不能大于额定电流？

任务二　三相变压器的极性组别测定

【任务描述】

采用直流法和交流法测定变压器的极性组别。

【任务分析】

通过试验，掌握三相变压器极性组别的判断方法，学生能独立完成试验的接线和操作，能对结果进行分析判断。

【任务实施】

测量变压器绕组极性的方法有直流法和交流法，下面分别予以介绍。

一、直流法确定变压器绕组的极性组别

（一）直流法确定变压器绕组的极性

用一节干电池接在变压器的高压端子上，在变压器的二次侧接上一毫安表或微安表，实验时观察当电池开关合上时表针的摆动方向，即可确定极性。

如图 4-3 所示，将干电池的正极接在变压器一次侧 A 端子上，负极接到 X 上，电流表的正端接在二次侧 a 端子上，负极接到 x 上，当合上电源的瞬间，若电流表的指针向零刻度的右方摆动，而拉开的瞬间指针向左方摆动，说明变压器是减极性的，即首端为同极性端。

　　若同样按照上面接线，但当电源合上或拉开的瞬间，电流表的指针的摆动方向与上面相反，则说明变压器是加极性的，也就是说，首端为异极性端。

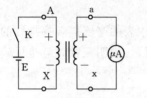　　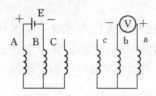

图 4-3　用直流法测量极性　　　　图 4-4　用直流法确定接线组别

（二）直流法确定变压器的组别

　　直流法是最为简单适用的测量变压器绕组接线组别的方法，如图 4-4 所示是对一 Y-Y 接法的三绕组变压器用直流法确定组别的接线，对于其他形式的变压器接线相同。用一低压直流电源如干电池加入变压器高压侧 AB、BC、AC，轮流确定接在低压侧 ab、bc、ac 上的电压表指针的偏转方向，从而可得到 9 个测量结果。这 9 个测量结果的表示方法为：用正号"＋"表示当高压侧电源合上的瞬间，低压侧表针正向（顺时针）偏转，而用负号"－"表示反向偏转。如果用断开电源的瞬间来作为结果，则正好相反。另外还有一种情况，就是当测量 Y-△或△-Y 接法的变压器时，会出现表针为零，我们用"0"来作为结果。

　　将所测得的结果与表 4-1 所列对照，即可知道该变压器的接线组别。

表 4-1　　　　　　　　　　变压器组别与极性对照表

接线组别	高压侧通电组别	低压侧毫安表接法			接线组别	高压侧通电组别	低压侧毫安表接法		
		a+	b+	a+ c-			a+ b-	b+ c-	a+ c-
1	A+ B- B+ C- A+ C-	+ 0 +	- + 0	0 + +	7	A+ B- B+ C- A+ C-	 0 	+ - 0	0 - -
2	A+ B- B+ C- A+ C-	+ + +	- + -	- - +	8	A+ B- B+ C- A+ C-	 	+ - -	+
3	A+ B- B+ C- A+ C-	0 + -	- 0 +	+ - 0	9	A+ B- B+ C- A+ C-	0 - +	+ 0 +	+ - 0
4	A+ B- B+ C- A+ C-	- + +	- - +	+ - -	10	A+ B B+ C- A+ C-	+ - -	+ + -	- + +
5	A+ B- B+ C- A+ C-	- + 0	0 - +	- 0 -	11	A+ B- B+ C- A+ C-	- + 0	0 0 +	+ + +
6	A+ B- B+ C- A+ C-	- + -	+ - -	- - +	12	A+ B- B+ C- A+ C-	- + +	+ + +	+ + +

（三）注意事项

（1）直流法确定极性时，试验过程应反复操作数次，以免发生因表针摆动快而作出错误的结论。

（2）在测量组别时，对于变压比大的变压器应选择较高的电压和小量程的直流毫伏表、微安表或万用表；对变压比小的选用较低的电压和较大量程的毫伏表、微安表或万用表。

（3）采用直流法判断连接组别时，若采用万用表的毫安挡观察指针的偏转方向时，若发现指针反偏，应换接表笔后再测，此时若指针正偏，说明正常时应是反偏。

（4）测量时要注意电池和表笔的正负极。

二、交流法确定变压器绕组的极性组别

（一）交流法测定三相变压器的极性

1. 测定相间极性

首先用万用表电阻挡测量 12 个出线端间通断情况及电阻大小，分别找出三相高压绕组，暂定标记为 A、B、C、X、Y、Z。

然后按图 4-5 接线，将 Y、Z 两点用导线相连，在 A 相施加低电压（其大小根据情况而定），用电压表（最好用高内阻电压表）测 U_{BY}、U_{CZ} 及 U_{BC}。若 $U_{BC} = U_{BY} - U_{CZ}$，则标记正确。若 $U_{BC} = U_{BY} + U_{CZ}$，则说明标记错误，应把 B、C 相中任一相的端点标号互换（如将 B、Y 换为 Y、B）。同样地，在 B 相施加低电压，确定 A、C 相间极性。最后，根据国家标准规定对高压绕组各相首末端进行正式标记。

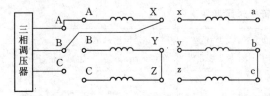

图 4-5 相间极性测定接线图

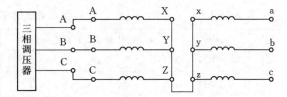

图 4-6 原、副边极性测定接线图

2. 测定一、二次绕组极性

暂定低压绕组三相标记 a、b、c、x、y、z，然后按图 4-6 接线。将一、二次绕组中点用导线相连，在高压绕组施加三相低电压，测 U_{AX}、U_{BY}、U_{CZ}、U_{ax}、U_{by}、U_{cz}、U_{Aa}、U_{Bb} 及 U_{Cc}，若 $U_{Aa} = U_{AX} - U_{ax}$，则 U_{AX} 与 U_{ax} 同相，A 与 a 端点极性相同；若 $U_{Aa} = U_{AX} + U_{ax}$，则 U_{AX} 与 U_{ax} 反相位，A 与 a 端点极性相反。同样可判别 B、C 两相一、二次绕组极性。然后根据国家标准规定，对低压绕组各相首末端进行正式标记。

（二）交流法测定三相变压器的组别

1. Y, y0

按图 4-7 接线，将变压器绕组接成 Y, y0 连接组别，A、a 两点用导线连接；经调压器在一次侧施加额定电压，测量电压 U_{AB}、U_{ab}、U_{Bb}、U_{Cc} 及 U_{Bc}。

根据 Y, y0 连接组别的电压相量图可知

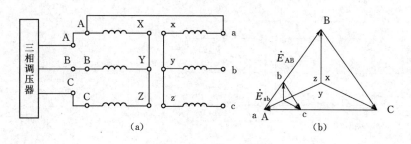

图 4 - 7　Y，y0 连接组别

（a）接线图；（b）电动势相量图

$$
\left.
\begin{aligned}
U_{Bb} = U_{Cc} = U_{ab}(k-1) \\
U_{Bc} = U_{ab}\sqrt{k^2-k+1}
\end{aligned}
\right\}
\tag{4-11}
$$

其中，线电压比 $k=\dfrac{U_{AB}}{U_{ab}}$

若实测电压 U_{Bb}、U_{Cc} 及 U_{Bc} 与用以上计算所得数值相同，则表示变压器属于 Y，y0 连接组别。

2. Y，y6

将前面实验中的变压器二次绕组首末端标记对换，然后将 A 点与二次绕组标记调换后的 a 点用导线连接，如图 4 - 8 所示。

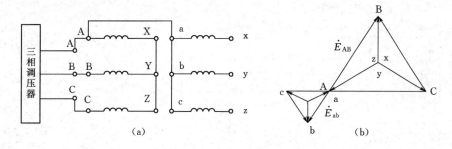

图 4 - 8　Y，y6 连接组别

（a）接线图；（b）电动势相量图

按上述实验方法测取 U_{ab}、U_{Bb}、U_{Cc} 及 U_{Bc}。

根据 Y，y6 连接组别的电压相量图可知

$$
\left.
\begin{aligned}
U_{Bb} = U_{Cc} = U_{ab}(k+1) \\
U_{Bc} = U_{ab}\sqrt{k^2+k+1}
\end{aligned}
\right\}
\tag{4-12}
$$

若实测电压 U_{Bb}、U_{Cc} 及 U_{Bc} 与式（4 - 12）计算所得数值相同，则表示为 Y，y6 连接组别。

3. Y，d11

按图 4 - 9 接线，接成 Y，d11 连接组别。A、a 两点用导线连接。一次侧电压经调压器调至额定值，测量 U_{AB}、U_{ab}、U_{Bb}、U_{Cc} 及 U_{Bc}。

根据 Y，d11 连接组别的电压相量图可知

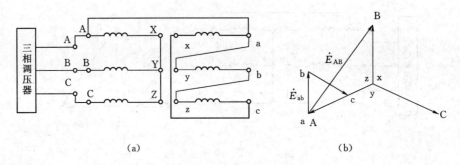

(a)　　　　　　　　　　　　(b)

图 4-9　Y，d11 连接组别
(a) 接线图；(b) 电动势相量图

$$U_{Bb}=U_{Cc}=U_{Bc}=U_{ab}\sqrt{k^2-\sqrt{3}k+1} \qquad (4-13)$$

若实测电压 U_{Bb}、U_{Cc} 及 U_{Bc} 与式（4-13）计算所得数值相同，则变压器为 Y，d11 连接组别。

为避免二次绕组错接引起引线短路，可在二次侧的三角形内串一电流表，将一次侧电压由零逐渐增加，注意观察电流表计数。正确连接时，电流表读数应为零或接近零。

4. Y，d5

将上面实验线路中的变压器二次绕组首末端标记对调后，按图 4-10 接线。实验方法同前，测取 U_{ab}、U_{Bb}、U_{Cc} 及 U_{Bc}。

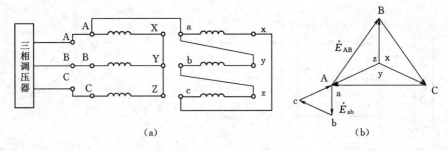

(a)　　　　　　　　　　　　(b)

图 4-10　Y，d5 连接组别
(a) 接线图；(b) 电动势相量图

根据 Y，d5 连接组别的电压相量图可知

$$U_{Bb}=U_{Cc}=U_{Bc}=U_{ab}\sqrt{k^2+\sqrt{3}k+1} \qquad (4-14)$$

若实测电压 U_{Bb}、U_{Cc} 及 U_{Bc} 与式（4-14）计算所得数值相同，则变压器属于 Y，d5 连接组别。

能力检测

1. 采用直流法判断连接组别时，直流电源为什么不能长时间与变压器接通？

2. 在直流法判断变压器的连接组别时，为什么不同情况下指针会向不同的方向偏转（或不动）？

3. 交流法判断变压器连接组别的依据是什么？

任务三 电机绝缘电阻测定

【任务描述】

利用兆欧表（绝缘电阻表）测量电机的绝缘电阻。

【任务分析】

能正确使用兆欧表，并通过测量结果判断电机的绝缘情况及可能存在的问题。

【任务实施】

一、测量绝缘电阻的目的

电机绝缘是比较容易损坏的部分，电机绝缘不良，将可能造成绕组烧坏，或电机机壳带电引起触电事故。所以修理后电动机，在使用之前都必须进行严格的绝缘试验，以保证电机的安全运行，通过测量绝缘电阻，能够检查绕组绝缘材料的受潮情况，绕组与机壳之间、三相绕组内部之间是否有短路。绝缘电阻用兆欧表测量。

二、影响绝缘电阻测量的因素

1. 兆欧表额定电压的高低对测量结果的影响

兆欧表的额定电压，应尽可能与绕组的额定电压配合。因兆欧表的额定电压过低，会影响测量的准确性。而兆欧表额定电压过高时，则可能对绕组绝缘造成损害。

2. 湿度对绝缘电阻测量的影响

绝缘材料的吸潮程度，是随着空气相对湿度的变化而变化的。同一绝缘材料在不同空气的相对湿度下，其吸潮性差别往往很大。当空气相对湿度增大时，绝缘物在毛细管的作用下，由于吸收水分增加，致使导电率增大，降低了绝缘电阻值，尤其是对介质的表面泄漏电流影响更大。因为介质表面电阻系数，对湿度的变化非常敏感，是按指数形式发生变化的。有些材料当相对湿度从 25％ 增加到 90％ 时，绝缘电阻值可能改变 100 万倍。所以湿度是影响绝缘电阻值的重要因素。

3. 温度对绝缘电阻测量的影响

绝缘介质的绝缘电阻是随着温度的变化而变化的。例如有些材料，当温度从 25℃ 升高到 100℃ 时，绝缘电阻值会改变 10 万倍。所以绝缘电阻的测量必须在相近的温度、湿度等条件下进行比较才有意义。

三、兆欧表规格的选用

兆欧表规格的选用见表 4 - 2。

表 4 - 2 兆欧表规格的选用 单位：V

电机额定电压	$U_N \leqslant 220$	$220 < U_N \leqslant 500$	$500 < U_N \leqslant 3000$	$U_N > 3000$
兆欧表规格	250	500	1000	2500

选用的兆欧表的电压越高，越有助于发现发电机绕组绝缘的缺陷。测量时，对于同一台发电机最好采用某一固定电压等级的兆欧表。同时要比较历次绝缘测量的结果，才能做出正

确的判断。

四、绝缘电阻测量方法

(一) 试验接线

正常试验时，测量被测相对地及其他两相的绝缘电阻，其试验接线参见图 4-11 (a)；当为了判明故障，需要测量被试相单独对地的绝缘电阻时，见图 4-11 (b)；当需要测两相间的绝缘电阻时，见图 4-11 (c)，图 4-11 中 S 为开关。

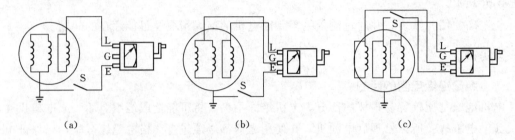

(a)　　　　　　　　　　　　(b)　　　　　　　　　　　　(c)

图 4-11　发电机定子绕组绝缘电阻测量接线图

(a) 正常试验时；(b) 测被试相单独对地的绝缘电阻时；(c) 测两相间的绝缘电阻时

若各绕组已在电机内部连接起来，允许仅测量所有相绕组对地的绝缘电阻。

(二) 用兆欧表测量绝缘电阻及测量注意事项

(1) 测高压设备的绝缘电阻时，还应准备好安全器具，如绝缘胶鞋、手套及放电棒等。

(2) 应将兆欧表放置在远离大电流导体或其他外来强电场或磁场干扰的地方，避免环境对测量结果带来的影响。

(3) 兆欧表应水平放置平稳，且高度合适，以便于操作。

(4) 测试前要用干燥、清洁的柔软布擦去被试物表面的污垢。

(5) 测量前，先将兆欧表的"E"端子与地线相连，在其余端子不接导线的情况下，摇动手柄到额定转速，其指针应指"∞"位置。再在慢速下，用导线将端子"E"与"L"瞬时短接一下，其指针应指向"0"。有些兆欧表的测量部分还带有"∞"和"0"位调节旋钮，则此时应分别将表计的指针调整到"∞"和"0"的位置上。

(6) 测量前后，应将被试物对地充分放电，时间至少 1min。对于那些对地电容较大的被试物，未经放电或放电不充分，不仅会使测量结果不准确，而且还将危及人身安全。对于大、中型水轮发电机的定子绕组，放电时间应不少于 3min。

(7) 测量时，应先摇动兆欧表的手柄到额定转速，使指针在"∞"位置上。在戴绝缘手套或使用其他绝缘工具的情况下，将被试物的引线与兆欧表的"L"端子相接，同时使用秒表计时，取加压 15s 和 60s 的绝缘电阻值。如无吸收比 (R_{60}/R_{15}) 的要求，则通常所说的绝缘电阻值均指加压后 60s 的读数。

(8) 摇动兆欧表的手柄时，应保持恒速 (一般在 125 ± 25r/min 的范围之内)。否则表计指针将来回摆动，使读数困难。施工现场如有合适的电动兆欧表或晶体管兆欧表应优先予以采用。

(9) 测量完毕，应先将被试物的引线与兆欧表的"L"端断开，然后再停止兆欧表手柄的摇动或切断电动兆欧表的电源。否则，表计指针将向刻度的"∞"方向冲击。这是由于被试物在测量中所积存的电荷经兆欧表的电流回路反向泄放所致。被试物对地电容量越大，这种影响就越大。严重时完全有可能损伤兆欧表。

（10）兆欧表的火线端子"L"及地线端子"E"的引出线不要靠在一起。如"L"端子引出线必须经其他支持物才能和被试物接触时，必须用绝缘良好的支持物。如被试物可能产生表面泄漏电流时，应加屏蔽接于兆欧表的"屏蔽"端子"G"上。

（11）测量电机的某相绕组对地绝缘时，其他非被试相应接地。

（12）在测量过程中及被试设备未充分对地放电前，切勿用手触及被试设备和兆欧表的接线端子，更不要进行接拆线工作。

（13）记录被试物温度及周围环境温度。

总之，使用兆欧表测量绝缘电阻虽无复杂接线，操作也很简单，但为了测试的准确和安全，试验人员也应该认真对待。

（三）电机绕组绝缘的有关规定

1. 国家标准对于电机绕组绝缘电阻的规定

由于绝缘电阻值的大小与多种因素有关，因此难以作出统一的规定。按国家有关标准规定，热态时，电机的绝缘电阻值不应低于按下式所求得的数值，即

$$R = \frac{U_N}{1000 + \frac{P_N}{100}} (M\Omega) \tag{4-15}$$

式中：R 为电机绕组的绝缘电阻，$M\Omega$；U_N 为电机绕组的额定电压，V；P_N 为电机的额定功率，对于直流电机和交流电动机，单位为 kW；对于交流发电机和同步补偿机，单位为 kVA。

式（4-15）仅考虑了发电机的容量和电压，所以仅是个极粗略的数值，只能作为对一台发电机的最低要求。由式（4-15）可知，380V 及以下的低压电机、电器，热态时其绕组的绝缘电阻应不低于 0.38M\Omega。如果低于这个数值，应分析原因，采取相应措施，以提高其绕组的绝缘电阻。

2. 冷态绝缘电阻合格值的估算

以 Y 系列电机绝缘电阻，采用 500V 兆欧表测量为例，来说明其冷态绝缘电阻合格值的估算。由于电机绕组的绝缘电阻随温度的变化呈指数变化，且国家标准规定热态下绕组的绝缘电阻约为 0.38M\Omega，故室温下冷态绝缘电阻的合格值应按下式进行换算

$$R_\theta = 0.38 \times 2^{\frac{75-\theta}{10}} \tag{4-16}$$

式中：R_θ 为冷态绝缘电阻值，$M\Omega$；θ 为室温，℃。

注：电机检修时，对低压电机（380V）热态下的绝缘电阻常取 0.5M\Omega。

由此得出在各种室温下电机绕组绝缘电阻的合格值，见表 4-3。

表 4-3　　　　　　　　　各种室温下电机绕组绝缘电阻的合格值

$\theta/℃$	0	5	10	15	20	25	30	35	40
$R_\theta/M\Omega$	69	49	34	24	17	12	8.6	6	4.3

能力检测

1. 绝缘电阻与哪些因素有关？

2. 如何使用兆欧表？

3. 绝缘电阻异常说明什么？

任务四　电机绕组直流电阻测定

【任务描述】

通过电桥法或电压表、电流表测量电机绕组的直流电阻。

【任务分析】

能正确使用测量仪表，并通过测量结果判断电机绕组可能存在的问题。

【任务实施】

绕组的直流电阻包括绕组的铜导线电阻、焊接头电阻和引出连线电阻三部分。在实际工作中，有时需要测定绕组的直流电阻，用以校核设计值、计算效率以及确定绕组的温升等。对于一台制造好的电机而言，绕组及引出线的长度均已固定不变，则绕组的直流电阻应不变化（随温度的变化除外），所以绕组总体直流电阻的变化，一般是焊接头电阻变化的反映。特别是电机组装以及大修后绕组直流电阻测量，还有以下目的。

（1）确定三相电阻是否平衡。

（2）检查定、转子绕组线头的接线和焊接是否良好，有无虚焊、脱焊和断线现象。

（3）线径的选择是否正确，各相绕组是否对称。

（4）线圈的接线是否正确，有无短路、断路现象等。

一、绕组直流电阻的测量

测量绕组直流电阻可用电桥法或电压表和电流表法。

（一）电桥法

采用电桥测量绕组直流电阻时，是选用单臂电桥还是双臂电桥，取决于被测绕组电阻的大小和对其精度的要求。当绕组电阻在 $1 \sim 10\Omega$ 时，常用单臂电桥测量；当绕组电阻小于 1Ω 时，必须采用双臂电桥，不允许采用单臂电桥。因为单臂电桥测量得到的数值中，包括了连接线的电阻和接线柱的接触电阻，这就给低电阻的测量带来较大的误差。

用电桥测量电阻时，应先将刻度盘旋到电桥能大致平衡的位置，然后按下电池按钮接通电源，待电桥中的电流达到稳定后，方可按下检流计按钮接入检流计。测量完毕后，应先断开检流计，再断开电源。

用电桥法测定绕组直流电阻，具有准确度及灵敏度高和直接计数的优点。

（二）电压表和电流表法

当绕组电阻在 10Ω 以上的，可采用万用表测量或电压降法测量，下面主要介绍电压降法。

用电压表和电流表法测量绕组直流电阻时，应采用蓄电池或其他电压稳定的直流电源。按图 4-12 接线，所用电压表与电流表的精度应不低于 0.5 级。量程的选择应使表计的指针处在 2/3 的刻度以上。让被测绕组的电阻与可变电阻 R 和电流表串联；为了保护电压表，可将一开关 K_2 接在电压表与被测绕组的出线端之间。

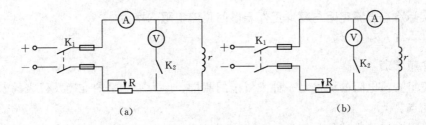

图 4－12　电压表和电流表法测量绕组直流电阻
(a) 测量小电阻；(b) 测量大电阻

1. 测量程序

测量过程中，应首先闭合电源开关；当电流稳定之后，再按下开关 K_2 接通电压表，测量绕组两端电压；测量后随即断开开关 K_2，使电压表先行退出。

2. 测量中的注意事项

测量时，为了保证足够的灵敏度，电流要有一定数值，但不要超过绕组额定电流的 20％；电流表与电压表应尽快同时读数，以免因绕组发热影响测量的准确度。

3. 测量的接线方法

(1) 测量小电阻。

测量小电阻时，按图 4－12 (a) 接线。若考虑电压表（内阻为 r_V）的分流作用时，被测绕组的直流电阻为

$$r = \frac{U}{I - \dfrac{U}{r_V}} \tag{4－17}$$

若不考虑电压表的分路电流，则绕组电阻为 $r = \dfrac{U}{I}$，计算值比绕组实际电阻值偏小。绕组电阻越小，分路电流越小，误差则越小。故此种接线方式适用于测量小电阻。

(2) 测量大电阻。

测量大电阻时，按图 4－12 (b) 接线。当考虑电流表内阻 r_A 上的电压降时，被测绕组的直流电阻为

$$r = \frac{U - I r_A}{I} \tag{4－18}$$

若不考虑电流表内阻的压降，则绕组电阻为 $r = \dfrac{U}{I}$，计算值包括有电流表内阻，故比实际电阻偏大。绕组电阻越大，电流表内阻越小，误差则越小。故此种接线方式适用于测量大电阻。

测量时，要求对应于不同的电流值，测量 3 次电阻值，取 3 次测量的平均值作为绕组直流电阻。每个测量值与平均值相差不得大于 ±1％，测量电流应不超过绕组额定电流的 20％，通电时间应尽量缩短，以免由于绕组发热而影响测量的准确度。

若能选用合适的仪表，此方法也可获得较准确的结果。

另外，在测电阻的同时，还要用温度计测量绕组端部、铁芯或轴伸部温度。若这些部位的温度与周围空气温度相差不大于 ±3℃时，则所测绕组电阻即为实际冷态直流电阻，温度计所测温度就作为绕组在实际冷态时的温度。

二、实际冷态直流电阻与基准工作温度时直流电阻的换算

见式（4-6）和式（4-7）。

三、注意事项

尽管绕组直流电阻的测量是一种不复杂的测量，但为了测量的准确及仪表的安全，仍需注意以下几点。

（1）为提高测量准确度，可将三相（或多分支）绕组串联，通以同一电流分别测各相（或多分支）的电压降。

（2）为减少因测量仪表不同而引起的误差，每次测量应采用同一电流表、电压表或电桥。

（3）由于定子绕组的电感大，为防止由于绕组的自感电势损坏表计，因此必须待电流稳定后再接入电压表或检流计，在断开电源前应先断开电压表或检流计。

（4）测量时，电压回路的连线不允许有接头，电流回路要用截面足够的导线，连接必须良好，以免因接触不良而引起误差。

（5）必须准确地测量绕组的温度。

（6）为避免测量错误，应连续测量3次，取其平均值。

能力检测

1. 电桥法测绕组直流电阻如何操作？

2. 为什么采用电压表和电流表测直流电阻的仪表接线顺序不同？实验误差产生的来源是什么？

3. 直流电阻与温度有何关系是什么？

任务五　三相异步电动机定子交流绕组首尾端测定

【任务描述】

利用万用表、磁针和电动机的正反转判断三相异步电动机定子绕组首末端。

【任务分析】

能根据实验条件，选用恰当的方法判断三相异步电动机定子绕组首末端。

【任务实施】

当三相异步电动机内的三相交流绕组更换或其接线盒损坏后，不可盲目接线，以免引起电动机内部故障，因此必须分清6个线头的首尾端后才能接线。

一、用万用表检查

1. 直流电源法

（1）判断各相绕组的两个出线端。用万用表电阻挡分清三相绕组各相的两个线头，并进行假设编号为U1、U2、V1、V2和W1、W2。按图4-13的方法接线。

（2）判断首尾端。注视万用表（微安档）指针摆动的方向，合上开关瞬间，若指针摆向大于0的一边，则接电池正极的线头与万用表负极所接的线头同为首端或尾端。如指针反向

摆动，则接电池正极的线头与万用表正极所接的线头同为首端或尾端。

（3）再将电池和开关接另一相两个线头，进行测试，就可正确判别各相的首尾端。

也可用摇表（兆欧表），分别找出三绕组的各相两个线头，用毫安表或直流检流计代替万用表。

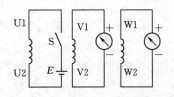

图4-13　万用表检查方法之一

2. 手动盘车法

（1）用万用表电阻挡判断各相绕组的两个出线端。

（2）给各相绕组假设编号为 U1、U2、V1、V2 和 W1、W2。

（3）按图4-14接线，判断首尾端。用手转动电动机转子，如万用表（微安挡）指针不动，则证明假设的编号是正确的，若指针有偏转，说明其中有一相首尾端假设编号不对，应逐相对调重测，直至正确为止。这一方法是利用转子中剩磁在定子三相绕组内感应出电动势，才能使万用表指示出电流读数。

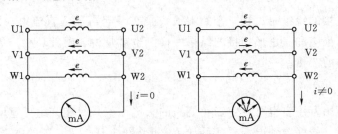

图4-14　万用表检查方法之二

二、低压交流电源法

（1）用万用表电阻挡判断各相绕组的两个出线端。

（2）给各相绕组假设编号为 U1、U2、V1、V2 和 W1、W2。

（3）按图4-15（a）接线。把其中任意两相绕组串联后再与电压表或万用表的交流电压挡连接，第三相绕组与36V低压交流电源接通。

（4）判断首尾端。通电后，若电压表无读数，说明连在一起的两个线头同为首端或尾端，如图4-15（b）所示。电压表有读数，连在一起的两个线头中一个是首端，另一个是尾端，如图4-15（c）所示。任定一端为已知首端，同法可确定第三相的首尾端。

上述方法称为绕组串联法，它是利用电磁感应原理来判断。当第三相绕组突然接通电源时，绕组内部会产生感应电势，同时在另外两相绕组中也会产生感应电势。当这两相绕组头尾相连时，电压表上的读数是这两相绕组中感应的电势之和。反之，这两相绕组头头相连（或尾尾相连），则电压表上的读数是这两相绕组中感应电势之差，正好抵消，应该对调后重试。由于感应电势是在电源接通的一瞬间产生的，因此观察时要特别注意，并选择合适的电压表量程。

三、磁针检查法

在一个三相绕组里，有时因一相的始端线头取错或者在按"△"或"Y"连接时，把其中一相对于另外两相的关系弄错，于是这一相便整个的接反。如果绕组是三角形连接，把三

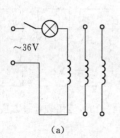 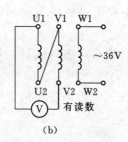 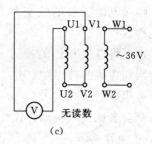

图 4-15 低压交流电源法

(a) 电源接线；(b) 有读数接线；(c) 无读数接线

角形的任意两相的接点拆开后，在串联的三相绕组里通入直流电，再在定子铁芯内圆放一磁针，沿着定子铁芯内圆慢慢地移动磁针，检查每一线圈组的极性。

若绕组接线正确，磁针沿着定子铁芯内圆移动一周，磁针反向的次数应为绕组极数的 3 倍。

在检查星形连接的绕组时，把三个始端线头接在一起再通入直流电，同样用磁针检查，如果接法正确，结果应和三角形连接的结果一样。也就是说，磁针环绕一周时，指针反向的次数应为绕组极数的 3 倍。

四、转向法

对小型电机不用万用表也可判定三相绕组的头尾。就是每相绕组任意取一个端头接在一起，并将这点接地（最好接到电源的零线上）。再将线电压为 380V 的电源两根相线分别顺序接在电机的两个出线端上，如图 4-16 所示。先看电机的旋转方向，如图 4-16 (a) 所示，然后改接，如图 4-16 (b) 所示，最后再改接，如图 4-16 (c) 所示。如果三次接上去，电机转向是一样的，则说明三相头尾接线正确；如果三次接上去电机有两次反转，则说明参与过这两次反转的那相绕组的头尾端接反了，如第二次 V、W 相，第三次 U、W 相都是反转，W 相有两次参与，说明 W 相头尾接反，将 W 相两个端头对调即可。注意：此方法一定要顺序改接，即按 U、V；U、W；W、U 顺序改接。

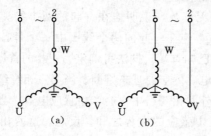 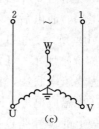

图 4-16 转向法检查绕组头尾

(a) 步骤 1；(b) 步骤 2；(c) 步骤 3

能力检测

1. 直流电源法判断三相异步电动机首末端的依据是什么？

2. 能否通过相量图分析手动盘车法的依据？

项目五　变压器检修

【项目分析】

变压器的检修包括检修前的准备工作，各部件检修工艺流程和质量标准，变压器的试运行。

【培养目标】

要求学生了解变压器检修的准备工作，掌握变压器检修的工艺流程，能完成变压器的检修，并进行检修后的试运行。

任务一　变压器检修的基本知识

【任务描述】

本部分内容包括变压器检修的周期及常规检修的项目；故障变压器的检查项目及检修前的准备工作。

【任务分析】

明确变压器的小修周期及小修项目；明确变压器的大修周期及大修项目；掌握变压器大修工艺流程；能掌握故障变压器的检查项目，了解变压器检修前的准备工作内容。

【任务实施】

变压器的检修是保证变压器长期安全可靠运行的重要手段。变压器要贯彻预防为主，计划检修和状态检修相结合的方针，做到应修必修、修必修好、讲究实效、保证质量。

根据变压器的运行时间和故障类型，变压器的维修分为小修和大修两大类。

一、变压器的小修

变压器的小修是指不对变压器进行吊芯，在停电状态下对变压器箱体及组、部件进行的检修。

（一）变压器的小修周期

变压器的小修周期是根据它的重要程度、运行环境、运行条件等因素决定的。一般规定每年一次，但对安装在特别污秽地区的变压器，其小修周期可另行规定。

（二）变压器的小修项目

变压器的小修要在停电后进行。变压器的小修项目如下。

（1）清扫高低压绝缘套管的积污，检查有无裂缝、破损或放电痕迹。检查后针对故障及时处理。

（2）检查出线接头及各处铜铝接头，若有接触不良或接点腐蚀，应尽快修理或更换。同时，还应检查绝缘导管的导电杆螺丝是否有松动或过热现象。

（3）清扫变压器油箱及储油柜、安全气道、净油器、调压装置及散热管（散热器）等附件。

（4）检查安全气道防爆膜是否完好，密封性能是否满足要求；清除压力释放阀阀盖内沉积的灰尘等杂物。

（5）检查储油柜油位是否正常，油位计是否完好、明净，并排出集污盆内的油污。

（6）检查呼吸器，对于呼吸器内的硅胶每年要更换一次。若未到一年，干燥剂已失效变色，也应取出放在烘箱内，在 110～140℃烘干脱水后再用。

（7）检查油箱结合处、油箱和散热管焊接处或油箱与散热器连接处及其他部位有无漏油及锈蚀，若焊接渗漏，应进行补焊或用胶粘补渗漏处。

（8）检查测量上层油温的温度计。

（9）检查气体继电器有无渗油现象，阀门开闭是否灵活、可靠，控制电缆绝缘及继电器触点的绝缘电阻是否良好。

（10）检查变压器冷却系统，如风扇、潜油泵及冷却水泵等的工作情况是否正常。

（11）检查变压器外壳接地线及中性点接地装置是否完好，有无腐蚀现象。

（12）检查有载分接开关操作控制回路、传动部分及其接点动作情况；记录好分接开关当前位置，转动分接开关，观察操作机构有无卡滞现象；清扫操作箱内部。

（13）从变压器本体、充油套管及净油器内取油样做简化分析，自变压器本体及电容式套管内取油样进行色谱分析。

（14）进行规定项目的电气试验。

二、变压器的大修

变压器的大修是指在停电状态下对变压器本体排油、吊罩（吊芯）或进入油箱内部进行检修及对主要组、部件进行解体检修的工作。它可以分为因故障而进行的大修和正常运行的定期大修。

（一）变压器定期大修期限

电力变压器的大修间隔，应根据变压器的构造特点和使用环境确定。在正常的运行情况下，对新投入使用的主要变压器和主要的厂、所用变压器在第五年要进行吊芯检修，以后每隔10年要吊芯检修一次，但对充氮与胶囊密封的电力变压器，可以适当延长大修的间隔，只有当预防性检查和试验结果表明，确有必要吊芯检查时才进行大修。

另外，运行中的变压器，当发现异常状况或经试验判定有内部故障或本体严重渗漏油时，应提前进行大修；对有载调压的电力变压器的分接开关，当操作次数达到制造厂规定的次数时，应将切换开关取出进行检修。对新安装的电力变压器，除可以保证变压器在运输过程和保管期间内部没有受到任何损失时，均应先进行吊芯检修。运行正常的变压器经综合诊断分析良好，经总工程师批准，可延长大修周期。

（二）变压器大修的项目及工艺流程：

变压器大修的项目及其工艺流程见表5-1。

三、故障变压器的检查

（一）外部检查

发现变压器出现故障，首先应从外部详细检查，同时做出必要的试验，分析和判定故障可能原因及提出检修方案。

表 5-1　　　　　　　　　　　　变压器大修的项目及工艺流程

步骤	检 修 项 目	步骤	检 修 项 目
一	大修前的准备工作	十三	操作控制箱的检修和试验
二	办理工作票	十四	油箱所有密封橡皮更换，落罩
三	主变各侧套管拆头	十五	分接开关回装
四	修前试验（电气、油化）	十六	散热器、储油柜等附件安装及电缆回装
五	主变排油	十七	三侧套管及连通管回装
六	拆除三侧套管、油枕、吸湿器、瓦斯继电器并检修	十八	主变整体真空注油
七	拆除散热器、分接开关并检修	十九	气体继电器等保护装置回装、二次电缆连接
八	打开变压器箱盖，吊芯检修	二十	修后电气及油化试验
九	线圈、引线及磁（电）屏蔽装置的检修	二十一	主变整体除锈，水冲洗，喷漆
十	箱体、芯部检修并进行芯体绝缘试验	二十二	主变各侧搭头恢复
十一	滤油装置的检修	二十三	验收
十二	检修控制测量仪表、信号和保护装置		

（1）检查储油柜的油面是否正常。

（2）检查压力释放阀是否动作。

（3）套管有无炸裂。

（4）变压器外壳温度。

（5）油箱有无渗漏。

（6）一次引线有无松动，有无发热现象。

（7）根据仪表指示和运行记录进行分析。

（8）根据气体继电器动作情况，收集气样，鉴别气体的可燃性和颜色进行分析。如果气体呈黄色，不燃烧，则是木质材料过热；如果气体呈淡灰色，有强烈臭味，则是绝缘纸过热，如果气体呈灰色或黑色，气体易燃，则是变压器油过热故障。

（9）根据差动保护器的动作，配合试验进行更深入的分析。

（二）电气试验项目

1. 绝缘电阻的测试

按试验规程要求选用电压等级合适的兆欧表进行测试，一、二次引线连接拆开，必要时中性点也打开。如果测试的绝缘电阻值很低，则说明有接地故障；如果测出的绝缘电阻值小于上次测量的 70%，且吸收比低于 1.3，则说明变压器已受潮。

2. 绝缘油化验

从气体继电器取出的气样和从变压器油箱内取出的油样进行化验分析，判别故障原因和性质。做气相色谱分析，检查变压器的潜伏性故障。

3. 电压比测定

测出电压比可以判定分接开关是否有故障以及绕组匝间是否有短路故障存在，如果认定是绕组匝间短路，可分别测试每相的相电压比，确定出某一相之后，再打开箱盖进一步检查匝间短路故障的准确部位。

4. 绕组直流电阻的测定

测量绕组直流电阻可以查出焊接故障以及绕组断路、短路、分接开关、引线断路等故障。为了查明故障点，应将绕组联结线打开，测量每相的直流电阻。三相直流电阻大于5％，并与上次测量得的数据相差2％～3％，可以判定是绕组有故障。

5. 直流泄漏和交流耐压试验

变压器做外施耐压之前应先做直流泄漏试验，如果变压器存在缺陷，能在直流泄漏试验中表现出来，可避免先做外施耐压试验变压器绝缘被击穿的可能。查找故障时，尽可能在非破坏情况下查出。如果直流泄漏试验检查不出故障时，再做外施耐压试验。

6. 空载试验

通过空载试验，可以看出三相空载损耗和三相空载电流是否平衡和过大，从而发现变压器的故障。为了进一步查出故障相，三相变压器还可以做分相空载试验。

四、变压器检修前的准备工作

变压器大修前首先应确定该变压器是否有及缺陷部位，使得在大修时能取得事半功倍的效果。对于因故障而进行大修的变压器，大修前应当进行的检查和试验项目主要包括以下内容。

(一) 查阅档案了解变压器的运行状况

(1) 查看变压器的运行记录，了解运行中所发现的缺陷和异常（事故）情况，出口短路的次数和情况。

(2) 负载、温度和附属装置的运行情况。

(3) 查阅上次大修总结报告和技术档案。

(4) 查阅历年大小修报告及绝缘预防性试验报告（包括油的化验和色谱分析报告），了解绝缘状况。

(5) 检查气体继电器是否动作。若气体继电器动作过，则说明由于严重的内部故障已产生了大量气体。在因气体继电器动作引起跳闸后，应迅速鉴别气体颜色、气味和可燃性，并据此推测故障类型和原因。不易燃的黄色气体是木材受热分解产生；可燃、有强烈臭味的淡灰色气体是纸和纸板产生；灰色或黑色易燃气体是变压器油分解产生。

(6) 检查变压器外观。对各部件故障状况进行记录，在对变压器开箱吊芯前，尽快对故障变压器的储油柜、防爆管、油箱、高低压套管、上层油温、引线接头状况等进行检查记录。通过外部检查，发现上述部件故障，以便在大修中进行处理。

(7) 在故障变压器中，常存在绝缘被击穿之后，由于变压器油的注入而出现绝缘恢复的假象。这时使用绝缘电阻表检查，很难得出正确的结果。必须用直流泄漏和交流耐压试验来测定，以判明其情况。

(8) 在变压器一次侧接上额定电压，二次侧开路时测量它的空载电流（励磁电流），可判断绕组和铁芯是否有故障。测得的空载电流与上次试验的数值比较不应偏大。

(9) 取样进行简化试验，确定变压器油是否合格，是否需进行处理。

(10) 检查渗漏油部位并作出标记。

(11) 进行大修前的试验，确定附加检修项目。

(二) 编制大修工程技术、组织措施计划的内容

(1) 人员组织及分工。

（2）施工项目及进度表。

（3）特殊项目的施工方案。

（4）确保施工安全、质量的技术措施和现场防火措施，制定危险点预控措施。

（5）主要施工工具、设备明细表，主要材料明细表。

（6）绘制必要的施工图。

（三）施工场地要求

（1）变压器均现场进行检修，变压器需作好防雨、防潮、防尘和消防措施，清理现场。

（2）注意与带电设备保持安全距离，准备充足的施工电源及照明。

（3）安排好储油容器、大型机具、拆卸附件的放置地点和消防器材的合理布置等。

（4）准备好备品备件及更换用密封胶垫。

能力检测

1. 变压器小修和大修周期分别为多久？需要分别检修哪些项目？

2. 故障变压器的电气试验包括哪些检查项目？

任务二　变压器各部件的检修

【任务描述】

本部分内容包括器身和上节油箱的起重；变压器解体和组装；变压器各部件的检修工艺及质量标准；变压器的油漆。

【任务分析】

掌握中、小容量变压器器身和大型变压器上节油箱的起重；掌握变压器解体和组装；熟悉变压器各部件的检修工艺及其质量标准；了解变压器的油漆工艺。

【任务实施】

一、检修中起重及注意事项

1. 器身的起重

中、小容量变压器，其充油后的总重量，与大型变压器相比不算太重，所以当变压器的器身需要进行检修时，可以将整个变压器带油搬运至有起重设备的场所，将箱盖打开，吊出器身，就可以进行详细的检查和必要的修理。起重器身，要求：

（1）起重工作应分工明确，专人指挥，并有统一信号。

（2）根据重量选择起重工具，包括起重机、钢丝绳、吊环、U形挂环、千斤顶、枕木等。

（3）起重前应先拆除影响起重工作的各种连接。

（4）吊器身前，应先紧固器身有关螺栓。

（5）起吊变压器整体或钟罩（器身）时，钢丝绳应分别挂在专用起吊装置上，遇棱角处应放置衬垫；起吊 100mm 左右时应停留检查悬挂及捆绑情况，确认可靠后再继续起吊。

（6）起吊时钢丝绳的夹角不应大于 60°，否则应采用专用吊具或调整钢丝绳套。

（7）起吊或落回钟罩（或器身）时，四角应系缆绳，由专人扶持，使其保持平稳。

（8）起吊或降落速度应均匀，掌握好重心，防止倾斜。

（9）起吊或落回钟罩（或器身）时，应使高、低压侧引线，分接开关支架与箱壁间保持一定的间隙，防止碰伤器身。

（10）当钟罩（或器身）因受条件限制，起吊后不能移动而需在空中停留时，应采取支撑等防止坠落措施。

（11）吊装套管时，其斜度应与套管升高座的斜度基本一致，并用缆绳绑扎好，防止倾倒损坏瓷件。

（12）采用汽车吊起重时，应检查支撑稳定性，注意起重臂伸张的角度、回转范围与临近带电设备的安全距离，并设专人监护。

2. 油箱的起重

对大型电力变压器，要运输和起吊器身，都带来很多困难和问题。因此，大型电力变压器箱壳都做成吊箱壳式，当器身要进行检修时，将吊出笨重的器身，改为吊出较轻的上节油箱。其操作要求如下。

（1）上节油箱起吊前应拆除全部箱沿螺栓。并拆除油箱顶部的定位装置。对于有载调压变压器，还要将有载分接开关从油箱上拆下来，放置到器身上。

（2）根据上节油箱的重量和尺寸，选择合适的起重工具。起吊上节油箱时，吊索大于30°，则应校核吊索的强度。起吊油箱的开始阶段，有一部分箱沿螺栓可不忙拨出，上、下箱沿的四角螺孔中插入定位棒。因为上节油箱刚启动时，如果主钩的位置有偏差，上节油箱会向一边晃动，有可能撞击器身。主钩的位置调节后，还应调节吊索的受力分布（必要时要另加手动葫芦），以保持油箱上、下箱沿平行分离。在上节油箱上升的过程中，要有人在四角用绳索牵引油箱，以防止箱壁与器身有碰撞或卡住等不正常现象。

（3）上节油箱应放置在水平敷设的枕木或木板上，以防止箱沿密封面碰伤或污染。选择油箱放置的地点时，要考虑既不妨碍下道工序，又便于回装时起吊。起吊油箱所用吊索和吊具，在箱落地后，尽可能保持不动，以便突然下雨或扬尘时以最快的速度回吊油箱。

（4）起吊和回吊油箱之前，应彻底清除油箱上尘埃及螺栓、螺母等可能掉落的物体，以免落入器身。

二、变压器解体和组装

（一）变压器的解体

1. 操作流程

（1）办理工作票，停电，拆除变压器的外部电气连接引线和二次接线，进行检修前的检查和试验。

（2）部分排油后拆卸套管、升高座、储油柜、冷却器、气体继电器、压力释放阀、联管、温度计等附属装置，并分别进行校验和检修，在储油柜放油时应检查油位计指示是否正确。

（3）排出全部油并进行处理。

（4）拆除无载分接开关操作杆；割开中腰法兰或大盖连接螺栓后吊钟罩或器身。

（5）检查器身状况，进行各部件的紧固并测试绝缘。

（6）更换密封胶垫、检修全部阀门，清洗、检修铁芯、绕组及油箱。

2. 解体检修时的注意事项

(1) 拆卸的螺栓等零件应清洗干净分类妥善保管，如有损坏应检修或更换。

(2) 拆卸时，首先拆小型仪表和套管，后拆大型组件，组装时顺序相反。

(3) 冷却器、压力释放阀（或安全气道）、净油器及储油柜等部件拆下后，应用盖板密封，对带有电流互感器的升高座液压注入合格的变压器油（或采取其他防潮密封措施）。

(4) 套管、油位计、温度计等易损部件拆下后就妥善保管，防止损坏和受潮；电容式套管应垂直放置。

（二）变压器的组装

1. 操作流程

(1) 装回钟罩（或器身）用 U 形卡沿箱沿均布夹紧，充入干燥空气。

(2) 安装套管，并装好内部引线。

(3) 安装冷却器等附属装置。

(4) 整体密封试验。

(5) 注油至规定的油位线。

(6) 大修后进行电气和油的试验，合格后沿箱沿焊死油箱，拆除 U 形卡。

2. 组装时的注意事项

(1) 组装后要检查冷却器、净油器和气体继电器阀门，按照规定开启或关闭。

(2) 对套管升高座、上部管道孔盖、冷却器和净油器等上部的放气孔应进行多次排气，直至排尽为止，并重新密封好擦净油迹。

(3) 拆卸无载分接开关操作杆时，应记录分接开关的位置，并作好标记。

(4) 组装后的变压器各零部件应完整无损。

(5) 认真做好现场记录工作。

三、变压器的器身检查

变压器的器身检查时应注意以下几个方面。

(1) 吊芯后首先应对器身冲洗，清除油泥和积垢。用压力为 $4\sim5kgf/cm^2$ 干净的变压器油按从下到上再从上到下的顺序冲洗一次。不能直接冲到的地方，可用软刷进行刷洗，器身的沟凹处可用木片裹上浸有变压器油的布擦洗，冲洗干净后再进行检修。

(2) 检修时一般宜在室内进行，以保持器身的清洁；如在露天进行时，应选在无尘土飞扬及其他污染的晴天进行；器身暴露在空气中的时间应不超过以下规定：空气相对湿度不大于 65％ 时，为 16h；空气相对相对湿度不大于 75％ 时，为 12h；器身暴露时间是从变压器放油时起至开始抽真空或注油时为止；如暴露时间需超过上述规定，宜接入干燥空气装置进行施工。

(3) 器身温度应不低于周围环境温度。否则应用真空滤油机循环加热油，将变压器加热，使器身温度高于环境温度 5℃ 以上。

(4) 检查器身时，应由专人进行，穿着专用的检修工作服和鞋，并戴清洁手套，寒冷天气还应戴口罩，照明应采用低压行灯或低压节能灯。

(5) 进行器身检查所使用的工具应专人保管并应编号登记，防止遗留在油箱内或器身上；进入变压器油箱内检修时，需考虑通风，防止工作人员窒息。

四、变压器各部件的检修

下面将变压器各部件的检修工艺及质量标准罗列出来。

（一）变压器绕组的检修

变压器绕组的检修工艺及质量标准见表5-2。

表5-2　　　　　　　　　　　　绕组检修工艺质量标准

序号	检 修 工 艺	质 量 标 准
1	检查相间隔和围屏（宜解开一相）有无破损、变色、变形、放电痕迹，如发现异常液压打开其他两相围屏进行检查	（1）围屏清洁无破损，绑扎紧固完整，分接引线出口处封闭良好，围屏无变形、发热和树枝状放电痕迹。 （2）围屏的起头应放在绕组的垫块上，接头处一定要错开搭接，并防止油道堵塞。 （3）检查支撑围屏的长垫块应无爬电痕迹，若长垫块在中部高场强区时，应尽可能割短相间距离最小处的辐向垫块2～4个。 （4）相间隔板完整并固定牢固
2	检查绕组表面是否清洁，匝间绝缘有无破损	（1）绕组应清洁，表面无油垢和变形。 （2）整个绕组无倾斜、位移，导线辐向无明显弹出现象，匝间绝缘无破损，导线接头无发热脱焊
3	检查绕组各部垫块无位移和松动情况	各垫块应排列整齐，辐向间距相等，辐向成一垂直线，支撑牢固，有适当压紧力，垫块外露出绕组的长度至少应超过绕组导线的厚度
4	检查绕组绝缘有无破损、油道有无被绝缘、油垢或杂物（扣硅脱离危险粉末）堵塞现象，必要时可用软毛刷（或软绸布、泡沫塑料）轻轻擦拭，绕组线匝表面如有破损裸露导线年，应进行包裹处理	（1）油道保持畅通，无油垢及其他杂物积存。 （2）外观整齐清洁，绝缘及导线无破损。 （3）特别注意导线的统包绝缘，不应将油道堵塞，以防局部发热、老化
5	用手指按压绕组表面检查其绝缘状态	绝缘状态可为： 一级绝缘：绝缘有弹性，用手指按事无残留变形，属良好状态； 二级绝缘：绝缘仍有弹性，用手指按压时无裂纹、脆化，属合格状态； 三线绝缘：绝缘脆化，呈深褐色，用手指按压时有少量裂纹和变形，属勉强可用状态； 四级绝缘：绝缘已严重脆化，呈黑褐色，用手指按压时即酥脆、变形、脱落，甚至可见裸露导线，属不合格状态

（二）引线及绝缘支架检修

变压器绕组的引线及绝缘支架检修工艺及质量标准见表5-3。

表5-3　　　　　　　　　　　　引线及绝缘支架检修

序号	检 修 工 艺	质 量 标 准
1	检查引线及引线锥的绝缘包扎有无变形、变脆、破损，引线有无断股，引线与引线接头处焊接情况是否良好，有无过热现象	（1）引线绝缘包扎应完好，无变形、变脆，引线无断股卡伤情况。 （2）对穿缆引线，为防止引线与套管的导管接触处产生分流烧伤，应将引线用白布带半迭缠绕一层220kV引线接头焊接处去毛刺，表面光洁，包金属屏蔽层后再加包绝缘。 （3）穿缆式引出接头与引线焊接锡焊应尽可能改为磷铜或银焊接。 （4）接头表面应平整、清洁、光滑无毛刺，并不得有其他杂质。 （5）引线长短适宜，不应有扭曲现象。 （6）引线与套管导电杆连接紧固

续表

序号	检 修 工 艺	质 量 标 准
2	检查绕组至分接开关的引线，其长度、绝缘包扎的厚度、引线接头的焊接（或连接）、引线对各部位的绝缘距离、引线的固定情况是否符合要求	（1）引线绝缘包扎应完好，无变形、变脆，引线无断股卡伤情况； （2）引线间距离及对地距离符合要求
3	检查绝缘支架有无松动和损坏、位移，检查引线在绝缘支架内的固定情况	（1）绝缘支架有足够的机械强度，表面清洁，应无破损、裂纹、弯曲变形及烧伤现象。 （2）绝缘支架与铁夹件的固定可用钢螺栓，绝缘件与绝缘支架的固定应用绝缘螺栓；两种固定螺栓均需有防松措施（220kV级的3台主变压器不得应用环氧螺栓）。 （3）绝缘夹件固定引线处应垫以绝缘纸板，以防卡伤引线绝缘。 （4）引线固定用绝缘夹件的间距，应考虑在电动力的作用下，不致发生引线短路
4	检查引线与各部位之间的绝缘距离	（1）引线与各部位之间的绝缘距离，根据引线包扎绝缘的厚度不同而异。 （2）对大电流引线（铜排或铝排）与箱壁间距，一般应大于100mm，以防漏磁发热，铜（铝）排表面应包扎一层绝缘，以防异物形成短路或接地

（三）变压器铁芯检修

变压器铁芯检修工艺及质量标准见表5-4。

表5-4　　　　　　　　　　　铁芯检修工艺及质量标准

序号	检 修 工 艺	质 量 标 准
1	检查铁芯外表是否平整，有无片间短路、变色或放电烧伤痕迹，绝缘漆膜有无脱落，上铁轭的顶部和下铁轭的底部是否有油垢杂物，采用洁净的白布或泡沫塑料擦拭，若叠片有翘起或不规整之处，可用木锤或铜锤敲打平整	铁芯应平整，绝缘漆膜无脱落，叠片紧密，边侧的硅钢片不应翘起或成波浪状，铁芯表面应无油垢和杂质，片间应无短路、搭接现象，接缝间隙符合要求
2	检查铁芯上下夹件、方铁、绕组压板的坚固程度和绝缘状况，绝缘压板（连接片）有无爬电烧伤和放电痕迹。为便于监测运行中铁芯的绝缘状况，大修时可在变压器箱盖上加装一小套管，将铁芯接地线（片）引出接地	（1）铁芯上下夹件、方铁、压板、底脚板间均应保持良好绝缘。对地绝缘良好，常温下不小于200MΩ。 （2）钢压板与铁芯间要有明显的均匀间隙；绝缘压板应保持完整、无破损和裂纹，并有适当坚固度。 （3）钢压板不得构成闭合回路，同时应有一点接地。 （4）打开上夹件与铁芯间的连接片和钢压板与上夹件的连接片后，测量铁芯与上下夹件间和钢压板与铁芯间的绝缘电阻，与历次试验相比较应无明显变化
3	检查压钉、绝缘垫圈的接触情况，用专用扳手逐个坚固上下夹件、方铁、压钉等各部位坚固螺栓	螺栓坚固，夹件上的正、反压钉和锁紧螺帽无松动，与绝缘垫圈接触良好，无放电烧伤痕迹，压钉与金属座压紧无悬浮，反压钉与上夹件有足够距离

序号	检 修 工 艺	质 量 标 准
4	有专用扳手紧固上下铁芯的穿心螺栓，检查与测量绝缘情况	穿心螺栓紧固，其绝缘电阻与历次试验比较无明显变化
5	检查铁芯间和铁芯与夹件间的油路	油路应畅通，油道垫块无脱落和堵塞，且应排列整齐
6	检查铁芯接地片的及绝缘状况	铁芯只允许一点接地，接地片用厚度 0.5mm，宽度不小于 30mm 的紫铜片，插入 3～4 级铁芯间，对大型变压器插入深度不小于 80mm，接地片外露部分应包扎绝缘，防止短路铁芯
7	检查无孔结构铁芯的拉板和钢带	应紧固并有足够的机械强度，绝缘良好不构成环路，不与铁芯相接触
8	检查铁芯电场屏蔽绝缘及接地情况	绝缘良好，接地可靠

（四）分接开关检修工艺质量标准

分接开关检修工艺及质量标准见表 5-5。

表 5-5　　　　　　　　　　分接开关检修工艺及质量标准

序号	检 修 工 艺	质 量 标 准
1	检查开关各部件是否齐全完整	完整无缺损
2	松开上方头部定位螺栓，转动操作手柄，检查动触头转动是否灵活，若转动不灵活应进一步检查卡滞的原因；检查绕组实际分接是否与上部指示位置一致，否则应进行调整	机械转动灵活，转轴密封良好，无卡滞，上部指示位置与下部实际接触位置应相一致
3	检查动静触点间接隙是否良好，触点表面是否清洁，有无氧化变色、镀层脱落及碰伤痕迹，弹簧有无松动，发现氧化时应用碳化钼和白布带穿入触柱来回擦拭清除；触柱如有严重烧伤时应更换	触点接触电阻小于 500μΩ，触点表面应保持光洁，无氧化变质、碰伤及镀层脱落，触点接触压力用弹簧秤测量应在 0.25～05MPa 之间，或用 0.02mm 塞尺检查应无间隙、接触严密
4	检查触点分接线是否拧紧，发现松动应拧紧、锁住	开关所有坚固件均应拧紧，无松动
5	检查分接开关绝缘件有无受潮、剥裂或变形，表面是否清洁，发现表面脏污应用无绒毛的白布擦拭干净，绝缘筒如有严重剥裂变形时应更换；操作杆拆下后，应放入油中或用塑料布包上	绝缘筒应完好、无破损、剥裂、变形，表面清洁无油垢；操作杆绝缘良好，无弯曲变形
6	检修的分接开关，拆前做好明显标记	拆装前后指示位置必须一致，各相手柄及传动机构不得互换
7	检查绝缘操作 U 形拨叉接触是否良好，如有接触不良或放电痕迹应加装弹簧片	使其保持良好接触

（五）油箱检修工艺质量标准

油箱检修工艺质量标准见表 5-6。

表 5 - 6 油箱检修工艺及质量标准

序号	检 修 工 艺	质 量 标 准
1	对油箱上焊点、焊缝中存在的砂眼等漏点进行补焊	油箱的强度足够,密封良好,消除渗漏点
2	清扫油箱内部,清除积存在箱底的油污杂质	油箱内部洁净,无锈蚀、残屑及油垢,漆膜完整
3	清扫强油循环管路,检查固定于下夹件上的导向绝缘管连接是否牢固,表面有无放电痕迹,打开检查孔,清扫联箱和集油盒内杂质	强油循环管路内部清洁,导向管连接牢固,绝缘光滑,漆膜完整、无破损、无放电痕迹
4	检查钟罩(或油箱)法兰结合面是否平整,发现沟痕,应补焊磨平	法兰结合面清洁平整
5	检查器身定位钉	防止定位钉造成铁芯多点接地;定位钉无影响可不退出
6	检查磁(电)屏蔽装置,有无松动放电现象,固定是否牢固	磁(电)屏蔽装置固定牢固,不得有松动或过热现象,可靠接地
7	检查钟罩(或油箱)的密封胶垫,接头是否良好,接头处是否放在油箱法兰的直线部位	箱沿平整,无凸凹,箱沿内侧有防止胶垫移位的挡圈。胶垫接头粘合牢固,并放置在油箱法兰直线部位的两螺栓的中间,搭接面平放,搭接面长度不少于胶垫宽度的 2~3 倍,胶垫压缩量为其长度的 1/3 左右,胶棒压缩量为 1/2 左右
8	检查油漆情况,对局部脱漆和锈蚀部位应作补漆处理	内部漆膜完整,附着牢固。油箱外部漆膜喷涂均匀、有光泽、无漆瘤

(六)储油柜工艺质量标准

储油柜工艺质量标准见表 5-7。

表 5 - 7 储油柜工艺及质量标准

序号	检修工艺	质 量 标 准
1	打开储油柜的侧盖,检查气体继电器管是否伸入储油柜	一般伸入部分高出底面 20~50mm
2	清扫外表面锈蚀及油垢并重新刷漆	内外表面无锈蚀及油垢,内壁刷绝缘漆,外壁刷油漆,要求平整有光泽
3	清扫积污器、油位计、塞子等零部件	安全气道和储油柜间应连通;油位计内部无油垢,红色浮标清晰可见
4	更换各部密封垫	胶囊或隔膜无老化龟裂,密封良好无渗漏,应耐受油压 0.05MPa、6h 无渗漏
5	重划油位计温度标示线	油位标示线指示清晰;吸湿器、排气管、注油管等应畅通;储油柜内残留空气已排除,消除假油位

(七)吸湿器的检修工艺及质量标准

变压器吸湿器的检修工艺及质量标准见表 5-10。

表 5 - 8 吸湿器的检修工艺及质量标准

序号	检 修 工 艺	质 量 标 准
1	将吸湿器从变压器上卸下,倒出内部吸附剂,检查玻璃罩应完好,并进行清扫	玻璃罩清洁完好
2	把干燥的吸附剂装入吸湿器内,为便于监视吸附剂的工作性能,一般可采用变色硅胶,并在顶盖下面留出 1/5~1/6 高度的空隙	新装吸附剂应经干燥,颗粒不小于 3mm
3	更换胶垫	胶垫质量符合标准规定
4	下部的油封罩内注入变压器油,并将罩拧紧(新装吸湿器,应将密封垫拆除)	加油至正常油位线,能起到呼吸作用
5	为防止吸湿器摇晃,可用卡具将其固定在变压器油箱上	运行中吸湿器安装牢固,不受变压器振动影响

(八)压力释放阀检修质量标准

压力释放阀是一种定压保护装置,例如变压器、电力电容器、高压开关、有载开关、压力容器等的安全装置,用来防止油箱变形或爆裂。当油箱内部发生事故时,油箱内的油被气化,产生大量气体,使油箱内部压力急剧升高。此压力如不及时释放,将造成油箱变形甚至爆裂。安装压力释放阀,就是在油箱压力升高到释放阀开启压力时,压力释放阀在 2ms 内迅速开启,使油箱内永远保持正压,有效地防止外面空气、水气及其他杂质进入油箱,避免了安全气道在动作之后,需停电更换零部件的缺陷,比安全气道有动作可靠、精确等优点。

压力释放阀检修质量标准见表 5 - 8。

表 5 - 9 压力释放阀检修工艺及质量标准

序号	检 修 工 艺	质 量 标 准
1	从变压器油箱上拆下压力释放阀	拆下零件妥善保管;孔洞用盖板封好
2	清扫护罩和导流罩	清除积尘,保持洁净
3	检查各部连接螺栓及压力弹簧	各部连接螺栓及压力弹簧应完好,无锈蚀,无松动
4	进行动作试验	开启和关闭压力应符合规定
5	检查微动开关动作是否正确	触点接触良好,信号正确
6	更换密封胶垫	密封良好不渗油
7	升高座如无放气塞应增设	防止积聚气体因温度变化发生误动
8	检查信号电缆	应采用耐油电缆

(九)气体继电器的检修工艺及质量标准

气体继电器的检修工艺及质量标准见表 5 - 9。

表 5 - 10 气体继电器的检修工艺及质量标准

序号	检 修 工 艺	质 量 标 准
1	将气体继电器拆下,检查容器、玻璃窗、放气阀门、放油塞、接线端子盒、小套管等是否完整,接线端子及盖板上箭头标示是否清晰,各接合处是否渗漏油	继电器内充满变压器油,在常温下加压 0.15MPa,持续 30min 无渗漏

序号	检 修 工 艺	质 量 标 准
2	气体继电器密封检查合格后，用合格的变压器油冲洗干净	内外清洁无油垢
3	气体继电器应由专业人员检验，动作可靠，绝缘、流速校验合格	对流速一般要求：制冷式变压器 0.8～1.0m/s，强油变压器 1.0～1.2m/s，120MVA 以上变压器 1.2～1.3m/s
4	气体继电器连接管径应与继电器管径相同，其弯曲部分应大于 90°	对 7500kVA 及以上变压器管径为 φ80，6300kVA 以下变压器连接管径为 φ50
5	气体继电器先装两侧联管，联管与阀门、联管与油箱顶盖间的连接暂不完全拧紧，将气体继电器安装于其间，用水平尺找准位置并使入口联管和气体继电器三者处于一中心位置，后再将螺栓拧紧	气体继电器应保持水平位置；联管朝向储油柜方向应有 1%～1.5% 的升高坡度；联管法兰密封胶垫的应大于管道的内径；气体继电器至储油柜间的阀门应安装于靠近储油柜侧，阀的口径应与管径相同，并有明显的"开"、"闭"标志。防雨罩安装牢固
6	复装完毕后打开联管上的阀门，使储油柜与变压器本体油路连通，打开气体继电器的放气塞排气	气体继电器的安装，应使箭头朝向储油柜，继电器放应低于储油柜最低油布 50mm，并便于气体继电器的抽心检查
7	连接气体继电器二次引线，并做传动试验	二次线采用硒油电费，并防止漏水和学潮；气体继电器的轻、瓦斯保护动作正确

（十）其他组件的检修工艺及质量标准

（1）变压器冷却装置的检修工艺及质量标准见表 5-11。

表 5-11　　　　　冷却装置的检修工艺及质量标准

序号	检 修 工 艺	质 量 标 准
1	打开上、下油室端盖，检查冷却管有无堵塞现象，更换密封胶垫	油室内部清洁，冷却管无堵塞，密封良好
2	更换放气塞、放油塞的密封胶垫	放气塞、放油塞应密封良好，不渗漏
3	更换胶垫，无渗、漏油	试漏标准。0.25～0.275MPa、30min 应无渗漏
4	清扫冷却器表面，并用 0.1MPa 压力的压缩空气（或水）吹净管束间堵塞的灰尘、昆虫、草屑等杂物，若油垢严重可用金属洗净剂擦洗干净	冷却器管束间洁净，无堆积灰尘、昆虫、草屑等杂物

（2）变压器压油式套管的检修工艺及质量标准见表 5-12。

表 5-12　　　　　压油式套管的检修工艺及质量标准

序号	检 修 工 艺	质 量 标 准
1	检查瓷套有无损坏	瓷套应保持清洁，无放电痕迹，无裂纹，裙边无破损
2	套管解体时，应依次对角松动法兰螺栓	防止松动法兰时受力不均损坏套管
3	拆卸瓷套前应先轻轻晃动，使法兰与密封胶垫间产生缝隙后再拆下瓷套	防止瓷套碎裂

序号	检 修 工 艺	质 量 标 准
4	拆导电杆和法兰螺栓前,应防止导电杆摇晃损坏瓷套,拆下的螺栓应进行清洗,丝扣损坏的应进行更换或修整	螺栓和垫圈的数量要补齐,不可丢失
5	取出绝缘筒(包括带覆盖层的导电杆),擦除油垢,绝缘筒及在导电杆表面的覆盖层应妥善保管(必要时应干燥)	妥善保管,防止受潮和损坏
6	检查瓷套内部,并用白布擦拭	瓷套内部清洁,无油垢,半导体漆喷涂均匀
7	有条件时,应将拆下的瓷套和绝缘件送入干燥室进行轻度干燥,然后再组装	干燥温度 70~80℃,时间不少于 4h,升温速度不超过 10℃/h,防止瓷套裂纹
8	更换新胶垫,位置要放正	胶垫压缩均匀,密封良好
9	将套管水平放置于干净的油盆内,组装时与拆卸顺序相反	注意绝缘筒与导电杆相互之间的位置,中间应有固定圈防止窜动,导电杆应处于瓷套的中心位置

(3) 变压器阀门及塞子的检修工艺及质量标准见表 5-13。

表 5-13 阀门及塞子的检修工艺及质量标准

序号	检 修 工 艺	质 量 标 准
1	检查阀门的转轴、挡板等部件是否完整、灵活和严密,更换密封垫圈,必要时更换零件	经 0.05MPa 油压试验,挡板关闭严密、无渗漏,轴杆密封良好,指示开、闭位置的标志清晰、正确
2	阀门应拆下分解检修,研磨接触面,更换密封填料,缺损的零件应配齐,对有严重缺陷无法处理者应更换	阀门检修后应做 0.15MPa 压力试验不漏油
3	对变压器本体和附件各部的放油(气)塞、油样阀门等进行全面检查,并更换密封胶垫,检查丝扣是否完好,有损坏而又无法修理者应更换	各密封面无渗漏

(4) 变压器温度计的检修工艺及质量标准见表 5-14。

表 5-14 温度计的检修工艺及质量标准

温度计	序号	检 修 工 艺	质 量 标 准
压力式(信号)温度计	1	拆卸时拧下密封螺母连同温包一并取出,然后将温度表从油箱上拆下,并将金属细管盘好,其弯曲半径不小于 75mm,不得扭曲、损伤和变形。包装好后进行校验,并进行警报信号的整定	全刻度±1.5℃(1.5 级);全刻度±2.5℃(2.5 级)
	2	经校验合格,并将玻璃外罩密封好,安装于变压器箱盖上的测温座中。座中预先注入适量变压器油,将座拧紧,不渗油	
	3	将温度计固定在油箱座板上,其出气孔不得堵塞,并防止雨水侵入,金属细管应盘好妥善固定	
电阻(绕组)温度计	1	在大修中对其进行校验(包括温度计、埋入元件及二次回路)	全刻度±1℃

(5) 变压器磁力油位计的检修工艺及质量标准见表 5-15。

表 5-15　　　　　　　　　　　　　油位计的检修工艺及质量标准

序号	检 修 工 艺	质 量 标 准
1	打开储油柜手孔盖板，卸下开口销，拆除连杆与密封隔膜相连接的铰链，从储油柜上整体拆下磁力油位计	注意不得损坏连杆
2	检查传动机构是否灵活，有无卡轮、滑齿现象	传动齿轮无损坏，转动灵活
3	检查主动磁铁、从动磁铁是否耦合和同步转动，指针指示是否与表盘刻度相符，否则应调节限位块，调整后将紧固螺栓锁紧，以防松脱	连杆摆动 45°时指针应旋转 270°，从"0"位置指示到"10"位置，传动灵活，指示正确
4	检查限位报警装置动作是否正确，否则应调节凸轮或开关位置	当指针在"0"最低油位和"10"最高油位时，分别发出信号
5	更换密封胶垫进行复装	密封良好无渗漏

（十一）变压器的油漆

1. 油箱外部的油漆

（1）变压器油箱、冷却器及其附件的裸露表面均应涂本色漆，涂漆的工艺应适用于产品的使用条件。

（2）大修时应重新喷漆。

（3）喷漆前应先用金属洗净剂清除外部油垢及污秽。

（4）对裸露的金属部分必须除锈后补涂底漆。

（5）对于铸件的凸凹不平处，可先用腻子填齐整平，然后再涂底漆。

（6）为使漆膜均匀，宜采用喷漆方法，喷涂时，气压可保持在 0.2～0.5MPa。

（7）第一道底漆漆膜厚为 0.05mm 左右，要求光滑无流痕、垂珠现象，待底漆干透后（约 24h），再喷涂第二道面漆，如浅色醇酸漆；喷涂后若发现有斑痕、垂珠，可用竹片或小刀轻轻刮除并用砂纸磨光，再补喷一次。

（8）如油箱和附件的原有漆膜较好，仅有个别部分不完整，可进行局部处理，然后再普遍喷涂一次。

2. 对油箱外部漆膜的质量要求

（1）黏着力检查：用刀在漆膜表面划十字形裂口，顺裂口用刀剥，若很容易剥开，则认为黏着力不佳。

（2）弹性检查：用刀刮下一块漆膜，若刮下的漆屑不碎裂不黏在一起而有弹性的卷曲，则认为弹性良好。

（3）坚固性检查：用指甲在漆膜上划一下，若不留痕迹，即认为漆膜坚硬。

（4）干燥性检查：用手指按在涂漆表面片刻，若不黏手也不留痕迹，则认为漆膜干燥良好。

3. 变压器内部涂漆

（1）变压器油箱内壁（包括金属附件）均应涂绝缘漆，漆膜厚度一般在 0.02～0.05mm 为宜，涂刷一遍即可。

（2）涂漆前应打磨、剔除焊渣，擦拭干净，涂漆后要求漆膜光滑。

4. 对涂刷内壁绝缘漆的要求

（1）耐高温、耐变压器油，即漆膜长期浸泡在 105℃的变压器油中不脱落，不熔化。

（2）固化后的漆膜，不影响变压器油的绝缘和物理、化学性能。

（3）对金属件有良好的附着力。

（4）对金属件有良好的防锈、防腐蚀作用。

（5）有良好的工艺性和较低的成本。

能力检测

1. 变压器器身起重时的注意事项有哪些？

2. 试说明变压器的解体和组装的工艺流程。

3. 简述变压器分接开关检修的工艺流程及质量标准。

4. 简述变压器吸湿器检修的工艺流程及质量标准。

5. 简述变压器气体继电器检修的工艺流程及质量标准。

6. 简述变压器油漆的质量要求。

任务三　变压器大修后的试运行

【任务描述】

本任务包括变压器试运行前的检查项目和试运行。

【任务分析】

掌握试运行前的检查项目，能进行试运行并完成相应检查项目。

【任务实施】

变压器在大修竣工后应及时清理现场，整理记录、资料、图纸、清退材料，提交竣工、验收报告，并按照验收规定组织现场验收。

一、试运行前检查项目

（1）变压器本体、冷却装置及所有附件均完整无缺不渗油，油漆完整。

（2）滚轮的固定装置应完整。

（3）接地可靠（变压器油箱、铁芯和夹件引外）。

（4）变压器顶盖上无遗留杂物。

（5）储油柜、冷却装置、净油器等油系统上的阀门均在"开"的位置，储油柜油表指示清晰可见。

（6）高压套管的接地小套管应接地，套管顶部将军帽应密封良好，与外部引线的连接接触良好并涂有电力脂。

（7）变压器的储油柜和充油套管的油位正常。

（8）进行各升高座的放气，使其完全充满变压器油，气体继电器内应无残余气体。

（9）吸湿器内的吸附剂数量充足、无变色受潮现象，油封良好，能起到正常呼吸作用。

（10）分接开关的位置应符合运行要求。

（11）温度计指示正确，整定值符合要求。

（12）冷却装置试运行正常，强变压器应启动全部油泵（并测量油泵的负载电流），进行较长时间的循环后，多次排除残余气体。

（13）进行冷却装置电源的自动投切和冷却装置的故障停运试验。

（14）继电保护装置应经调试整定，动作正确。

二、试运行及检查项目

变压器试运行时应按下列规定检查。

（1）中性点直接接地系统的变压器在进行冲击合闸时，中性点必须接地。

（2）气体继电器的重瓦斯必须投跳闸位置。

（3）额定电压下的冲击合闸应无异常，励磁涌流不致引起保护装置的误动作。

（4）受电后变压器应无异常情况。

（5）检查变压器及冷却装置所有焊缝和接合面，不应有渗油现象，变压器无异常振动或放电声。

（6）分析比较试运行前后变压器油的色谱数据，应无明显变化。

（7）试运行时间，一般不少于 24h。

项目六　三相异步电动机的检修

【项目分析】

三相异步电动机的检修包括电机的拆卸、绕组展开图的绘制、电机基本数据的获取、绝缘纸、引槽纸和线圈制作、电机绕组的嵌线、电机的装配和检测。

【培养目标】

学生能独立完成三相异步电动机的拆卸和装配，能完成电机的嵌线，能检查电机的常见故障并加以排除。

任务一　三相异步电动机的拆卸

【任务描述】

学习使用常见工具完成三相异步电动机的拆卸。

【任务分析】

拆卸前应做好各部件位置的记录，进行必要的检查，了解电机的状况。拆卸时，应能正确使用拆卸工具，掌握拆卸的顺序，规范操作流程。

【任务实施】

在修理异步电动机时，需要把电动机拆开，如果拆卸方法不正确，有可能损坏电机的结构，甚至扩大故障，增加修理难度，难以保证电机的修理质量。

拆卸前，首先要做好准备工作，包括：准备好需要的拆卸工具，做好拆卸前的原始数据记录，在电机上打上必要的标记，并检查电机的外部结构情况，然后开始拆卸。

一、拆卸前的记录

（1）机座在基础上的准备位置。

（2）联轴器与轴台距离。

（3）举刷装置把手的行程（针对绕线型异步电动机）。

（4）标记端盖、轴承、轴承盖的负荷端和非负荷端。

（5）接线盒中电源线的接线位置。

（6）出线口方向。

二、拆卸前的检查

（一）拆卸前的检查

拆卸异步电动机前，应作必要的检查，并做好记录，以便作为组装后电动机是否恢复原状态的依据，根据检修任务，可选择以下常规检修项目。

1. 外观检查

观察机座、端盖、风扇等零部件是否有裂纹、损伤；检查转轴是否弯曲；转子能否灵活盘车；转轴是否松动或被卡死。

2. 测量绝缘电阻

用绝缘电阻表测量各相对地、各相绕组间的绝缘电阻，电动机在热态（75℃）条件下，一般中小型低压电动机的绝缘电阻应不小于 0.5MΩ，高压电动机每千伏工作电压定子的绝缘电阻值应不小于 1MΩ，否则说明绕组已受潮或老化。

3. 测量绕组直流电阻

用电桥或万用表进行测量，三相绕组的测量值差别不应超过平均值的 2%，否则说明某项绕组存在短路。

（二）拆卸前的准备

（1）备齐拆卸工具，包括套筒扳手、梅花扳手、螺丝刀、拉具、木锤、手锤等专用工具。

（2）切断电源，包缠好线头绝缘。

（3）将皮带从皮带轮上拆下，松开地脚螺钉，将电动机移到合适的位置进行处理。

三、拆卸步骤

1. 电动机皮带轮或联轴器的拆装

拆卸时，先在皮带轮或联轴器与转轴之间做好位置标记，如图 6-1（a）所示。拧下固定螺钉和敲下定位销子，然后用拉具将皮带轮或联轴器慢慢地拉出。使用拉具时，拉钩应靠近被卸物，丝杆尖端必须对准电动机轴端的中心，使其受力均匀；如果拉不出，切勿硬卸，可在皮带轮或联轴器的内孔和转轴结合处加入煤油，通过渗透，让锈蚀部分松动，再用拉具拉出。如果仍拉不出，可用喷灯急火围绕皮带轮或联轴器迅速加热，同时用湿布包好轴，并不断浇冷水，以防热量传入电动机内部，将其迅速拉出，如图 6-1（b）所示。

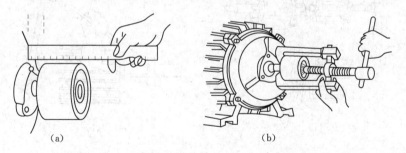

(a)　　　　　　　　　　　(b)

图 6-1　皮带轮的拆卸
(a) 皮带轮的位置标法；(b) 拉具拆卸皮带轮

操作时，切忌硬拉或用手锤直接敲打皮带轮或联轴器，以免造成皮带轮或联轴器碎裂、转轴变形或端盖受损等。

2. 风扇罩和扇叶的拆卸

首先，松开风扇罩螺栓，取下风扇罩；然后将转轴尾部扇叶上的定位螺栓或销子取下，通过金属棒或手锤在风扇四周均匀轻敲，让扇叶松脱下来。小型异步电动机的扇叶一般不用取下，可随转子一起抽出。对于取下的塑料扇叶，可通过热水使塑料扇叶膨胀后取出。

3. 电动机轴承盖的拆卸

轴承外盖拆卸时，只要拧下固定轴承盖的螺钉，就可取下前后轴承外盖。前后两个轴承外盖要分别标上记号，以免装配时前后装错。

4. 电动机端盖的拆卸

拆卸端盖时，应先拆卸负荷侧。拆卸前，应在端盖与机座的接缝处作好标记，以便复原。均匀拆除轴承盖及端盖螺栓拿下轴承盖，再用两个螺栓旋于端盖上两个顶丝孔中，两螺栓均匀用力向里转（较大端盖要用吊绳将端盖先挂上）将端盖拿下。无顶丝孔时，可用撬棒对称敲打或螺丝刀在周围接缝中均匀用力，将端盖从止口中撬出。卸下端盖，但要避免过重敲击，以免损坏端盖。对于小型电动机抽出转子是靠人工进行的，为防手滑或用力不均碰伤绕组，应用纸板垫在绕组端部进行，然后用木榔头敲打转轴前端，将转子连同后盖一起从止口中撬出，再用木榔头将前端盖撬出。

5. 电动机转子的拆卸

前后端盖拆掉后，便可抽出转子。在抽出转子之前，应在电动机的气隙和端部绕组垫上厚纸板，以免抽出转子或损坏定子线圈。对于小型电动机转子，抽出时要一手握住转子，把转子拉出一些，再用另一只手托住转子，慢慢地外移。对于大型电动机，抽出转子时要两人各抬转子的一端，慢慢外移。

6. 电动机滚动轴承的拆卸

拆卸滚动轴承的方法与拆卸皮带轮类似，也可用拉具来进行，如图 6-2（a）所示。如果没有拉具，可用两根铁扁担夹住转轴。使转子悬空，然后在转轴上端垫木块或铜块后，用锤敲打使轴承脱开拆下，如图 6-3（a）所示，在操作过程中注意安全。也可以采用端部楔形的铜棒，在倾斜方向顶住轴承内圈，用棒敲打，边敲打铜棒，边把楔形端沿轴承内圆均匀移动，如图 6-2（b）所示。

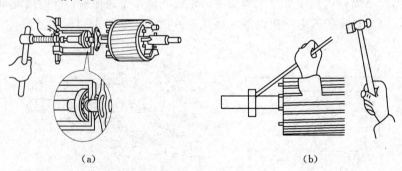

（a）　　　　　　　　　　　　　　　（b）

图 6-2　轴承的拆卸（一）

（a）用拉具拆卸轴承；（b）用铁榔头及铜棒敲打轴承

有时电动机端盖内孔与轴承外圈的配合比轴承内圈与转轴的配合更紧密，在拆卸端盖的过程中，轴承留在端盖内孔中。这时可采用图 6-3（b）所示的方法，将端盖止口面向上平衡地放置，在轴承外圈的下面垫上木板，但不能抵住轴承，然后用一根直径略小于轴承外沿的铜棒或其他金属棒，抵住轴承外圈，从上面用榔头敲打，使轴承从下方脱出。

7. 清洗各部件

完成各部件的清洗。

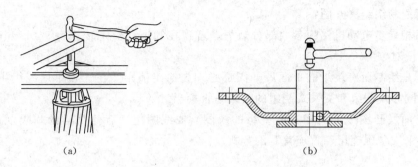

(a)　　　　　　　　　　　(b)

图 6－3　轴承的拆卸（二）
(a) 用铁板、圆筒支撑敲打轴端拆卸轴承；(b) 在端盖内拆卸轴承

能力检测

1. 拆卸前应记录哪些数据，有什么作用？

2. 拆卸的步骤有哪些？其顺序如何？

3. 皮带轮和轴承如何拆卸？

任务二　三相交流绕组展开图绘制

【任务描述】

绘制三相异步电动机定子绕组的展开图。

【任务分析】

利用电机的磁极对数、槽数、支路对数等信息，根据电机的实际情况，选择交流绕组的类型，并绘制出其展开图。

【任务实施】

绘制交流绕组展开图是检修三相异步电动机的基础。在绘制交流绕组展开图之前首先观察待检修的三相异步电动机的交流绕组类型，记录三相异步电动机的磁极对数、槽数、支路对数，再利用项目二的相关知识绘制交流绕组的展开图，其流程如下。

（1）确定自己所设计的交流绕组的类型。

（2）根据铭牌参数确定电机的磁极对数。

（3）确定电机每一相的支路数（或支路对数）。

（4）确定电机的槽数。

（5）计算相关参数：槽距角、节距、每极每相槽数。

（6）绘制交流绕组的平面展开图。

对于不能确定类型的绕组，也可根据电动机的实际结构来绘制展开图。

能力检测

1. 绘制绕组的展开图需要收集哪些数据？

2. 如何通过实际电机判断其绕组类型？

3. 如何绘制绕组展开图？

4. 某三相异步电动机铭牌参数部分缺失，若现在知道其额定转速为 960r/min，试问如何确定其磁极对数？

5. 是不是绘制所有绕组的平面展开图都必须先给出节距？在三相单层绕组中，采用等元件绕组、同心式绕组和交叉式绕组的效果是否相当？

6. 从平面展开图中，三相交流绕组的线圈（或线圈组）有什么样的间隔规律？其首、末端是否均采用"尾连尾、首连首"的方式？

任务三 三相异步电动机绕组绕制

【任务描述】

根据电机的原始数据，制作绝缘纸、引槽纸和线圈，并将线圈嵌入槽内，完成绕组的连接，端部整形和绑扎，最后进行浸漆。

【任务分析】

了解电机原始数据类型、获取方式并予以记录；掌握绝缘纸、引槽纸和线圈的制作方法并能进行检验是否符合要求；掌握绕组的嵌线规律和操作手法；根据绕组展开图将各线圈（组）连接成相绕组，并将相绕组连接成三相绕组；掌握端部整形和绑扎的要领；掌握浸漆工艺。

【任务实施】

一、数据记录

在进行电机检修时，首先要获取原电机的相关参数，这是还原原电动机的基本依据，也是后续检修电机的依据，作为电机的原始数据，主要包括：铭牌参数、铁芯参数和绕组参数。

1. 铭牌数据

铭牌参数包括电机的型号、额定功率、额定电压、额定电流、额定转速、接法、绝缘等级和防护等级等，电机若需要改变结构参数（如绕线的线径、线圈的匝数等），都需要根据铭牌参数决定。

2. 运行参数

运行参数包括空载电流、启动电流、负荷时的温升和空载损耗等。

3. 定子铁芯的参数

铁芯的参数决定了槽内绝缘材料和引槽纸的相应尺寸，同时也决定了线圈的放线长度，所以必须测量铁芯的参数。铁芯的参数主要有：铁芯长度、铁芯的内径、铁芯的外径、铁芯的槽数、槽深和空气隙。

4. 绕组参数

交流绕组的参数包括：绕组材料、绕组在槽中的层数、节距、并绕根数、每槽线匝数、各相绕组的并联支路数、线圈的线径（千分尺测量）、线圈周长、绕组出槽口高度及绕组接线图。

5. 绝缘数据

绝缘数据包括槽绝缘材料、厚度、层数；相间绝缘材料、尺寸；槽楔材料；端部绑扎材料等。

二、旧绕组拆卸

若电机的交流绕组已经烧坏或因长时间运行，需要更换交流绕组时，就必须拆卸原来的旧绕组，目前，拆卸交流绕组的方法有以下三种。

1. 机械拆卸

先用扁铁或螺丝刀顶住槽楔一端，用榔头将其敲出。在小型异步电动机中，一般采用半封口式线槽，拆卸绕组比较困难，大多数情况下用錾子齐铁芯处将线圈的两端斩断，然后用铁棒将槽内的导条打出来。若槽满率太高，用铁棒不能正打出，可只斩断一个端部的线圈，然后用锯片或刀片沿槽口破开槽楔，用钳子将导条一根一根地从槽口拉出来。操作时不能用力过猛，以防损坏铁芯。在拆线过程中，应保留一个完整的线圈，以便记录相关数据。

2. 加热法

将电机放入烘箱或对较完好的绕组通电加热，待绝缘材料熔化时，再将绕组取出来。

3. 溶剂法

通过浸苯等溶剂，让绝缘材料溶解，再将交流绕组取出来。

三、线圈的绕制与检查

(一) 确定线圈的线模尺寸

绕制线圈时，应先准备好线圈绕线模。绕线模尺寸应符合实际要求，因为线圈嵌线质量、耗铜量及电动机重绕后的运行特性，都与线模尺寸有密切关系。如果线模尺寸偏小，端部长度不够，嵌线将变得很困难，甚至难以顺利地嵌到槽中；若线模尺寸偏大，则耗铜量又将增加，维修费用增加，而且线圈极易接触端盖，出现漏电现象。同时且绕组电阻和端部漏抗都将增大，影响电机的电气性能。

目前绕线模的线模式样一般有棱形和椭圆形两种，如图 6-4 所示。在确定线模时，可采用下面两种方式。

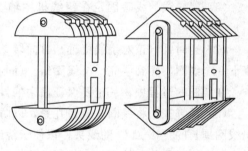

图 6-4 线模外形

(1) 利用拆卸下来的完整的旧线圈确定线模的尺寸，要求线模的周长应与旧线圈内侧绕线的周长（可取几个绕线的平均值）相等。

(2) 利用记录参数确定线模的尺寸。一般以铁芯长度作为线模的放线长度，节距长度作为线模端部宽度。但由于线模的局限性，节距的实际长度很难与线模的宽度相等，为此需要对其放线长度进行修正。当线模直径大于节距长度，则应适当缩短放线长度（即比铁芯长度短一些）。否则，则应适当延长放线长度（即比铁芯长度长一些）。

(二) 检验

在线模参数确定之后，是否与实际情况相符，还应进行检验。可通过拆下的旧线圈环绕模心检验，两者相差不能太大；也可先尝试绕制一组线圈（采用少数几匝即可），在定子铁芯槽中进行试嵌。如果检验结果与实际不符合，还应进行相应的修正，直到符合要求为止。

（三）线圈的绕制

线圈的绕制一般通过手摇绕线机来完成，如图 6-5 所示。在绕线机上设有绕线模和计数器。下面来说明线圈的绕制过程。

（1）绕线前将线模装在绕线机的主轴上，并用螺栓固定。若是成型线模，还应注意直线部分长度的调校。

（2）检查导线直径和导线绝缘厚度是否符合要求。若导线太细，会影响电气性能，导线太粗、绝缘太厚，会导致嵌线困难。

（3）放在绕线架上的绕线筒应能灵活转动，且与绕线机保持一定的距离。

（4）在开始绕制线圈前，应将计数器归零。

（5）让导线穿过校直夹，并要保持一定的张力，以保证通过的导线平直无弯折现象。

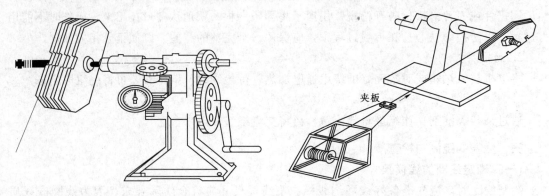

图 6-5 手摇式绕线机　　　　　图 6-6 绕线夹板安装示意图

（6）将导线的线头固定在绕线机主轴上（一般挂在右边，使成形线圈依此从右向左绕制）。

（7）逆时针（正对绕线机轴）方向转动摇把，绕到规定匝数后，通过隔板出线口过桥再绕下一个线圈，直到绕完一个线圈组。（同心式绕组一般先绕小线圈，再绕大线圈）

在绕制的过程中，一定要保证槽中的导线排列整齐、层次分明，不宜交叉分散。

（8）用绑扎带将线圈直线边扎紧，以防松散。对线圈的头尾作好标记，线圈的头尾应留出线圈周长的 1/4～1/3 的线头，以便于绕组的连接。

（9）取下绕组，放在指定位置，待嵌线时使用。

（10）按此步骤，直到绕制完所有的线圈

绕线过程中不能损坏绕线外的绝缘漆，若线圈有断线，可将断线处让至端部，把接头处的绝缘漆刮净后按要求接好后再套上黄蜡管。

（四）引槽纸、槽绝缘及槽楔的制作

1. 绝缘材料简介

按其作用不同，异步电动机中的绝缘可分为：匝间绝缘、层间绝缘、相间绝缘和对地绝缘等。电动机的绝缘结构主要取决于耐热等级、电压高低、功率大小以及使用环境等。

异步电动机的绝缘主要采用 E 级（20 世纪 60～80 年代我国大部分厂家生产的 J_2 和 JO_2 系列电动机采用）和 B 级（我国 80 年代定型推广的 Y 系列电动机采用）。下面对这两种绝缘进行介绍。

（1）E 级绝缘。

1）匝间绝缘：导线采用聚酯或缩醛高强度漆包线，匝间绝缘为漆膜。

2）槽绝缘及相间绝缘：以聚酯薄膜为主，加上一层青壳纸来增强其机械强度以防止铁芯或毛刺穿破聚酯薄膜造成对地短路。

3）槽楔：采用竹楔。

4）浸渍漆：采用 1032 号三聚氰胺醇酸漆或环氧无溶剂漆。

（2）B 级绝缘。

1）匝间绝缘：导线采用聚酯漆包线，匝间绝缘为漆膜。

2）槽绝缘及相间绝缘：采用复合绝缘 DMD、DMDM 或 DMD＋M，在较大机座内也有采用 DMD＋DMD 的。其中的 D 代表聚酯纤维无纺布，厚度为 $0.2\sim0.35\text{mm}$；M 代表聚酯薄膜，为厚度 $0.05\sim0.07\text{mm}$。

3）槽楔：采用 3230 或 3240 环氧玻璃布板。

4）浸渍漆：采用 1032 号漆或环氧无溶剂漆。

5）对地绝缘：用 B 级胶（环氧）粉云母带连续包绕，再经加热加压固化。

2. 槽绝缘的制作

（1）槽内绝缘物伸出铁芯的长度。

槽内绝缘物伸出铁芯的长度应根据电动机的容量来定。如果绝缘物伸出太长，会增加线圈直线部分的长度，端盖容易划伤绕组，且造成材料的浪费；若伸出太短，绕组对铁芯的安全距离不够。表 6-1 是槽绝缘伸出铁芯一端的长度 l''。

表 6-1　　　　　　　　　　　　　　　　　槽绝缘伸出铁芯一端的长度　　　　　　　　　　　　　　　　　单位：mm

机座中心高	$\leqslant90$	$90\sim112$	$132\sim160$	$180\sim280$	$\geqslant320$
伸出长度	$5\sim6$	$6\sim7$	$7\sim10$	$12\sim15$	$15\sim20$

则槽绝缘总长度 L_z 应为

$$L_z=l+2l'' \tag{6-1}$$

式中：l 为定子铁芯的长度；l'' 为槽绝缘每一端伸出铁芯长度。

（2）槽绝缘的宽度。

当采用槽封式结构时，嵌线时需另加引槽纸，绝缘纸不需要引出时，此时绝缘纸宽度 b_z 一般为

$$b_z\approx\pi R+2H(\text{mm}) \tag{6-2}$$

为简单起见，一般绝缘纸的宽度为槽深的 2 倍，制作时应先通过裁纸刀剪裁一张绝缘纸，然后进行试嵌。通过试嵌，发现存在的问题并及时修改。待剪裁的引槽纸和绝缘纸完全符合要求后，再按照相应的尺寸正式完成需要的引槽纸和绝缘纸。

（3）槽内层间绝缘制作。

双层绕组在槽内上下层绕组之间应放入层间绝缘，层间绝缘材料和长度同槽绝缘材料，宽度为平均槽宽的 2 倍，折成 U 形放在上下层绕组之间。

（4）端部相间绝缘。

相间绝缘是指绕组端部不同相的相邻线圈之间的绝缘，所用材料与槽绝缘相同。相间绝缘与层间绝缘应重叠一定长度，并于槽绝缘紧密相连，以免造成相间击穿。相间绝缘是在

嵌线完成后才垫入。

（5）剪裁绝缘纸时的注意事项。

1）剪裁玻璃漆布一般应与斜纹方向成 $30°\sim45°$。

2）剪裁青壳纸时应与造纸时的压延方向与槽绝缘的宽度方向（长边）一致，否则折叠封口会感到困难。

3. 引槽纸的制作

为了方便嵌线和保护绕组，一般还需要在绝缘材料上再放一层引槽纸，其长度与槽绝缘的长度相同；其宽度一般取绝缘纸宽度的 $3\sim4$ 倍。

四、嵌线工艺

嵌线就是把绕制好的线圈按一定规律放到槽中的过程。嵌线必须细心谨慎，否则可能造成返工或留下故障隐患。嵌线要求：不损伤线绝缘，不擦破槽绝缘，导线不乱把、不交叉，绝缘纸和槽楔放置正确良好。下面介绍一般的嵌线工艺流程。

（一）嵌线常用的工具

1. 清槽片

清槽片是清除电机定子铁芯槽内残存绝缘物、锈斑等杂物的专用工具。清槽片可利用断钢锯条在砂轮上磨制成尖头或钩状，尾部用塑料带包扎作成手柄，其形状如图 6-17 所示。

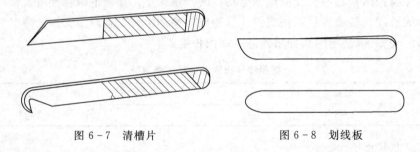

图 6-7　清槽片　　　　　　　图 6-8　划线板

2. 划线板

划线板又称滑线板、理线板，是用来将线圈导线从引槽纸槽口划入槽内的工具。通过划线板作用，使堆积在槽口的导线被迫向槽内的两侧分开，让上边的导线易于入槽。划线板通常用竹片、厚压板或不锈钢磨制而成，其形状如图 6-8 所示。不同槽口尺寸的电机，应选用不同规格划线板。

3. 压线板

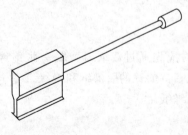

图 6-9　压线板

压线板是将槽内导线压实、压平的工具，用于折合槽绝缘纸、封闭槽口。其结构如图 6-9 所示。用不锈钢或黄铜材料做成，小电机同样可用竹楔削制。压线板的尺寸取决于线槽的宽度，一般为槽上部宽度减去 $0.6\sim0.7\mathrm{mm}$。

4. 压线条

压线条又称捅条，是小型电机嵌线必备的工具，如图 6-10 所示。其作用是将槽内部分绕组（便于继续嵌线）或全部绕组（便于插入槽楔）压实；同时配合划线片对槽口绝缘进行折合、封口。压线条一般采用不锈钢棒或不锈钢焊条制成。

划线板、压线板、压线条等与绕组直接接触的工
具部位应打磨光滑，以免使用时损坏绕组绝缘。

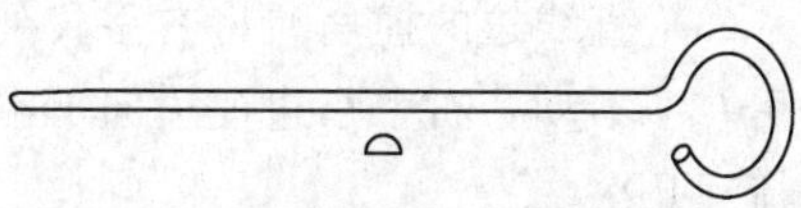

5. 长剪

长剪用于齐槽口剪去引槽纸或绝缘纸。

图 6-10　压线条

6. 整形敲棒及撬板

整形敲棒与撬板是绕组端部喇叭口整形的辅助工具，整形敲棒较厚，而撬板较薄。

除此之外，还有小手锤、橡皮锤、电工刀、槽楔、纱布和剪刀（剪绑扎线用）等工具和
材料。

（二）嵌线前的准备

（1）修正拆卸铁芯时所产生的种种缺陷，如修正突出的硅钢片，挫平硅钢片毛刺，纠正
弯曲的硅钢片等。

（2）用压缩空气、洗耳球或吹风机等吹去铁芯表面和槽内的铁屑和其他杂物。

（3）铁芯表面或槽内如有油污，应用甲苯或酒精清除干净。

（4）放置槽绝缘。将槽绝缘纵向折成 U 形插入槽中，注意应将光滑的一面接触铁芯，
槽绝缘伸出槽口的长度应两边均匀。

（5）嵌线电机的放置。需要两人操作的大电机，电机应纵向放置在嵌线架上；只需要一
个人操作的，电机应斜放，以方便自己操作。

（三）散嵌线圈的嵌线

目前的嵌线工作仍以手工操作为主，虽然不同类型的交流绕组，具有不同的嵌线方法和
特点。但在实际操作中却有一些通用的规则和手法。

1. 线圈的捏扁

因为软线圈嵌入的是半封口槽，槽口较窄，故需将软线圈捏扁到相应尺寸才容易将线圈
嵌到槽内，其操作方法如下。

（1）线圈的缩宽。用两手的拇指和食指分别抓压线圈直线转角处，使线圈宽度压缩到进
入定子内腔时不致碰到铁芯。

（2）直线边的扭转。把欲嵌线圈的下层边扎线解开，左手大拇指和食指捏住直线边靠转
角部分，将两边同向扭转，如图 6-11（a）所示。使上层边外侧导线扭向上，下层边外侧
导线扭到下面。

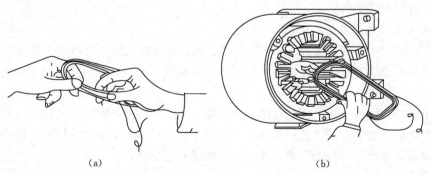

(a)　　　　　　　　　　　　　　　　(b)

图 6-11　嵌线方法
(a) 线圈的捏扁；(b) 线圈的握法

（3）直线边的捏扁。将右手移到下层边与左手配合，尽量将下层直线边靠转角处捏扁，然后左手不动，右手指边捏边向下滑动，使下层边梳理成扁平的形状，如没有达到要求，可多梳理几次。

2. 下层边（或沉边）的坎入法

右手将捏扁后的有效边后端倾斜靠向铁芯端面槽口，左手从定子另一端伸入接住绕组，如图 6 - 11（b）所示。双手把有效边靠左段尽量压入槽口内，然后左手慢慢向左拉动，右手一面防止槽口导线滑出，一面梳理后边的铜线，边移边压，来回扯动，使全部导线嵌入槽内。如果尚有未嵌入的导线，可用滑线板将导线逐根划入槽内。

划线手法：划线时，左手大拇指和食指捏扁线圈，不断送入槽中，同时右手用划线板在线圈边两侧交替从远端向近端划，引导导线入槽，如图 6 - 12 所示。

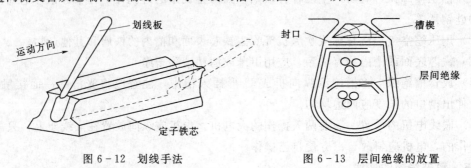

图 6 - 12 划线手法　　　　　图 6 - 13 层间绝缘的放置

嵌线时，尽量连线处理在线圈内侧，以免造成端部外圆上的连线交叉混乱现象。

3. 放置层间绝缘

在嵌完下层边后，应把层间绝缘弯成半圆形，反插入槽中，包住所有导线（如有导线未被包住，通电后会造成相间击穿），如图 6 - 13 所示。若是单层绕组，这一步省略

4. 压实导线

导线嵌入后，可借助压线板压实导线，较大的电机，可用小锤轻敲压线板。对端部槽口转角处凸出的线，可垫上整形敲棒向下敲打。

5. 吊把（或吊边）

采用交叠法嵌线时，其中一个有效边先嵌，另一个有效边暂时不能嵌入，为了防止该边与铁芯摩擦损伤及嵌线时松散，须将其用绝缘纸垫起或用线吊起，称为吊把或吊边。同心式和单相正弦绕组不需要吊把。

6. 浮边和上层边的嵌法

（1）浮边的嵌入。沉边嵌过 y（节距）槽之后，便可嵌入第一个浮边，其操作方法与沉边的嵌入相同，此时需要用划线板将线圈有效边不断划入槽中。此后的线圈开始进行整嵌而不用吊边。

（2）上层边的嵌入（单层绕组，这一步省略）。上层边的嵌法与浮边相同，但嵌线之前先用压线板杂层间绝缘上面轻轻撬压（较大的定子则用小锤轻敲压线板背），将松散的导线压实，并检查绝缘纸位置是否正确，然后才开始嵌入上层边。

7. 封槽口

一槽导线嵌完后，用双掌在槽口两端部按压，再用压线板从槽口进入，边进边轻轻撬压，使槽内导线密实，然后才可进行封口操作。

（1）摺边式绝缘封口。

1）用长剪刀将凸出槽口的绝缘纸齐槽口剪去。

2）用划线片把槽口左边的绝缘纸卷折入槽内右边（如系双层绝缘则两层同向卷折），使绝缘纸包裹住导线。

3）用压线条将其压实后再将右边绝缘纸卷折入槽左边。

4）再用压线条边移边退的同时，插入槽楔。

（2）槽封式绝缘封口。

1）用长剪刀将凸出槽口的引槽纸齐槽口剪去。

2）借助划线片使引槽纸双向包裹住导线。

3）用压线条将槽内导线压平、压实后插入槽口封条。

4）压线条在封条上边移边压，并将槽楔顺势推入。

（四）三相单层交流绕组的嵌线规律

根据交流绕组不同类型，下面说明其相应的嵌线规律。嵌线时一般采用顺时针方向。

1. 三相单层等元件绕组的嵌线规律

（1）先在连续 q（每极每相槽数）个槽中嵌第一组所有线圈（q 个）的第一个有效边，封槽口，另一个线圈边暂不嵌（吊把）。

（2）顺时针方向空 q 个槽后，继续嵌下一组线圈（q 个），这时应进行整嵌（不再吊把），即每嵌入一个线圈边，该线圈的另一个有效边逆时针方向退后 y 个槽，再嵌入槽中。

（3）按照"嵌 q 个槽，退 q 个槽"的规律，嵌完所有线圈后，再将原先的吊把逆时针方向退后 y 个槽，依次嵌入槽中。

2. 三相单层链式绕组的嵌线规律

（1）先嵌第一个线圈的一个有效边，另一个线圈边吊把。

（2）顺时针方向隔一个槽，嵌第二个线圈的一个有效边，另一个线圈边吊把。

（3）此后进入整嵌，即顺时针方向隔一个槽，嵌下一个线圈的一个有效边，另一个线圈边逆时针方向退后 y 个槽，再嵌入槽中。

（4）最后将线圈的吊把按逆时针方向退后另一个有效边 y 个槽，嵌入槽中。

3. 三相单层同心式绕组的嵌线规律

（1）嵌同心式绕组时，应采用整嵌，并应从内向外依次嵌入 q 个线圈。此时可先将 U 相绕组的所有线圈嵌入槽中，然后再依次嵌入 V、W 相绕组，形成三平面结构。

（2）在实际操作时，为便于嵌线，常嵌入 q 个线圈后，紧接着第一组线圈再嵌下一组的 q 个线圈，第一层嵌完后，按此规律嵌第二层线圈，形成两个平面结构。

4. 三相单层交叉式绕组的嵌线规律

（1）先嵌两个大线圈的一个边，另两个边吊把。

（2）顺时针方向退一个槽，嵌入一个小线圈的一个边，同样将另一个边吊把。

（3）此后开始整嵌，再顺时针方向退两个槽，根据节距嵌入两个大线圈。

（4）顺时针方向退一个槽，根据节距嵌入一个小线圈，按照"嵌二（大线圈）退一（槽），再嵌一（小线圈）退二（槽）"的规律交替嵌完所有线圈。

（5）最后将线圈的吊把嵌入槽中。

5. 双层叠绕组

(1) 先嵌下层边，后嵌上层边。嵌入下层边后，若线圈另一边所对应的槽内已嵌入另一个线圈的下层边，则把该边嵌入槽内，否则，应吊把。

(2) 线圈一槽紧接着一槽嵌，中间不空槽。

(3) 吊把数等于节距数。

6. 操作中的注意事项

(1) 嵌线时，在电机铁芯内部应垫一块大一些的绝缘材料，应正确使用嵌线工具，以防止嵌线时损坏绕组的绝缘。

(2) 有的交流绕组的线径较小，嵌线时应小心操作，以免折断。

(3) 嵌线时，应注意各线圈的绕向应一致。

(4) 在嵌线时，把绑扎线抹向线圈的两个端部，且不要剪断（即保留此绑扎线）。

(5) 线圈出槽的长度应一致，尺寸太大，会造成线圈与端盖等的距离太小，影响绕组的绝缘；如伸出尺寸太小，又会影响散热。

(6) 槽楔与槽楔下面的垫条不能松动，槽楔不能高于铁芯内圆表面。

(7) 引出线与出线孔的位置应对应，且应尽量接近出线孔。

（五）端部整形

嵌线完毕后，须用撬板和橡皮锤等把端部整理成喇叭形，如图 6 - 14 所示。喇叭直径不能太大，与端盖距离太近，甚至触碰端盖，将影响绝缘性能，所以端部整形后，应用兆欧表测量绝缘电阻，观察绝缘是否满足要求；但也不能太小，否则将影响散热和转子拆装，甚至影响转子的旋转。

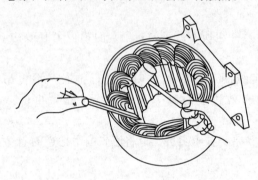

图 6 - 14　端部整形

（六）端部接线

1. 绕组的连接

绕组的连接包括线圈与线圈连接成极相组、极相组与极相组连接成相绕组和相绕组的首尾引出线的连接。

(1) 找出同属一相的线圈（组），对于单层绕组是从当前的线圈（组）开始算起，那么它应与第四个线圈（组）同属一相，其余依此类推。

(2) 找出每一个线圈（组）的首尾端，可根据帮扎线引出线的方向确定，如将帮扎线左侧出来的引出线确定为线圈（组）的首端的话，右侧出来的就是尾端。然后将线圈连接成极相组。

(3) 确定 A、B、C 三相的首端所在位置，要求 A、B、C 三相的首端和末端应分布在接线盒附近，而不能间隔太远，且在空间上相隔1200°电角度。根据交流绕组的平面展开图，确定极相组之间的连接规律（"尾连尾"或"尾连首"），将极相组连接成相绕组。

三相均连好后，将三相绕组接成 Y 形，通入低压（30V 左右），用指南针检查是否连接正确，指南针应快速旋转；否则，就说明连接有问题，应检查接线和接头处。

（4）当确认绕组连接正确后，逐个松开绞接点，留出所需引线长度，将多余的剪去，用砂纸或刮刀除去线头的绝缘漆，焊接并处理接头绝缘。

2. 接头焊接

两根引线在焊接前，应除去其接头的绝缘漆，然后在其中一根引线上套上粗细适当的黄蜡管或玻璃丝漆管。待接头焊好后，将套管移到接头上套住接头以加强绝缘。套管的长度应使套管套住接头时两端留有充分的裕量。

（1）绞接法。如果导线较细，且绕线根数小于3时，可以用线头直接绞合，要求绞合紧密、平整、可靠，如图6-15所示。在接头时一定要把接头处的绝缘漆全部刮净，否则有可能不能保证绕组正常接通。

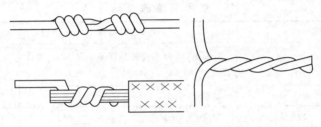

图6-15 绞接法

（2）扎线。适用于较粗导线的连接。接线时，先将线头清理干净，将多股电缆线芯对半分开，再用直径为0.3～1mm裸铜线将线头扎紧，如图6-16所示。导线连接处称为接头，在接头处还要进行焊接，以增强连接处的机械强度，发送导电性能，防止氧化。对于小型电动机，常采用电烙铁焊接。

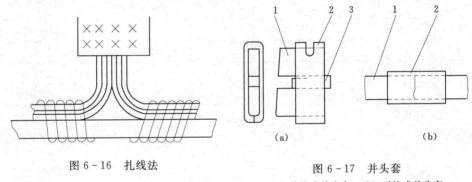

图6-16 扎线法

图6-17 并头套
（a）并接式并头套；（b）对接式并头套
1—扁铜线；2—并头套；3—铜楔

（3）并头套。连接扁线或扁铜排时，一般采用0.5～1.0mm的薄铜片制成的截面为长方形的接线铜套，俗称并头套，如图6-17所示。接线时，将连接的扁铜线插入套内压紧后进行焊接。

（七）端部绑扎

各极相组之间的跨接线，各相的引出线在接线前事先应对它们的排列进行规划。在这些接头焊接完毕、包好绝缘、套上套管后，用蜡线或纱带牢固绑扎在绕组端部的顶上或外侧。由于电动机在运转中电磁振动和机械振动较大，在没有引出线的另一端，绕组端部仍应用蜡线或纱带扎紧，以便其成为一个整体，从而时时进一步提高绕组质量。

五、浸漆与烘干

定子绕组重绕后应进行浸漆处理。浸漆处理的目的是使绕组匝间、绝缘层间及绝缘材料内部的空隙填满绝缘漆，经烘干形成连续平整的耐电性能较好的漆膜。这可以增强电气绝缘强度，提高防潮和耐热性能，改善散热条件，加固绕组端部、增加绕组的机械强度。浸漆后，表面光滑，不易黏附灰尘。因此，浸漆是电机修理、制造的关键工艺。

（一）浸漆的性能

浸漆应根据被修理的电机的绝缘耐温等级，是否能耐油等条件，选择相应牌号的绝缘漆。常用浸漆的性能见表 6-2。

表 6-2　　　　　　　　　　　　常 用 浸 漆 的 性 能

漆名和牌号	主要技术指标	适用绝缘等级
1010 号沥青黑烘漆（5012 号，447 号）	20℃时，4 号福特杯黏度不小于 30s，固体含量大于 40%	A 级浸烘漆
1032 号三聚氰胺醇酸树脂	黏度 30～60s，固体含量大于 45%	E 或 B 级浸烘漆
1321 号空气干燥瓷漆（5173 号）	黏度 3～7min	A、E、B 级表面涂覆漆

（二）浸漆工艺流程

现以 E 级和 B 级绝缘为例，说明定子绕组的浸漆过程，见表 6-3。

表 6-3　　　　　　　　　　　　干 燥 与 浸 漆 规 范

序号	工序名称		烘炉温度/℃	产品机座号	干燥时间	炉温测定的绝缘电阻/MΩ	备注
1	预烘		120±5	5 号及以下	4～8h	>50	
				6～9 号		>20	
2	第一次浸漆		60～80		>15min		
3	滴干		室温		>30min		不滴漆为止
4	第一次干燥	挥发	85±5		1～2h		浸漆到入炉的时间 1～4h
		固化	130±5	5 号及以下	9h	>3	
				6～9 号	12h	>2	
5	第二次浸漆		60～80		10～15min		
6	滴干		室温		>30min		
7	第二次干燥	挥发	85±5		1～2h		浸漆到入炉的时间 1～4h
		固化	130±5	5 号及以下	11	>1	
				6～9 号	14	>1	
8	喷表面漆		室温		24		

1. 预烘

预烘的目的是驱除绕组中所含的水分和潮气，同时使定子保持一定的温度，以便浸漆时有绝缘漆有较好的流动性和渗透性。预烘时，将绕组放在烘箱或烘房内。

预烘时，温度要逐渐升高，以便于潮气散发。升温速度一般按 20～30℃/h 逐步增加。

预烘过程中每隔 1h 侧绝缘电阻一次，待绝缘电阻稳定在 20～50MΩ 时，即可进行一次浸漆。

2. 第一次浸漆

第一次浸漆主要是让绝缘漆填充绕组内部空隙。当预烘的温度降到 60～80℃时，便可浸漆。浸漆时将 1032 号醇酸漆的黏度调到 4 号福特杯 18～22s。浸漆时，要防止水分、灰尘及其他杂物附着在绕组上，并严禁烟火。浸漆时间应不少于 15min。

3. 滴漆

浸漆后将电机垂直放置，滴去多余的漆，滴漆约 30min 后，用布或毛刷蘸溶剂将定子内腔及机座上的余漆清除，然后进行第一次烘干。

4. 第一次烘干

将经过滴漆处理的绕组放入烘箱或烘房，进行第一次烘干。烘干的目的是挥发漆中的溶剂和水分，绕组导线形成坚实的整体。烘干有两个阶段。

第一阶段是使溶剂和水分挥发，温度不宜太高，一般应保持在 70～80℃，0.5h 换气一次，该阶段用时约 2～3h。

第二阶段是使漆基氧化，在工件上形成牢固的漆膜。B、E 极绝缘的绕组温度应升至 125～135℃，并保持 9～12h。若绕组的绝缘电阻达到要求，第一次烘干便告结束。

5. 第二次浸漆

第二次浸漆的目的是增加漆膜的厚度。浸漆工艺同第一次浸漆，用于浸漆的时间稍短，但漆的黏度应比第一次稍高，一般为 4 号福特杯 30～35s 为宜。

6. 第二次滴漆

同第一次滴漆工艺，30min 后进行第二次烘干。

7. 第二次烘干

其他同第一次烘干，当绕组的绝缘电阻在 1MΩ 以上时，烘干便告结束。

对于 E、B 级绝缘的绕组，也可以采用一次浸漆处理工艺。表 6-4 为普通一次浸漆工艺。

表 6-4　　　　　　　　　　普通一次浸漆工艺

工序	工序名称	温度/℃	时间	备　　注
1	预烘	120±5	4～6h	出箱前绝缘电阻稳定在 100MΩ
2	浸漆	绕组温度 60～80	15～20min	漆的黏度为20℃时，4 号杯 35～38s；漆面盖过被浸工件 10mm 以上；至浸透无气泡为止
3	滴漆		不少于 30min	滴干为准；用蘸有松节油的棉纱擦净铁芯、机壳余漆
4	烘干	70～80	2～3h	出箱前绝缘电阻稳定在 10MΩ
		130±5	9～12h	

注　预烘、烘干时，温度按 20～30℃/h 逐步增加。

（三）烘干方法

对于受潮或浸漆处理的电机，常用的烘干方法有外部加热法、电流干燥法和涡流干燥法三种。

1. 外部加热法

这种方法适用于所有电机绕组的干燥。常用的有热风烘炉及烘箱。

没有烘炉及烘箱时，可将定子垂直放在铁架上，铁架下面装发热元件或将数个大灯泡置于定子中心处，当勿将热源直接触及铁芯、槽楔或线圈，以免引起燃烧。采用这种方法加热时，应特别注意里面的温度及火种。

2. 电流干燥法

电流干燥法是将电机绕组以一定的接法通入低压电流，利用电机的铜耗来加热。其接线形式很多，但无论采用哪种形式，其每相绕组分配的最大电流都不宜超过原额定值的 $50\%\sim70\%$。由于各种电机的具体情况不尽相同，一般所需干燥电流的大小，应使定子铁芯在通电 $3\sim4h$ 内达到 $70\sim80℃$ 为宜。

3. 涡流干燥法

它是利用交变磁通在定子铁芯中产生磁滞和涡流损耗使电动机发热到所需的温度进行干燥的方法，所以也称为铁损干燥法。铁芯里的磁通是由临时穿绕在定子铁芯（注意不要把定子座外壳也绕在内，以免机座外壳上产生涡流）上的励磁线圈产生的。他适宜干燥较大的电动机，优点是耗电量较小，比较经济。

电机在干燥时需注意以下几点。

（1）电机干燥前必须将绕组清理干净，若采用通电干燥，外壳要接好地线，以防触电。

为防止电机热散耗，干燥处理时电机应掩盖保温。但应有一定的通风以排除水分，特别是封闭型电机，还要将端盖打开一缝隙，使机内潮气易于散发出去。

（2）在干燥过程中，要用温度计或其他测温计检测加热温度，以防电机某点过热而造成损坏。

（3）干燥时，加热温度应逐渐升高，特别是较潮湿的电机，应缓慢加热到 $50\sim60℃$，并保温 $3\sim4h$，再加热到最高允许温度，但不可超过表 $6-3$ 和表 $6-4$ 规定的允许值。

（4）干燥过程中，应定时测量绕组温度和绝缘电阻，并作好记录。开始时每 $15min$ 记录一次，以后每小时记录一次。通常，干燥开始阶段，由于温度升高和排潮，绝缘电阻会下降，以后又开始回升。当绝缘电阻大于规定值，并稳定 $4\sim5h$ 不变，说明绕组已干燥，即可停止干燥处理。

（四）浸渍漆的黏度

浸渍所用的漆按有无溶剂可分为：有溶剂浸渍漆和无溶剂浸渍漆。无溶剂浸渍漆一般黏度都较低。有溶剂浸渍漆是把相应的漆基通过相应的溶剂稀释后形成，其黏度可以调节。在使用过程中，低浓度的浸渍漆虽然有很好的渗透性，但漆基含量少，当溶剂挥发后，绕组内将留下较多的空隙，从而影响绝缘性能和机械强度；若黏度太高，其流动性很差，又难以浸透绕组。所以在浸漆时一定要选择合理的溶剂比例，保持适当的黏度。

漆的黏度是以装满浸渍漆的 4 号杯（福特杯四号黏度计）流完的时间来测算。所谓 4 号杯 $30\sim35s$ 是指浸渍漆的流完时间为应在 $30\sim35s$ 内。

（五）浸漆的方法

1. 沉浸

沉浸又称整浸，是将整台电机绕组沉没于漆面以下 $20cm$ 的漆液中，利用漆液的压力和绕组绝缘间的毛细管作用，促使浸渍漆的渗透和填充。一般适用于批量生产的中、小型电动机。

2.淋漆（或浇漆）

淋漆适用于修理台数不多、规格不一的大、中型电动机绕组端部的浸漆。其方法是：把电机垂直置于漆盘上，用淋漆电泵或盛漆勺将浸渍漆淋向绕组上端部。当浸渍漆浇透后，滴漆约20min后，再把电机翻过来淋绕组另一端，浇透为准。

该工艺虽然效率低，但耗漆少、设备简单，常用于普通修理。

3.滚漆

让浸渍漆浸没部分转子（液面约高出绕组10cm），使绕组端部和槽内间隙被浸透及填充浸渍漆，当无气泡时，再转动转子，浸渍相邻部分的绕组。完成全部绕组的浸渍后，再进行滴漆。该方法适用于较大的转子绕组浸漆。

4.滴漆

将已嵌线的定子用胀胎固定，使其轴线与水平线成一夹角。然后通电预热绕组并不断旋转，当漆接触较热的绕组后，黏度迅速下降，在漆的重力、绕组毛细管和旋转离心力的作用下，浸渍漆很快渗入绕组内部及槽绝缘中。该方法适用于中、小型定、转子绕组，特别是小型高速转子绕组。

能力检测

1.抄录绕组参数有何作用？

2.抄录铁芯参数有何作用？

3.绝缘纸和引槽纸的尺寸应该如何确定？

4.试简述如何根据相关参数确定线模的尺寸。

5.线圈试嵌的目的是什么？

6.应如何利用三相交流绕组的平面展开图来决定其嵌线规律？

7.在嵌双联线圈时若发现有一个线圈的绕向与其他线圈方向相反，有没有办法在不拆除该线圈的情况下，把这一个线圈的旋向改回来？如何改？

8.嵌线时，为什么要把槽内的导线通过引槽纸包裹住，槽楔的作用是什么？

9.在整嵌时，一个线圈内的两个有效边的位置由什么决定？

10.在连接的过程中刮掉接头处的绝缘漆的目的是什么？为什么又要套上黄蜡管。

11.在交叉式交流绕组中，每一相内线圈（组）之间的连接规律是什么？若采用相反的连接规律对电机运行会产生什么影响？

12.端部绕组整形时为什么要整理成一个喇叭形？

13.浸漆的目的是什么？

任务四　三相异步电动机的装配

【任务描述】

学习使用常见工具完成三相异步电动机的装配。

【任务分析】

应能正确使用装配工具，掌握装配的顺序，规范操作流程。

【任务实施】

一、三相异步电动机的装配

电机修好之后的装配步骤大致与拆卸的顺序相反。

（1）检查定子腔内有无杂物，锈迹是否清除，止口有无损坏伤，各部件是否完整性并清洗油污等。

（2）检查槽楔、绑扎带、绝缘材料是否松动脱落，有无高出定子铁芯内表面的地方，如有应先处理后再进行后面的操作。

（3）把滚动轴承压入或配合上轴承衬。轴承装配可采用热套法和冷装配法。冷装配时，可找一根内径略大于转轴外径的平口铁管套入转轴，使管壁正好顶在轴承的内圈上，便可在管口垫木块用手锤敲打。使轴承套入转子定位处。

注意轴承内圆与转轴间不能过紧。如果过紧，可用细砂布打转轴表面四周，均匀地打磨一下，使轴承套入后能保持一般的紧密度即可。另外轴承外圈与端盖之间也不能太紧。在总装电动机时要特别注意，如果没有将端盖、轴承盖装在正确位置，或没有掌握好螺钉的松紧度和均匀度，都会引起电动机转子偏心，造成扫膛等不良运行故障。

（4）装上风扇。

（5）将装配好的转子对准定子腔中心小心地装入定子内。

（6）装配端盖时，对准机壳和端盖的接缝标记，装上端盖。插入螺钉拧紧（要按对用线对称地旋进螺钉，而且要分几次旋紧，且不可有松有紧，以免损伤端盖）。同时要随时转动转子，以检查转动是否灵活。端盖固定后，手动盘车时，转子在定子内部应转动自如，无摩擦、碰撞现象。

（7）轴承外盖的装配方法，是将外盖穿过转轴套在端盖外面，插上一颗螺钉，一手顶住这颗螺钉，一手转动转轴，使轴承内盖也跟着转到与外盖的螺钉孔对齐时，便可将螺钉顶入内盖的螺孔中并拧紧，最后把其余两颗螺钉也装上拧紧。

（8）再手动盘车，若转动部分没有摩擦并且轴向游隙值正常，可把皮带轮或联轴器装上，装配时，先用细铁砂布把转轴、皮带轮或联轴器的轴孔砂光滑，将皮带轮或联轴器对准键槽套在轴上，用熟铁或硬木块垫在键的一端，轻轻将键敲入槽内。键在槽内要松紧适度，太紧或太松都会伤键和伤槽，太松还会使皮带打滑或振动。

二、注意事项

（1）在装配之前，对已清洁或已修复的部件用压缩空气吹扫，保证转子和定子内腔无杂物。

（2）轴承的油槽应清洁；轴承衬应无刮研痕迹。

（3）轴承盖的固定螺丝应均匀交替地拧紧，敲打端盖时，最好用木锤或垫上木板敲打，以免将端盖或其他部件损坏。

（4）在安装端盖的同时，要用塞尺仔细检查铁芯气隙是否均匀。

（5）组装完毕后，手动盘车时，转子在定子内部应转动自如，无摩擦、碰撞现象。

（6）用兆欧表（摇表）检查绕组对地的冷态（即常温下）绝缘电阻值不应低于 $0.5M\Omega$。

任务五　三相异步电动机的通电试验

【任务描述】

通电前先进行电机的绝缘电阻和绕组的直流电阻的测定，然后进行加电试验。

【任务分析】

通电试验前，通过测定电机的绝缘电阻和绕组的直流电阻，判断电机存在的故障并予以排除。

【任务实施】

重绕电动机的检测是检验重绕质量的基本依据，是电动机继续投入运行后工作可靠的保证，因此，要检查电机修理后的质量，有必要选择性地对维修好的电机作些试验与检查。

一、测电机的绝缘电阻

测量方法参见项目四的任务四。

二、测绕组的直流电阻

测量方法参见项目四的任务四。

三、耐压试验

（一）耐压试验的目的

通过耐压试验，可以确切地发现绝缘局部或整体所存在的缺陷，由于这种缺陷的发展要比绝缘普通劣化发展得更快，使绕组在运行中容易造成绝缘击穿的故障。所以耐压试验确保电动机安全可靠运行的预防性检验。

（二）耐压试验电压

表 6-5 是交流绕组耐压试验时所加的电压。

表 6-5　　　　　　　　　　交流绕组耐压试验时所加的电压

试 验 阶 段	1min 耐压值/V
定子绕组 1kW 以下重绕（未浸漆）	$2U_N + 750$
定子绕组 1kW 以下重绕（总装后）	$2U_N + 500$
定子绕组 1kW 以上重绕（未浸漆）	$2U_N + 1500$
定子绕组 1kW 以上重绕（总装后）	$2U_N + 1000$
定子绕组局部更换线圈	$1.3U_N \geqslant U_N + 500$
转子绕组重绕（未浸漆）	$2U_Z + 1500$
转子绕组重绕（总装后）	$2U_Z + 1000$

注　U_N 为被测电机定子绕组额定电压值；U_Z 为定子加额定电压，被测电机转子绕组开路时的电压。

上述不带电的检测通过后，电动机便可进行通电试验。通电试验包括空载试验和短路试验等。本书只讨论空载试验和短路试验。

四、空载试验

（一）空载试验的目的

空载试验主要是检测空载电流是否平衡，并检查电动机工作中是否有杂音、振动；轴承、铁芯的发热程度是否超过要求等。

（二）空载试验要求

1. 空载试验

指电动机不带任何负载，而定子上加上三相对称电压的运行方式。空载试验应进行 1h 以上。

2. 空载电流

空载运行时，定子绕组上所流过的线电流。

3. 空载试验要求

（1）空载电流不应偏离原先设计值的 ±5%。

（2）空载电流三相不平衡不应超过 10%。

（3）空载电流不应超出额定电流 20%～50%。

（4）空载试验过程中，空载电流无明显变化。

（5）空载运行时应无异响，轴承、铁芯的温度不应有明显的升高。

五、短路试验

（一）短路试验的目的

短路试验的目的是测定电动机的短路电压和短路损耗。

（二）短路试验的形式

短路试验的形式有两种。

1. 定流法短路试验

逐渐升高加在电动机上的输入电压，当定子电流达到电动机的额定值时，所测得的三相绕组上输入的线电压，即是电动机的短路电压 U_K。

额定电压为 380V 的三相中、小型异步电动机的正常短路电压见表 6-6。

表 6-6　　　　　　三相（380V）中、小型异步电动机的正常短路电压

电动机功率/kW	0.6～1.0	1.1～7.5	7.5～13	13～50	50～125
正常短路电压值/V	90	85～75	75	75～70	70～65

2. 定压法短路试验

给额定电压为 380V 的三相异步电动机加上 95V 的三相对称电压，此时定子绕组所流过的线电流即是电动机的短路电流 I_K。

对于 1kW 以下的三相异步电动机，短路电流约为（1.1～0.95）I_N；而对于 1kW 以上的三相异步电动机，短路电流约为（1.4～1）I_N。

为避免绕组发热，试验时间一般要求在 10s 内完成。同时短路试验应经烘燥后未浸漆前的冷态下进行，这样，一旦发现明显的缺陷可便于补救。

电动机的试验项目很多，作为电动机重绕修理，通过上述六个试验基本上能全面考核修理的工艺质量及预测运行的性能。

能力检测

1. 如何通过测量冷态直流电阻来判断绕组断路和短路？

2. 耐压试验的目的何在？

3. 如何通过绝缘电阻判断故障所在？

4. 空载试验和短路试验目的是什么？如何操作？

参 考 文 献

[1] 杨星跃，朱毅. 电机技术. 郑州：黄河水利出版社，2009.
[2] 魏涤非，戴源生. 电机技术. 北京：中国水利水电出版社，2004.
[3] 山西省电力公司组编. 变电运行. 北京：中国电力出版社，2009.
[4] 中国石油天然气集团公司人事部. 变电站值班员技师培训教程. 北京：石油工业出版社，2013.
[5] 高山，任秀敏. 电机设备运行与维护. 北京：中国电力出版社，2012.